移动UI 界面 App 设计

Photoshop

从新手到高手

梁玉萍 刘冰 编著

北京日报出版社

图书在版编目（CIP）数据

移动 UI 界面 App 设计 Photoshop 从新手到高手 / 梁玉萍，刘冰编著. -- 北京 ：北京日报出版社，2016.11
ISBN 978-7-5477-2191-9

Ⅰ.①移… Ⅱ.①梁… ②刘… Ⅲ.①移动电话机—应用程序—程序设计②图象处理软件 Ⅳ.①TN929.53 ②TP391.41

中国版本图书馆 CIP 数据核字(2016)第 157842 号

移动 UI 界面 App 设计 Photoshop 从新手到高手

出版发行：北京日报出版社
地　　址：北京市东城区东单三条 8-16 号东方广场东配楼四层
邮　　编：100005
电　　话：发行部：（010）65255876
　　　　　总编室：（010）65252135
印　　刷：北京凯达印务有限公司
经　　销：各地新华书店
版　　次：2016 年 11 月第 1 版
　　　　　2016 年 11 月第 1 次印刷
开　　本：787 毫米×1092 毫米　1/16
印　　张：32
字　　数：663 千字
定　　价：98.00 元（随书赠送光盘一张）

前　言

1. 本书简介

国内知名的移动数据服务商 QuestMobile 发布的《2015 年中国移动互联网研究报告》显示：截止到 2015 年 12 月，中国在线活跃的移动智能设备数量达到 8.99 亿。

移动智能设备用户数量的增加，以及移动设备生产商、App 运营者之间的激烈竞争，直接拉动了移动设备交互设计市场人才的需求，特别是手机应用界面与软件 App 的交互设计。通俗一点说，随着用户的迅速增多，市场未来将有更多的移动智能设备和 App 出现，甚至近千万款的软件与硬件都需要人才来设计，包括系统设计、图标设计、界面设计、体验设计等，因此需要的移动 UI 界面设计人才也会越来越多。

本书正是应运这一市场而生，为读者奉献一本移动 UI 界面 App 设计大全。本书以 Photoshop 移动 UI 界面 App 设计为中心，通过 16 章、140 多个典型实例，讲解了当前最为热门的移动 UI 界面 App 设计技术，帮助读者在最短的时间内精通移动 UI 界面设计技术，迅速从新手变为移动 UI 界面和 App 界面的设计高手。

2. 本书特色

内容全面：本书通过 16 章软件技术精解＋160 多个专家提醒＋1720 多张图片全程图解。本书配套的多媒体光盘中不仅提供了书中所有实例的相关视频教程，还包括所有实例的源文件及素材，方便读者学习和参考。

功能完备：书中详细讲解了 Photoshop CC 在移动 UI 界面设计中常用的工具、功能、命令、菜单、选项，做到完全解析、完全自学，读者可以即查即用。

案例丰富：9 大领域专题实战精通＋140 多个技能实例演练＋320 多分钟视频播放，帮助读者步步精通，读者学习后可以融会贯通、举一反三，制作出更多精彩、漂亮的效果，成为移动 UI 界面设计行家！

3. 本书内容

本书共分 16 个章节，主要内容包括移动 UI 界面设计基础、设计理论、设计技巧，Photoshop CC 在移动 UI 界面中常用到的基本编辑工具、抠图与合成、色彩调整、图形图像设计、文字编排设计等，各类移动 UI 控件、程序软件、游戏应用以及以 Android、iOS 和 Windows Phone 三大系统为操作平台的综合案例等内容。

4. 版权声明

本书及光盘中所采用的图片、模型、音频、视频和赠品等素材，均为所属公司、网站或个人所有，本书引用仅为说明（教学）之用，绝无侵权之意，特此声明。

编　者

内容提要

本书是一本 Photoshop CC 移动 UI 界面 App 设计学习宝典，全书通过 140 多个实战案例，以及 320 多分钟全程同步语音教学视频，帮助读者从入门、进阶、精通软件，直到成为移动 UI 界面、App 设计高手！

书中内容包括：移动 UI 界面设计快速入门、Photoshop 移动 UI 设计入门、移动 UI 图像的基本编辑、移动 UI 图像抠取与合成、移动 UI 界面的色彩设计、移动 UI 的图形图像设计、移动 UI 的文字编排设计、常用元素 UI 界面设计、手机登录 UI 界面设计、程序软件 UI 界面设计、播放应用 UI 界面设计、游戏应用 UI 界面设计、安卓系统 UI 界面设计、苹果系统 UI 界面设计、微软系统 UI 界面设计、平板电脑 UI 界面设计等。

本书结构清晰、语言简洁，适合所有 Photoshop UI 界面设计的爱好者，特别是手机 App 设计人员、手机系统美工人员、平面广告设计人员、网站美工人员以及游戏界面设计人员等，同时也可以作为各类 UI 设计相关的培训中心、中职中专、高职高专等院校的辅导教材。

目 录

01 移动 UI 界面设计快速入门

学习提示

　　什么是设计？什么是 UI？在 IT 界中经常会听到各种专业词汇，跨入这个行业，才知道 UI 是英文 User Interface 的缩写。那么在学习 UI 设计之前，首先要了解什么是设计、UI 设计的一些基本要求和制作流程，读者才能真正开始移动 UI 设计之旅。

本章案例导航

- 认识 UI 设计
- 认识移动 APP
- 移动 APP 的主要类别
- 移动 UI 界面设计规范
- 移动 UI 界面设计的个性化
- 移动 UI 界面设计常用布局
- 简约明快型的移动 UI 界面
- 趣味与独创型的移动 UI 界面

- 高贵华丽型的移动 UI 界面
- 常规按钮
- 编辑输入框
- 开关按钮
- 网格式浏览
- 文本标签
- 警告框
- 导航栏

1.1 了解移动 UI 界面 APP 设计

设计就是把一种计划、规划、设想通过视觉形式传达出来的行为过程。简单的说，就是一种创造行为，一种解决问题的过程，其区别于其他艺术类的主要特征之一就是设计更具有独创性。

移动 UI 设计的相关知识，包括数字化图像基础、UI 设计者与产品设计团队、UI 设计与产品团队项目流程的关系等，只有认识并且了解 UI 设计的规范和基本原则才能更好地设计出出色的产品。

1.1.1 认识 UI 设计

UI 的原意是用户界面，是由英文名 User Interface 翻译而来的，概括成一句话就是——人和工具之间的界面。这个界面实际上是体现在生活中的每一个环节，例如电脑操作时鼠标与手就是这个界面，吃饭时筷子和饭碗就是这个界面，在景区旅游时路边的线路导览图就是这个界面。

在设计领域中，UI 可以分成硬件界面和软件界面两个大类。本书主要讲述的是软件界面，介于用户与平板电脑、手机之间的一种移动 UI 界面，也可以称之为特殊的或者是狭义的 UI 设计。如图 1-1 所示为百度手机助手的软件 UI 界面。

图 1-1 百度手机助手的 UI 界面

1.1.2 认识移动 APP

时代与技术的发展使人们的信息需求日益增大，从而加剧了对移动智能设备的依赖。所以，手机 APP 的快速发展是必然的发展趋势。

APP 是英文 APPlication 的简称，是指智能手机的第三方应用程序，统称"移动应用"，也称"手机客户端"，如图 1-2 所示。

图 1-2 APP 列表

APP 作为第三方智能手机应用程序，现已逐渐把我们带入一个习惯使用 APP 客户端上网的时期，并产生新的商业模式。

＊积聚受众：APP 成为一种新生的盈利模式，它开始被更多的互联网商业大亨看重，拥有了自己的 APP 客户端，就意味着一方面可以积聚各种不同类型的网络受众。

＊获取流量：通过使用者下载厂商官方的 APP 软件对不同的产品进行无线控制，通过 APP 平台获取流量。

1.1.3 移动 APP 的主要类别

目前，各种层出不穷的APP几乎"挤爆"了人们的手机。这些海量的APP应用可以分为几大类：购物、社交、聊天、系统、安全、通信、地图、资讯、影音、阅读、美化、生活、教育、理财、网络等，如图 1-3 所示。

图 1-3 APP 分类

在上面介绍的每个 APP 大类下又能分成众多的小类，虽然很多同类 APP 的功能类似，但其在 UI 设计与使用体验上有着差异，大众根据其喜好的不同都能挑选出适合自己的 APP。图 1-4 所示为影音大类下的 K 歌类 APP；图 1-5 所示为购物大类下的返利类 APP。

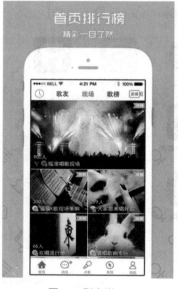

图 1-4 影音类 APP

图 1-5 购物类 APP

1.1.4 移动 UI 界面设计规范

UI 设计的规范主要是为了设计团队朝着一个方向、风格和目的来设计出界面效果，以便于团队之间的相互合作和提高作品的质量效果。

在对移动 UI 界面进行设计时，确定其规范性，可以使得整个 APP 在尺寸、色彩上统一，从而提高用户对移动产品认知和操作便捷性。如图 1-6 所示，为 iPhone 界面的尺寸规范。

图 1-6 iPhone 界面的尺寸规范

移动 UI 界面是软件与用户交流最直接的层面，设计良好的界面能够起到"向导"作用，帮助用户快速适应软件的操作与功能。

如图 1-7 所示，为控制按钮的状态样式设计，对按钮的大小和形状进行了统一，并通过不同的颜色和文字来区分其功能。

图 1-7 控制按钮的状态样式设计

1.1.5 移动 UI 界面设计的个性化

移动设备在视觉效果上通常具有和谐统一的特性，但是考虑到不同软件本身的特征和用途，因此在设计移动 UI 界面时还需要考虑一定的个性化。移动 UI 界面效果的个性化包括如下几个方面，如图 1-8 所示。

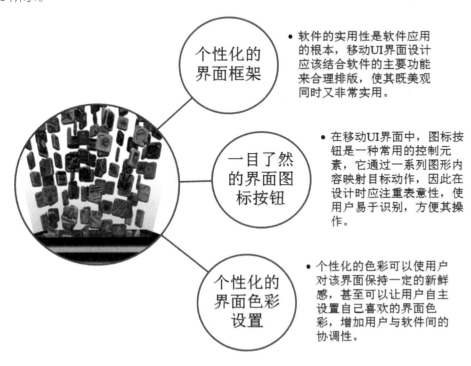

图 1-8 移动 UI 界面设计的个性化表现

1.1.6 移动 UI 界面设计常用布局

在设计移动 UI 界面时，布局主要是指对界面中的文字、图形或按钮等进行排版，使各类信息更加有条理、有次序、整齐，帮助用户快速找到自己想要的信息，提升产品的交互效率和信息的传递效率。下面向读者介绍移动 UI 界面设计中常用的 5 种布局。

1. 竖排列表布局

由于手机屏幕大小有限，因此大部分的手机屏幕都是采用竖屏列表显示，这样可以在有限的屏幕上显示更多的内容。

在竖排列表布局中，常用来展示功能目录、产品类别等并列元素，列表长度可以向下无限延伸，用户通过上下滑动屏幕可以查看更多内容。

图 1-9 所示为竖排列表布局。

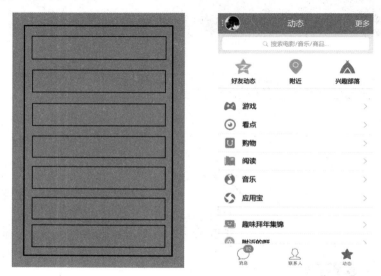

图 1-9 竖排列表布局

2. 横排方块布局

由于智能手机的屏幕分辨率有限，无法完全显示电脑中的各种软件的工具栏，因此很多移动应用在工具栏区域采用横排方块的布局方式。

横排方块布局主要是横向展示各种并列元素，用户可以左右滑动手机屏幕或点击左右箭头按钮来查看更多内容。例如，大部分的手机桌面就是采用横排方块布局，如图 1-10 所示。

在元素数量较少的移动 UI 界面中，特别适合采用横排方块来进行布局，但这种方式需要用户进行主动探索，体验性一般，因此如果要展示更多的内容，最好采用竖排列表。

3. 九宫格布局

九宫格最基本的表现其实就像是一个 3 行 3 列的表格。目前，很多 UI 界面采用了九宫格的变体布局方式，如 Metro UI 风格（Windows 8、Windows 10 的主要界面显示风格），如图 1-11 所示。

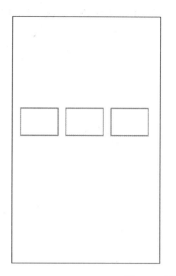

图 1-10 横排方块布局

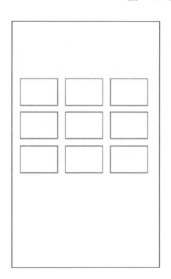

图 1-11 九宫格布局

4. 弹出框布局

在移动 UI 界面中，对话框通常是作为一种次要窗口，其中包含了各种按钮和选项，通过它们可以完成特定命令或任务，是一种常用的布局设计方式。

弹出框中可以隐藏很多内容，在用户需要的时候可以点击相应按钮将其显示出来，主要作用是可以节省手机的屏幕空间。在安卓系统的移动设备中，很多菜单、单选框、多选框、对话框等都是采用弹出框的布局方式，如图 1-12 所示。

5. 热门标签布局

在移动 UI 界面设计中，搜索界面和分类界面通常会采用热门标签的布局方式，让页面布局更语义化，使各种移动设备能够更加完美地展示软件界面，如图 1-13 所示。

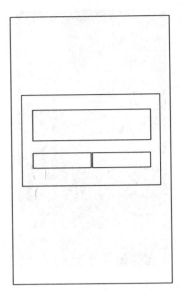

图 1-12 弹出框布局

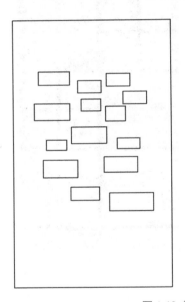

图 1-13 热门标签布局

1.2 移动 UI 界面设计的视觉效果

做得好的移动 UI 界面具有一定的视觉效果，可以直观、生动、形象地向用户展示信息，从而简明便捷地让用户产生审美想像的效果。

1.2.1 简约明快型的移动 UI 界面

简约明快型的移动 UI 界面追求的是空间的实用性和灵活性，可以让用户感受到简洁明快的时代感和纯抽象的美。

在视觉效果上，简约明快型的移动 UI 界面应尽量突出个性和美感，如图 1-14 所示。

图 1-14　简约明快型界面

简约明快型的移动 UI 界面更适合色彩支持数量较少的彩屏手机，其主要特点如下。

＊ 通过组合各种颜色块和线条，使移动 UI 界面更加简约大气，如图 1-15 所示。

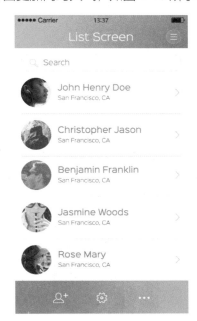

图 1-15　各种颜色块和线条组合的界面

＊ 通过点、线、面等基本形状构成的元素，再加上纯净的色彩搭配，使界面更加整齐有条理，给用户带来赏心悦目的感觉。

1.2.2 趣味与独创型的移动 UI 界面

趣味性是指某件事或者物的内容能使人感到愉快，能引起兴趣的特性。

在移动 UI 界面设计中，趣味性主要是指通过一种活泼的版面视觉语言，使界面具备亲和力、视觉魅力和情感魅力，让用户在新奇、振奋的情绪下深深地被界面中展示的内容所打动。图 1-16 所示为趣味与独创型界面。

图 1-16　趣味与独创型界面

因此，在进行移动 UI 界面设计时，要多思考，采用别出心裁的个性化排版设计，赢得更多用户的青睐。

1.2.3 高贵华丽型的移动 UI 界面

高贵华丽型的移动 UI 界面设计，主要是通过饱和的色彩和华丽的质感来塑造超酷、超眩的视觉感受，整体营造出一种华丽、高贵、温馨的感觉。图 1-17 所示为高贵华丽型界面。

图 1-17　高贵华丽型界面

由于高贵华丽型的界面设计需要用到更多的色彩和各类设计元素，因此更适合支持色彩数量较多的彩屏手机。

1.3 移动系统 UI 组件界面介绍

各类手机组件集合在一起，丰富并增强了 APP 的互动性，UI 组件可以根据 APP 的需要自定义风格。可以说，没有组件的 APP 就像一个公告牌一样，失去了互动性的乐趣，APP 也就黯然失色。

本节将介绍各种手机中常出现的 UI 组件，这些组件在 APP 中的使用率非常高，为了能顺利地与开发人员沟通，理解和掌握这些组件的功能是很有必要的。

1.3.1 常规按钮

在移动 UI 界面中，常规按钮是指可以响应用户手指点击的各种文字和图形，这些常规按钮的作用是对用户的手指点击作出反应并触发相应的事件。

常规按钮（Button）的风格可以很不一样，上面可以写文字也可以标上图片，但它们最终都要用于确认、提交等功能的实现，如图 1-18 所示。

图 1-18 常规按钮

通常情况下，按钮要和品牌一致，拥有统一的颜色和视觉风格，在设计时可以从品牌 Logo 中借鉴形状、材质、风格等。

1.3.2 编辑输入框

编辑输入框（EditText），是指能够对文本内容进行编辑修改的文本框，常常被使用在登录、注册、搜索等界面中，如图 1-19 所示。

图 1-19 编辑输入框

1.3.3 开关按钮

开关按钮（Toggle Button），可更改 APP 设置的状态（如网络开关、WIFI 开关）。通常情况下打开时显示绿色，关闭时则为灰色。同样，开关按钮也可以根据 APP 进行个性化设置，如图 1-20 所示。

图 1-20 开关按钮

1.3.4 网格式浏览

网格式浏览（Grid View），图标呈网格式排列。在导航菜单过多时推荐使用此种方式，且图标的表现形式较列表显示更为直观，如图 1-21 所示。

网格式浏览

图 1-21　网格式浏览

1.3.5　文本标签

文本标签（UI Label）也是文本显示的一种形式，这里的文本是只读文本，不能进行文字编辑，但可以通过设置视图属性为标签选择颜色、字体和字号等，如图 1-22 所示。

文本标签　　　　　文本标签

图 1-22　文本标签

1.3.6　警告框

警告框（UI Alert View 与 UI Action Sheet）是附带有一组选项按钮供选择的组合组件，如图 1-23 所示。UI Alert View 与 UI Action Sheet 都称为警告框，但这两者的区别在于，前者最多只支持 3 个选项，而后者则支持超过 3 个的选项。

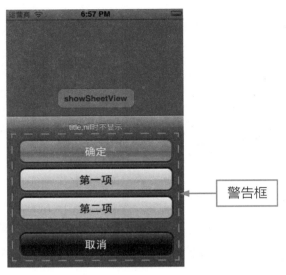

图 1-23 警告框

1.3.7 导航栏

通常情况下，APP 主体中的功能列表这一栏就叫导航栏，如图 1-24 所示。

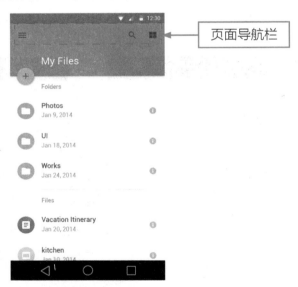

图 1-24 导航栏

专家指点

在进行移动 UI 界面设计时，必须以用户为中心，设计由用户控制的界面，而不是界面控制用户。

顶部导航栏一般由两个操作按钮和 APP 名称组成，左边的按钮一般用于返回、取消等操作，右边的按钮则是具有确定、发送、编辑等执行更改的作用，如图 1-25 所示。

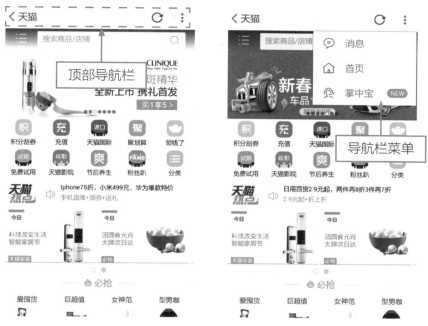

图 1-25 导航栏

1.3.8 页面切换

页面切换（UltabBar Controller）栏是指在 APP 页面底部用于不同页面切换的组件，如图 1-26 所示。

图 1-26 页面切换

Photoshop移动UI 设计入门

02

学习提示

　　Photoshop CC 是目前世界上非常优秀的图像处理软件，掌握该软件的一些基本操作，可以为学习 Photoshop 移动 UI 界面 APP 设计打下坚实的基础。本章主要向读者介绍 Photoshop CC 的基础操作，主要包括图像文件基本操作、窗口显示基本设置以及调整图像显示等内容。

本章案例导航

- 安装 Photoshop CC
- 卸载 Photoshop CC
- 新建移动 UI 图像文件
- 打开移动 UI 图像文件
- 保存移动 UI 图像文件
- 关闭移动 UI 图像文件
- 移动 UI 图像的撤销操作
- 恢复移动 UI 图像为初始状态

- 最小化、最大化和还原窗口
- 面板的展开和组合
- 应用网格
- 应用参考线
- 应用标尺工具
- 应用注释工具
- 运用对齐工具
- 运用计数工具

2.1 Photoshop CC 的安装与卸载

用户学习软件的第一步，就是要掌握这个软件的安装方法，下面主要介绍 Photoshop CC 安装与卸载的操作方法。

2.1.1 安装 Photoshop CC

Photoshop CC 的安装时间较长，在安装的过程中需要耐心等待。如果计算机中已经有其他的版本，不需要卸载其他的版本，但需要将正在运行的软件关闭。

下面介绍安装 Photoshop CC 的具体操作方法。

	素材文件	无
	效果文件	无
	视频文件	光盘 \ 视频 \ 第 2 章 \2.1.1 安装 Photos hop CC.mp4

步骤 01 打开 Photoshop CC 的安装软件文件夹，双击 Setup.exe 图标，安装软件开始初始化。初始化之后，会显示一个"欢迎"界面，选择"试用"选项，如图 2-1 所示。

步骤 02 执行上述操作后，进入"需要登录"界面，单击"登录"按钮，如图 2-2 所示。

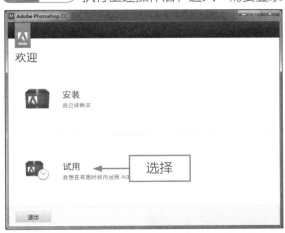

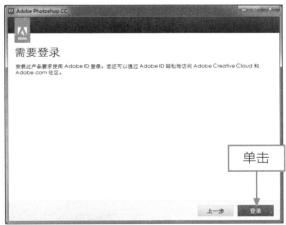

图 2-1 选择"试用"选项　　　　　　　　图 2-2 单击"登录"按钮

步骤 03 执行上述操作后，进入相应界面，单击"以后登录"按钮（需要断开网络连接），如图 2-3 所示。

步骤 04 执行上述操作后，进入"Adobe 软件许可协议"界面，单击"接受"按钮，如图 2-4 所示。

步骤 05 执行上述操作后，进入"选项"界面，在"位置"下方的文本框中设置相应的安装位置，然后单击"安装"按钮，如图 2-5 所示。

步骤 06 执行上述操作后，系统会自动安装软件，进入"安装"界面，显示安装进度，如图 2-6 所示。如果用户需要取消，单击左下角的"取消"按钮即可。

图 2-3 单击"以后登录"按钮

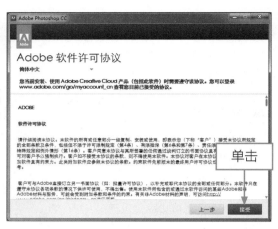

图 2-4 单击"接受"按钮

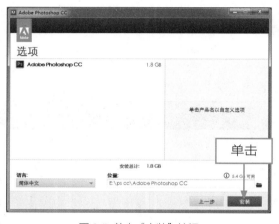

图 2-5 单击"安装"按钮

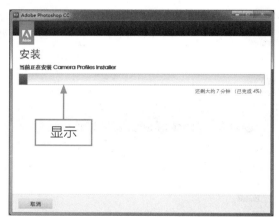

图 2-6 显示安装进度

步骤 07 在弹出的相应窗口中提示此次安装完成，然后单击右下角的"关闭"按钮，如图 2-7 所示，即可完成 Photoshop CC 的安装操作。

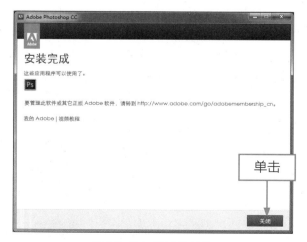

图 2-7 单击"关闭"按钮

2.1.2 卸载 Photoshop CC

　　Photoshop CC 的卸载方法比较简单，在这里用户需要借助 Windows 的卸载程序进行操作，或者运用杀毒软件中的卸载功能来进行卸载。

　　下面介绍卸载 Photoshop CC 的具体操作方法。

	素材文件	无
	效果文件	无
	视频文件	光盘 \ 视频 \ 第 2 章 \2.1.2 卸载 Photoshop CC.mp4

步骤 01 在 Windows 操作系统中打开"控制面板"窗口，单击"程序和功能"图标，在弹出的窗口中选择 Adobe Photoshop CC 选项，然后单击"卸载"按钮，如图 2-8 所示。

步骤 02 在弹出的"卸载选项"窗口中选中需要卸载的软件，然后单击右下角的"卸载"按钮，如图 2-9 所示。

图 2-8 单击"卸载"按钮

图 2-9 单击"卸载"选项

步骤 03 执行操作后，系统开始卸载，进入"卸载"窗口，显示软件卸载进度，如图 2-10 所示。

步骤 04 稍等片刻，弹出相应窗口，单击右下角的"关闭"按钮，如图 2-11 所示，即可完成卸载。

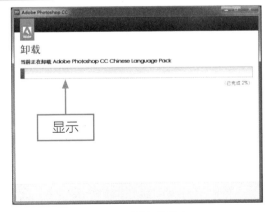

图 2-10 显示卸载进度

图 2-11 单击"关闭"按钮

2.2 熟悉 Photoshop CC 工作界面

Photoshop CC 的工作界面在原有基础上进行了创新，许多功能更加界面化、按钮化，如图 2-12 所示。从图中可以看出，Photoshop CC 的工作界面主要由菜单栏、工具箱、工具属性栏、图像编辑窗口、状态栏和浮动控制面板等 6 个部分组成。下面简单地对 Photoshop CC 工作界面各组成部分进行介绍。

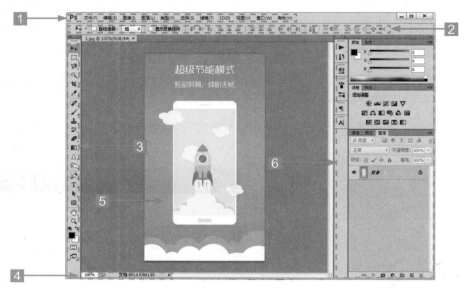

图 2-12 Photoshop CC 的工作界面

1️⃣ 菜单栏：包含可以执行的各种命令，单击菜单名称即可打开相应的菜单。

2️⃣ 工具属性栏：用来设置工具的各种选项，它会随着所选工具的不同而变换内容。（图形数字序号后面，有冒号的都标成 R:255,G:0,B:102 的颜色）

3️⃣ 工具箱：包含用于执行各种操作的工具，如创建选区、移动图像绘画等。

4️⃣ 状态栏：显示打开文档的大小、尺寸、当前工具和窗口缩放比例等信息。

5️⃣ 图像编辑窗口：是编辑图像的窗口。

6️⃣ 浮动控制面板：用来帮助用户编辑图像，设置编辑内容和设置颜色属性等。

2.2.1 认识菜单栏

菜单栏位于整个窗口的顶端，由"文件"、"编辑"、"图像"、"图层"、"选择"、"滤镜"、"分析"、3D、"视图"、"窗口"和"帮助"11 个菜单命令组成，如图 2-13 所示。

专家指点

单击任意一个菜单项都会弹出其包含的命令，Photoshop CC 中的绝大部分功能都可以利用菜单栏中的命令来实现。菜单栏的右侧还显示了控制文件窗口显示大小的最小化、窗口最大化（还原窗口）、关闭窗口等几个快捷按钮。

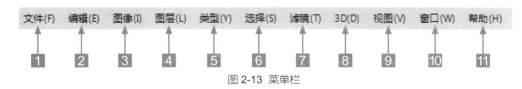

图 2-13 菜单栏

1 文件：执行"文件"菜单命令，在弹出的下级菜单中可以执行新建、打开、存储、关闭、置入以及打印等一系列针对文件的命令。

2 编辑："编辑"菜单是对图像进行编辑的命令，包括还原、剪切、拷贝、粘贴、填充、变换以及定义图案等命令。

3 图像："图像"菜单命令主要是针对图像模式、颜色、大小等进行调整以及设置。

4 图层："图层"菜单中的命令主要是针对图层进行相应的操作，这些命令便于对图层进行运用和管理，如新建图层、复制图层、蒙版图层、文字图层等。

5 类型："类型"菜单主要用于对文字对象进行创建和设置，包括创建工作路径、转换为形状、变形文字以及字体预览大小等。

6 选择："选择"菜单中的命令主要是针对选区进行操作，可以对选区进行反向、修改、变换、扩大、载入选区等操作，这些命令结合选区工具，更便于对选区进行操作。

7 滤镜："滤镜"菜单中的命令可以为图像设置各种不同的特效，在制作特效方面更是功不可没。

8 3D：3D 菜单针对 3D 图像执行操作，通过这些命令可以打开 3D 文件、将 2D 图像创建为 3D 图形、进行 3D 渲染等操作。

9 视图："视图"菜单中的命令可对整个视图进行调整及设置，包括缩放视图、改变屏幕模式、显示标尺、设置参考线等。

10 窗口："窗口"菜单主要用于控制 Photoshop CC 工作界面中的工具箱和各个面板的显示和隐藏。

11 帮助："帮助"菜单中提供了使用 Photoshop CC 的各种版主信息。在使用 Photoshop CC 的过程中，若遇到问题，可以查看该菜单，及时了解各种命令、工具和功能的使用。

 专家指点

　　如果菜单中的命令呈现灰色，则表示该命令在当前编辑状态下不可用；如果菜单命令右侧有一个三角形符号，则表示此菜单包含子菜单，将鼠标指针移动到该菜单上，即可打开其子菜单；如果菜单命令右侧有省略号"…"，则执行此菜单命令时将会弹出与之有关的对话框。另外，Photoshop CC 的菜单栏相对于以前的版本来说，变化比较大，现在的 CC 标题栏和菜单栏是合并在一起的。

2.2.2 认识状态栏

　　状态栏位于图像编辑窗口的底部，主要用于显示当前所编辑图像的各种参数信息。状态栏主要由显示比例、文件信息和提示信息等 3 部分组成。状态栏右侧显示的是图像文件信息，单击文件信息右侧的小三角形按钮，即可弹出快捷菜单，其中显示了当前图像文件信息的各种显示方式选项，如图 2-14 所示。

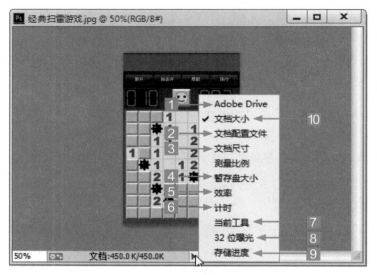

图 2-14 状态栏

1 Adobe Drive：显示文档的 VersionCue 工作组状态。Adobe Drive 可以帮助链接到 VersionCue CC 服务器，链接成功后，可以在 Windows 资源管理器或 Mac OS Finder 中查看服务器的项目文件。

2 文档配置文件：显示图像所有使用的颜色配置文件的名称。

3 文档尺寸：查看图像的尺寸。

4 暂存盘大小：查看关于处理图像的内存和 Photoshop 暂存盘的信息，选择该选项后，状态栏中会出现两组数字，左边的数字表达程序用来显示所有打开图像的内存量，右边的数字表达用于处理图像的总内存量。

5 效率：查看执行操作实际花费的时间百分比。当效率为 100 时，表示当前处理的图像在内存中生成，如果低于 100，则表示 Photoshop 正在使用暂存盘，操作速度也会变慢。

6 计时：查看完成上一次操作所用的时间。

7 当前工具：查看当前使用的工具名称。

8 32 位曝光：调整预览图像，以便在计算机显示器上查看 32 位 / 通道高动态范围图像的选项。只有当文档窗口显示 HDR 图像时，该选项才可以用。

9 存储进度：读取当前文档的保存进度。

10 文档大小：显示有关图像中的数据量的信息。选择该选项后，状态栏中会出现两组数字，左边的数字显示了拼合图层并存储文件后的大小，右边的数字显示了包含图层和通道的近似大小。

2.2.3 认识工具属性栏

工具属性栏一般位于菜单的下方，主要用于对所选取工具的属性进行设置，它提供了控制工具属性的相关选项，其显示的内容会根据所选工具的不同而改变。在工具箱中选取相应的工具后，工具属性栏将显示该工具可使用的功能，如图 2-15 所示。

图 2-15 画笔工具的工具属性栏

1 菜单箭头：单击该按钮，可以弹出列表框，菜单栏中包括多种混合模式，如图 2-16 所示。

2 小滑块按钮：单击该按钮，会出现一个小滑块可以进行数值调整，如图 2-17 所示。

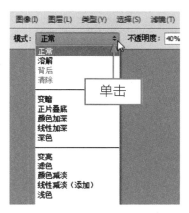

图 2-16 弹出列表框

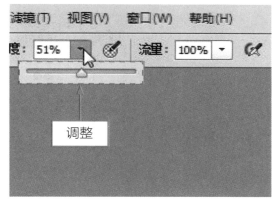

图 2-17 数值调整

2.2.4 认识工具箱

工具箱位于工作界面的左侧，如图 2-18 所示。要使用工具箱中的工具，只要单击工具按钮即可在图像编辑窗口中使用。若工具按钮的右下角有一个小三角形，则表示该工具按钮还有其他工具，在工具按钮上单击鼠标左键的同时，可弹出所隐藏的工具选项，如图 2-19 所示。

图 2-18 工具箱

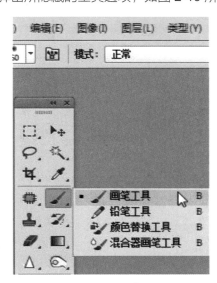

图 2-19 显示隐藏工具

2.2.5 认识图像编辑窗口

Photoshop CC 中的所有功能都可以在图像编辑窗口中实现。打开文件后，图像标题栏呈灰白色时，即为当前图像编辑窗口，如图 2-20 所示，此时所有操作将只针对该图像编辑窗口；若想对其他图像编辑窗口进行编辑，使用鼠标单击需要编辑的图像窗口即可。

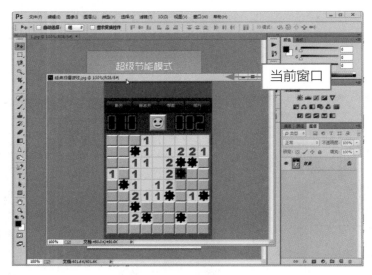

图 2-20 当前图像编辑窗口

2.2.6 认识浮动控制面板

浮动控制面板是位于工作界面的右侧，它主要用于对当前图像的图层、颜色、样式以及相关的操作进行设置。单击菜单栏中的"窗口"菜单，在弹出的菜单列表中单击相应的命令，即可显示相应的浮动面板，分别如图 2-21、2-22、2-23、2-24 所示。

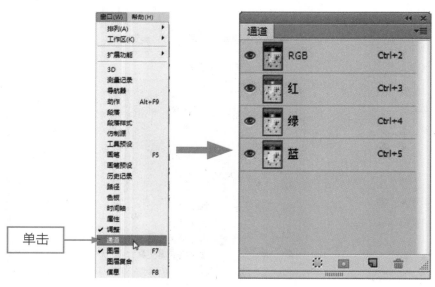

图 2-21 单击"通道"命令　　　　图 2-22 显示"通道"浮动面板

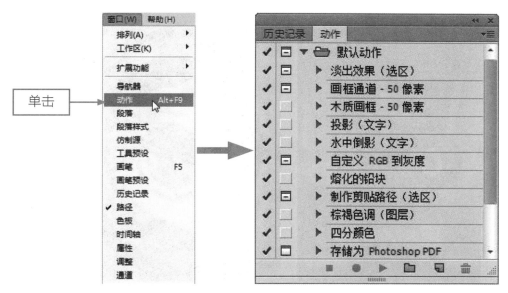

图 2-23 单击"动作"命令　　　　图 2-24 显示"动作"浮动面板

2.3 移动 UI 设计常用的基本图像

Photoshop CC 是专业的移动 UI 图像处理软件，在学习之前，必须了解并掌握该软件的一些图像处理的基本常识，才能在工作中更好地处理各类移动 UI 界面，创作出高品质的 APP 作品。本节主要向读者介绍 Photoshop CC 中的一些基本常识。

2.3.1 位图与矢量图

在 Photoshop 中，主要以矢量图与位图两种格式来显示图像，理解二者的特点可以帮助用户更好地提高移动 UI 界面设计的工作效率。

1. 位图

位图图像（bitmap）也叫点阵图，是由称作像素（图片元素）的单个点组成的。位图图像上的每一个像素点有各自的位置和颜色等数据信息，从而可以精确、自然地表现出图像的丰富的色彩感。

由于位图是由一个一个像素点组成的，因此当放大图像时，像素点也同时被放大，但每个像素点表示的颜色是单一的，放大后就会出现马赛克形状的情况，如图 2-25 所示。

2. 矢量图

矢量图也称为面向对象的图像或绘图图像，在数学上定义为一系列由线连接的点。矢量图文件占用内存空间较小，因为这种类型的图像文件包含独立的分离图像，可以自由无限制的重新组合。

矢量图以几何图形居多，每一个图形对象都是独立的，如颜色、形状、大小和位置等都是不同的，可以无限放大且图形不会失真，如图 2-26 所示。

不过，矢量图的图像色彩表现不如位图精确，不适宜制作色彩丰富、细腻的图形。

图 2-25 位图原图与放大后的效果

图 2-26 矢量图原图与放大后的效果

2.3.2 像素与分辨率

像素与分辨率是 Photoshop 中最常见的专业术语，它也是决定移动 UI 文件大小和图像输入质量的关键因素。

1. 像素

像素是构成数码影像的基本单元，通常以像素每英寸 ppi（pixels per inch）为单位来表示影像分辨率的大小。

通常情况下，移动 UI 界面图像的像素越高，文件就会越大，而且图像的品质就越好，如图 2-27 所示。

图 2-27 高品质的移动 UI 图像

2. 分辨率

分辨率是指单位英寸中所包含的像素点数，其单位通常用 dpi（dots per inch）、"像素 / 英寸"或"像素 / 厘米"表示。

在移动 UI 界面图像中，分辨率的高低对图像的质量有很大的影响。通常情况下，分辨率越高的移动 UI 界面图像占用的存储空间也就越大，图像也越清晰；分辨率越小的移动 UI 界面图像占用的存储空间也就越小，图像越模糊，如图 2-28 所示。

图 2-28 分辨率高（左）、低（右）的图像效果对比

专家指点

在 Photoshop 中新建文件时，并不是分辨率越大越好，图像的分辨率应当根据其用途来设定。通常大型的墙体广告等图像的分辨率一般为 30dpi；发布于网页上的图像分辨率为

72dpi 或 96dpi；报纸或一般的纸张打印的分辨率一般为 120dpi 或 150dpi；用于彩版印刷或大型灯箱等图像的分辨率一般不低于 300dpi。

2.3.3 常用图像颜色模式

在 Photoshop CC 软件的工作界面中，常用的移动 UI 界面图像的颜色模式有 4 种，分别是 RGB 模式、CMYK 模式、灰度模式和位图模式。

1.RGB 模式

Photoshop 默认的颜色模式就是 RGB 模式，它是图形图像设计中最常用的色彩模式。RGB 色彩就是常说的三原色，R 代表 Red（红色），G 代表 Green（绿色），B 代表 Blue（蓝色），其中每一种颜色都存在着 256 个等级的强度变化。

当三原色重叠时，不同的混色比例和强度会产生其他的间色，因此三原色相加会产生白色，如图 2-29 所示。

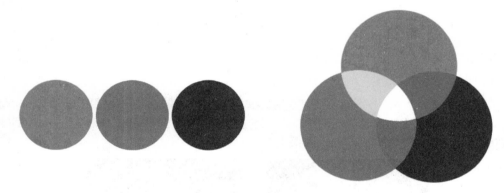

图 2-29 RGB 的图像效果

2.CMYK 模式

CMYK 模式与 RGB 模式的根本不同之处在于，它是一种减色色彩模式。

CMYK 代表印刷上用的四种颜色，C 代表青色（Cyan），M 代表洋红色（Magenta），Y 代表黄色（Yellow），K 代表黑色（Black），如图 2-30 所示。

CMYK 被称为"四色印刷"，由这 4 种颜色可以合成生成千变万化的颜色。例如，青色、洋红、黄色叠加即生成红色、绿色、蓝色及黑色。

专家指点

在 CMYK 模式中，黑色通常用来增加对比度，以补偿 CMY 3 种颜色混合时的暗调，加深暗部色彩。

3. 灰度模式

灰度模式采用 256 级不同浓度的灰度来描述图像，可以将图片转变成黑白相片的效果，是移动 UI 界面图像处理中被广泛运用的颜色模式。

图 2-30 CMYK 的图像效果

当移动 UI 界面图像被转换为灰度模式后，它所包含的所有颜色信息都将被删除，而且不能完全恢复，如图 2-31 所示。

图 2-31 灰度模式的图像效果

4. 位图模式

位图模式的图像也叫做黑白图像，通过使用黑、白两种颜色中的一种，来表示图像中的像素。

在移动 UI 界面设计过程中，当需要将彩色的移动 UI 图像转换为位图模式时，必须先转换成灰度模式，然后由灰度模式转换为位图模式。

 专家指点

将已成灰色模式的图像转换为位图模式时，可以对位图模式的方式进行相关的设置，单击"图像"|"模式"|"位图"命令后，将弹出"位图"对话框，在"方法"选项区中，有"50%阈值"、"图案仿色"、"扩展仿色"、"半调网屏"和"自定图案"5 种使用选项，选择不同的选项，所转换成位图的图像方法也有所不同。

2.3.4　图像的文件格式

Photoshop 是使用起来非常方便的移动 UI 图像处理软件，支持 20 多种文件格式。下面主要向读者介绍常用的 6 种文件格式。

1.PSD/PSB 文件格式

PSD/PSB 是 Adobe 公司的图形设计软件 Photoshop 的专用格式，也是唯一支持所有图像模式的文件格式。

由于大部分其他的应用程序，以及较旧版本的 Photoshop，都无法支持大于 2GB 的文件。因此，Photoshop 为存储大型文档而推出了专门的格式——PSB。PSB 格式不但具有 PSD 格式文件的所有属性，而且还支持宽度和高度为 30 万像素的文件，同时可以保存图像中的图层、滤镜、通道和路径等所有信息。

2.JPEG 格式

JPEG 是 Joint Photographic Experts Group（联合图像专家小组）的缩写，是第一个国际图像压缩标准。

JPEG 图像格式的主要特点是采用高压缩率、有损压缩真彩色，但在压缩文件时可以通过控制压缩范围来决定图像的最终质量。

JPEG 图像格式不仅是一个工业标准格式，更是 Web 的标准文件格式，其主要优点是体积小巧，并且兼容性好，大部分的程序都能读取这种文件。

JPEG 图像格式采用的压缩算法不但能够提供良好的压缩性能，而且具有比较好的重建质量体系，在图像、视频处理等领域中被广泛应用。

3.TIFF 格式

TIFF（Tag Image File Format，标签图像文件格式）是一种灵活的位图格式，主要用来存储包括照片和艺术图在内的图像，几乎所有的绘画、图像编辑和页面版式应用程序均支持该文件格式。

TIFF 格式主要采用无损压缩的方式，可以保存图像中的通道、图层和路径等信息，表面上与 PSD 格式并没有什么差异。不过，只有在 Photoshop 中打开保存了图层的 TIFF 文件时，才能对其中的图层进行相应的修改或编辑；如果在其他应用程序中打开包含图层的 TIFF 格式图像，则图像中的所有图层将会被合并。

4.AI 格式

AI 格式是 Adobe Illustrator 软件的矢量图形存储格式，现已成为业界矢量图的标准。AI 格式占用的硬盘空间小，而且打开速度很快。

用户可以在 Photoshop 中将包含路径的图像文件保持为 AI 格式，然后在其他矢量图形软件（如 Illustrator、CorelDraw 等）中直接打开并对其进行编辑。

5.GIF 格式

GIF 格式（Graphics Interchange Format，图像交换格式）是一种非常通用且流行于 Internet 上的图像格式。

GIF 格式使用 LZW 压缩方式压缩文件，可以保存动画，最多只支持 8 位（256 种颜色），占用磁盘空间小，非常适合在 Internet 上使用。

专家指点

GIF 格式图像文件以数据块（block）为单位来存储图像的相关信息，GIF 文件内部分成许多存储块，用来存储多幅图像或者是决定图像表现行为的控制块，用以实现动画和交互式应用。如果在 GIF 文件中存放有多幅图，它们可以像演幻灯片那样显示或者像动画那样演示。

6.PNG 格式

PNG 格式（Portable Network Graphic Format，图像文件存储格式）常用于网络图像模式，设计 PNG 格式的目的是试图替代 GIF 和 TIFF 文件格式，同时增加一些 GIF 文件格式所不具备的特性。

PNG 格式与 GIF 格式的不同之处在于，它不但可以保存图像的 24 位真彩色，而且还支持透明背景和消除锯齿边缘等功能，可以在不失真的情况下压缩保存图像。

2.4 移动 UI 设计的图像文件操作

Photoshop CC 作为一款图像处理软件，绘图和图像处理是它的看家本领。在使用 Photoshop CC 开始创作之前，需要先了解此软件的一些常用操作，如新建文件、打开文件、储存文件和关闭文件等。熟练掌握各种操作，才可以更好、更快地设计作品。

2.4.1 新建移动 UI 图像文件

在 Photoshop 程序中不仅可以编辑一个现有的移动 UI 界面图像，也可以新建一个空白文件，然后再进行各种编辑操作。

下面介绍新建移动 UI 图像文件的具体操作方法。

素材文件	无	
效果文件	无	
视频文件	光盘 \ 视频 \ 第 2 章 \2.4.1 新建移动 UI 图像文件 .mp4	

专家指点

在"新建"对话框中，"分辨率"用于设置新建文件分辨率的大小。若创建的图像用于网页或屏幕浏览，分辨率一般设置为 72 像素 / 英寸；若将图像用于印刷，则分辨率值不能低于 300 像素 / 英寸。

步骤 01 单击"文件"|"新建"命令，弹出"新建"对话框，在"名称"右侧的文本框中设置"名称"为"移动 UI 界面"，在"预设"选项区中分别设置"宽度"为 480 像素、"高度"为 800 像素、"分辨率"为 300 像素 / 英寸、"颜色模式"为"RGB 颜色"、"背景内容"为"白色"，如图 2-32 所示。

步骤 02 单击"确定"按钮，即可显示新建的空白图像，如图 2-33 所示。

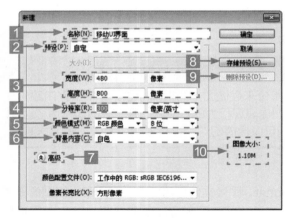

图 2-32 设置相应参数　　　　　　　　　　图 2-33 新建空白图像

"新建"对话框各选项的主要含义如下。

1 名称：设置文件的名称，也可以使用默认的文件名。创建文件后，文件名会自动显示在文档窗口的标题栏中。

2 预设：可以选择不同的文档类别，如：Web、A3、A4 打印纸、胶片和视频常用的尺寸预设。

3 宽度 / 高度：用来设置文档的宽度和高度值，在各自的右侧下拉列表框中选择单位，如：像素、英寸、毫米、厘米等。

4 分辨率：设置文件的分辨率。在右侧的下拉列表框中可以选择分辨率的单位，如："像素 / 英寸"、"像素 / 厘米"。

5 颜色模式：用来设置文件的颜色模式，如："位图"、"灰度"、"RGB 颜色"、"CMYK 颜色"等。

6 背景内容：设置文件背景内容，如："白色"、"背景色"、"透明"。

7 高级：单击"高级"按钮，可以显示出对话框中隐藏的内容，如："颜色配置文件"和"像素长宽比"等。

8 存储预设：单击此按钮，打开"新建文档预设"对话框，可以输入预设名称并选择相应的选项。

9 删除预设：选择自定义的预设文件以后，单击此按钮，可以将其删除。

10 图像大小：读取使用当前设置的文件大小。

2.4.2 打开移动 UI 图像文件

Photoshop CC 不仅可以支持多种图像的文件格式，还可以同时打开多个移动 UI 界面图像文件。若要在 Photoshop 中编辑一个图像文件，首先需要将其打开。

下面介绍打开移动 UI 图像文件的具体操作方法。

素材文件	光盘 \ 素材 \ 第 2 章 \2.4.2.png
效果文件	无
视频文件	光盘 \ 视频 \ 第 2 章 \2.4.2 打开移动 UI 图像文件 .mp4

步骤 01 单击"文件"|"打开"命令，弹出"打开"对话框，选择相应的素材图像，如图 2-34 所示。

步骤 02 单击"打开"按钮，即可打开所选择的图像文件，如图 2-35 所示。

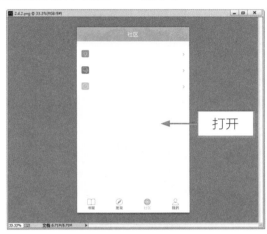

图 2-34 选择素材   图 2-35 打开图像文件

2.4.3 保存移动 UI 图像文件

新建文件或者对打开的文件进行了编辑后，应及时地保存移动 UI 界面图像文件，以免因各种原因而导致文件丢失。Photoshop CC 可以支持 20 多种图像格式，所以用户可以选择不同的格式存储文件。

下面介绍保存移动 UI 图像文件的具体操作方法。

素材文件	光盘 \ 素材 \ 第 2 章 \2.4.3.png
效果文件	光盘 \ 效果 \ 第 2 章 \2.4.3.jpg
视频文件	光盘 \ 视频 \ 第 2 章 \2.4.3 保存移动 UI 图像文件 .mp4

步骤 01 单击"文件"|"打开"命令，打开一幅素材图像，如图 2-36 所示。

步骤 02 单击"文件"|"存储为"命令，弹出"另存为"对话框，设置相应的保存位置，并设置"保存类型"为 JPEG，如图 2-37 所示，单击"保存"按钮，弹出信息提示框，单击"确定"按钮，即可完成操作。

"另存为"对话框各选项的主要含义如下：

1 另存为：设置保存图像文件的位置。

2 文件名 / 保存类型：用户可以输入文件名，并根据不同的需要选择文件的保存格式。

3 作为副本：选中该复选框，可以另存一个副本，并且与源文件保存的位置一致。

4 Alpha 通道 / 图层 / 专色：用来选择是否存储 Alpha 通道、图层和专色。

5 注释：用户自由选择是否存储注释。

6 缩览图：创建图像缩览图，方便以后在"打开"对话框中的底部显示预览图。

7 ICC 配置文件：用于保存嵌入文档中的 ICC 配置文件。

8 使用校样设置：当文件的保存格式为 EPS 或 PDF 时，才可选中该复选框。

图 2-36 打开素材图像　　　　　图 2-37 设置选项

专家指点

除了运用上述方法可以弹出"存储为"对话框外，还有以下两种方法。

* 快捷键 1：按【Ctrl + S】组合键。

* 快捷键 2：按【Ctrl + Shift + S】组合键。

2.4.4 关闭移动 UI 图像文件

在 Photoshop CC 中完成移动 UI 界面图像的编辑后，若用户不再需要该图像文件，可以采用以下的方法关闭文件，以保证电脑的运行速度不受影响。

* 关闭文件：单击"文件"|"关闭"命令或按【Ctrl + W】组合键，如图 2-38 所示。

* 关闭全部文件：如果在 Photoshop 中打开了多个文件，可以单击"文件"|"关闭全部"命令，关闭所有文件。

* 退出程序：单击"文件"|"退出"命令，或单击程序窗口右上角的"关闭"按钮，如图 2-39 所示。

图 2-38 单击"关闭"命令

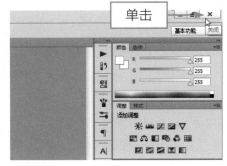

图 2-39 单击"关闭"按钮

2.4.5 移动 UI 图像的撤销操作

用户在进行移动 UI 图像处理时，若对创建的效果不满意或出现了失误的操作，可以对图像进行撤销操作。

﹡ 还原与重做：单击"编辑"|"还原"命令，如图 2-40 所示，可以撤销对图像最后一次操作，还原至上一步的编辑状态；若需要撤销还原操作，可以单击"编辑"|"重做"命令，如图 2-41 所示。

 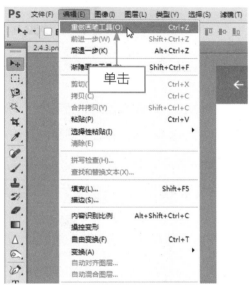

图 2-40 单击"还原"命令　　　　　　　图 2-41 单击"重做"命令

﹡ 前进一步与后退一步："还原"命令只能还原一步操作，如果需要还原更多的操作，可以连续单击"编辑"|"后退一步"命令。

 专家指点

"编辑"菜单中的"后退一步"命令，是指将当前图像文件中用户近期的操作进行逐步撤销，默认的最大撤销步骤值为 20 步。"还原"命令，是指将当前修改过的文件恢复到用户最后一次执行的操作。

2.4.6 使用快照还原移动 UI 图像

用户在进行移动 UI 界面图像处理过程中，若对图像处理的效果不满意时，可以通过新建快照还原图像，当绘制完重要的效果以后，单击"历史记录"面板中的"创建新快照"按钮，将画面的当前状态保存为一个快照，用户就可以通过单击快照还原图像效果，如图 2-42 所示。

"历史记录"面板各选项的主要含义如下：

﹡ 设置历史记录画笔的源：使用历史记录画笔时，该图标所在的位置将作为历史画笔的源图像。

﹡ 快照 2：被记录为快照的图像状态。

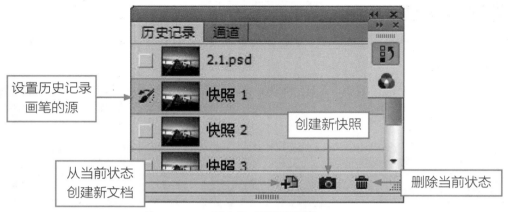

设置历史记录
画笔的源

创建新快照

从当前状态
创建新文档

删除当前状态

图 2-42 快照还原图像

* 从当前状态创建新文档：在当前操作步骤中图像的状态创建一个新文件。

* 创建新快照：在当前状态下创建快照。

* 删除当前状态：当选择某个操作步骤后，单击该按钮可将该步骤及后面的操作删除。

2.4.7 恢复移动 UI 图像为初始状态

在 Photoshop CC 中，用户在编辑移动 UI 界面图像的过程中，若对创建的效果不满意时，可以通过菜单栏中的"恢复"命令，将图像文件恢复为初始状态，执行"恢复"命令的前后效果如图 2-43 所示。

图 2-43 恢复图像为初始状态

2.5 设置移动 UI 图像的窗口显示

在 Photoshop CC 中，用户可以同时打开多个移动 UI 图像文件，其中当前图像编辑窗口将会显示在最前面。用户还可以根据工作需要移动窗口位置、调整窗口大小、改变窗口排列方式或在各窗口之间切换，让工作环境变得更加简洁。本节将详细介绍 Photoshop CC 窗口的管理方法。

2.5.1 最小化、最大化和还原窗口

使用 Photoshop CC 处理移动 UI 界面图像文件时，根据工作的需要可以改变窗口的大小，从而提高工作效率，最小化、最大化和恢复按钮位于图像文件窗口的右上角，如图 2-44 所示。

图 2-44 图像文件窗口

单击标题栏上的"最大化" ▣ 和"最小化" ▬ 按钮，就可以将图像的窗口最大化或最小化。将鼠标指针移至图像窗口的标题栏上，单击鼠标左键的同时并向下拖曳，如图 2-45 所示。将鼠标移至图像编辑窗口标题栏上的"最大化"按钮 ▣ 上，单击鼠标左键，即可最大化窗口，如图 2-46 所示。

图 2-45 拖曳标题栏

图 2-46 最大化窗口

将鼠标移至图像编辑窗口标题栏上的"最小化"按钮 ▬ 上，单击鼠标左键，即可最小化窗口。当图像编辑窗口处于最大化或者是最小化的状态时，用户可以单击标题栏右侧的"恢复"按钮来恢复窗口。

2.5.2 面板的展开和组合

在 Photoshop CC 中包含了多个面板，用户在"窗口"菜单中可以单击需要的面板命令，将该面板打开。

在设计移动 UI 图像时，用户可以根据个人的工作习惯将面板放在方便使用的位置，或将两个或多个面板合并到一个面板中，如图 2-47 所示。当需要调用其中某个面板时，只需要单击其标签名称即可，这样能方便用户制作图像。

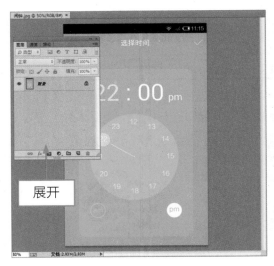

图 2-47　组合面板

2.5.3 移动和调整面板大小

在 Photoshop CC 中，如果用户在处理移动 UI 界面图像的过程中，为了充分利用编辑窗口的空间，这时就要调整面板的大小。在 Photoshop CC 中编辑图像时，用户可以根据个人的习惯随意移动面板，或者调整面板的大小。

下面介绍移动和调整面板大小的具体操作方法。

素材文件	光盘 \ 素材 \ 第 2 章 \2.5.3.jpg
效果文件	无
视频文件	光盘 \ 视频 \ 第 2 章 \2.5.3 移动和调整面板大小 .mp4

步骤 01 单击"文件"|"打开"命令，打开一幅素材图像，移动鼠标至控制面板上方的区域，如图 2-48 所示。

步骤 02 单击鼠标左键的同时并拖曳至合适位置，然后释放鼠标，即可移动面板，如图 2-49 所示。

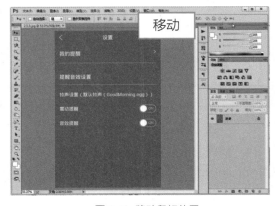
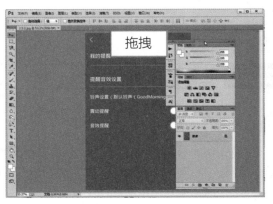

图 2-48　移动鼠标位置　　　　　　　　　　图 2-49　移动控制面板

步骤 03 展开"通道"面板，将鼠标移至面板边缘处，光标呈双向箭头形状↕，如图 2-50 所示。

步骤 04 单击鼠标左键的同时向上拖曳，执行操作后，即可调整控制面板的大小，如图 2-51 所示。

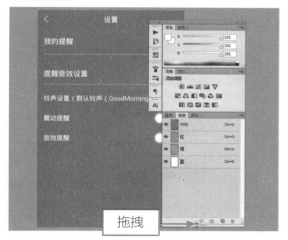

图 2-50 光标呈双向箭头　　　　　　　　图 2-51 调整控制面板大小

2.5.4 调整图像窗口排列

在 Photoshop CC 中，当打开多个移动 UI 界面图像文件时，每次只能显示一个图像编辑窗口内的图像。若用户需要对多个窗口中的内容进行比较，则可将各窗口以水平平铺、浮动、层叠和选项卡等方式进行排列。

下面介绍调整图像窗口排列的具体操作方法。

	素材文件	光盘 \ 素材 \ 第 2 章 \2.5.4a.jpg、2.5.4b.jpg、2.5.4c.jpg
	效果文件	无
	视频文件	光盘 \ 视频 \ 第 2 章 \2.5.4 调整图像窗口排列 .mp4

步骤 01 单击"文件"|"打开"命令，打开 3 幅素材图像，如图 2-52 所示。

步骤 02 单击"窗口"|"排列"|"平铺"命令，即可平铺窗口中的图像，如图 2-53 所示。

图 2-52 打开素材图像　　　　　　　　图 2-53 平铺窗口中的图像

步骤 03 单击"窗口"|"排列"|"使所有内容在窗口中浮动"命令,即可浮动排列图像窗口,如图 2-54 所示。

步骤 04 单击"窗口"|"排列"|"将所有内容合并到选项卡中"命令,即可以选项卡的方式排列图像窗口,如图 2-55 所示。

图 2-54 浮动排列图像窗口　　　　图 2-55 以选项卡方式排列图像窗口

专家指点

当用户需要对窗口进行适当的布置时,可以将鼠标指针移至图像窗口的标题栏上,单击鼠标左键并拖曳,即可将图像窗口拖到屏幕任意位置。

2.5.5 切换图像编辑窗口

在 Photoshop CC 中,用户在处理移动 UI 界面图像过程中,如果界面的图像编辑窗口中同时打开多幅素材图像时,用户可以根据需要在各窗口之间进行切换,让工作界面变得更加方便、快捷,从而提高工作效率。

下面介绍切换图像窗口的具体操作方法。

	素材文件	光盘 \ 素材 \ 第 2 章 \2.5.5a.png、2.5.5b.png
	效果文件	无
	视频文件	光盘 \ 视频 \ 第 2 章 \2.5.5 切换图像窗口 .mp4

步骤 01 单击"文件"|"打开"命令,打开两幅素材图像,将鼠标移至 2.5.5b.png 素材图像的标题栏上,单击鼠标左键,如图 2-56 所示。

步骤 02 执行操作后,即可将 2.5.5b.png 素材图像设置为当前窗口,如图 2-57 所示。

专家指点

除了运用上述方法可以切换图像编辑窗口外,还有以下 3 种方法。

＊ 快捷键 1:按【Ctrl + Tab】组合键。

＊ 快捷键 2:按【Ctrl + F6】组合键。

＊ 快捷菜单:单击"窗口"命令,在弹出的菜单中的最下面,会列出当前打开的所有素材图像名称,单击某一个图像名称,即可将其切换为当前图像窗口。

图 2-56　单击鼠标左键　　　　　　　　　　　　图 2-57　设置为当前窗口

2.5.6　调整图像编辑窗口大小

　　在 Photoshop CC 中，窗口的大小是可以随意调整的，如果用户在处理移动 UI 界面图像的过程中，需要把图像放在合适的位置，这时就要调整图像编辑窗口的大小和位置。

　　下面介绍调整窗口大小的具体操作方法。

素材文件	光盘 \ 素材 \ 第 2 章 \2.5.6.jpg	
效果文件	无	
视频文件	光盘 \ 视频 \ 第 2 章 \2.5.6 调整图像编辑窗口大小 .mp4	

步骤　01　单击"文件"|"打开"命令，打开一幅素材图像，将鼠标移至图像编辑窗口的边框线上，鼠标指针呈双向箭头←→形状，如图 2-58 所示。

步骤　02　单击鼠标左键的同时向左拖曳，即可改变窗口的大小，效果如图 2-59 所示。

图 2-58　鼠标指针呈双向箭头形状　　　　　　　图 2-59　改变窗口大小

2.5.7　移动图像编辑窗口

　　在 Photoshop CC 中编辑移动 UI 界面图像时，可以根据个人习惯将窗口移至方便使用的位置。首先选中图像窗口标题栏，单击鼠标左键的同时并拖曳至合适位置，然后释放鼠标左键，即可移动窗口，如图 2-60 所示。

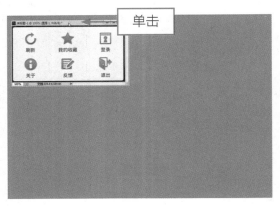
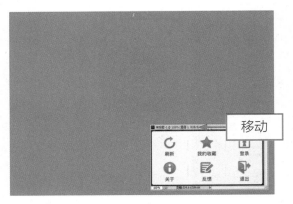

图 2-60 移动图像窗口

2.6 调整移动 UI 图像的显示

在 Photoshop CC 中，可以同时打开多个图像文件，为了工作需要，用户可以对图像的显示进行放大、缩小、控制图像显示模式或按区域放大显示图像等操作。

2.6.1 放大与缩小显示移动 UI 图像

在 Photoshop CC 中编辑和设计移动 UI 界面作品的过程中，用户可以根据工作需要对图像进行放大或缩小操作，以便更好地观察和处理图像，使工作更加方便。

下面介绍放大与缩小显示移动 UI 图像的具体操作方法。

素材文件	光盘 \ 素材 \ 第 2 章 \2.6.1.jpg
效果文件	无
视频文件	光盘 \ 视频 \ 第 2 章 \2.6.1 放大与缩小显示移动 UI 图像 .mp4

步骤 01 单击"文件"|"打开"命令，打开一幅素材图像，如图 2-61 所示。

步骤 02 在菜单栏上单击"视图"|"放大"命令，如图 2-62 所示。

图 2-61 打开素材图像

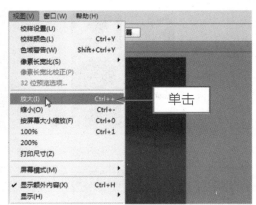

图 2-62 单击"放大"命令

步骤 03 执行操作后，即可放大图像的显示，如图 2-63 所示。

步骤 04 在菜单栏上单击两次"视图"|"缩小"命令，即可使图像的显示比例缩小两倍，如图 2-64 所示。

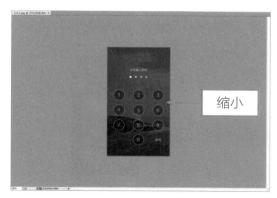

 放大

缩小

图 2-63 放大图像　　　　　　　　　　　图 2-64 缩小图像

 专家指点

按【Ctrl + -】组合键，可缩小图像；按【Ctrl + +】组合键，可放大图像。

2.6.2 控制移动 UI 图像显示模式

用户在处理图像时，可以根据需要转换移动 UI 界面图像的显示模式。Photoshop CC 为用户提供了 3 种不同的屏幕显示模式，即标准屏幕模式、带有菜单栏的全屏模式与全屏模式。

下面介绍控制移动 UI 图像显示模式的具体操作方法。

素材文件	光盘 \ 素材 \ 第 2 章 \2.6.2.jpg
效果文件	无
视频文件	光盘 \ 视频 \ 第 2 章 \2.6.2 控制移动 UI 图像显示模式 .mp4

步骤 01 单击"文件"|"打开"命令，打开一幅素材图像，如图 2-65 所示，该模式是 Photoshop CC 默认的显示模式。

步骤 02 单击"视图"|"屏幕模式"|"带有菜单栏的全屏模式"命令，如图 2-66 所示。

单击

图 2-65 标准屏幕模式　　　　　　　　图 2-66 单击相应命令

步骤 03 执行上述操作后，图像编辑窗口的标题栏和状态栏即可被隐藏起来，屏幕切换至带有菜单栏的全屏模式，如图 2-67 所示。

步骤 04 单击"视图"|"屏幕模式"|"全屏模式"命令，如图 2-68 所示。

图 2-67 "带有菜单栏的全屏模式"效果　　　　　图 2-68 单击"全屏模式"命令

步骤 05 执行操作后，弹出信息提示框，如图 2-69 所示。

步骤 06 单击"全屏"按钮，即可切换至全屏模式，在该模式下 Photoshop CC 隐藏窗口所有的内容，以获得图像的最大显示，且空白区域呈黑色显示，如图 2-70 所示。

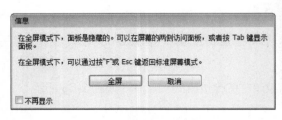

图 2-69 弹出提示信息框　　　　　　　　　图 2-70 全屏模式显示图像

专家指点

除了运用上述方法可以切换图像显示模式外，还有一种常用的快捷方法，用户只需按【F】键，即可在上述 3 种显示模式之间进行切换。

2.6.3 按区域放大显示移动 UI 图像

在 Photoshop CC 中，用户可以通过区域放大显示移动 UI 界面图像，更准确地放大所需要操作的图像显示区域，选择工具箱中的缩放工具后，其属性栏的变化如图 2-71 所示。

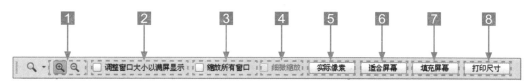

图 2-71 放大工具属性栏

放大工具属性栏各选项的主要含义如下。

1 放大/缩小：单击放大按钮，即可放大图片；单击缩小按钮，即可缩小图片。

2 调整窗口大小以满屏显示：自动调整窗口的大小。

3 缩放所有窗口：同时缩放所有打开的文档窗口。

4 细微缩放：用户选中该复选框，在画面中单击并向左或向右拖动鼠标，能够快速放大或缩小窗口；取消该复选框时，在画面中单击并拖动鼠标，会出现一个矩形框，放开鼠标后，矩形框中的图像会放大至整个窗口。

5 实际像素：图像以实际的像素显示。

6 适合屏幕：在窗口中最大化显示完整的图像。

7 填充屏幕：在整个屏幕内最大化显示完整的图像。

8 打印尺寸：按照实际的打印尺寸显示图像。

下面介绍按区域放大显示移动 UI 图像的具体操作方法。

素材文件	光盘 \ 素材 \ 第 2 章 \2.6.3.jpg
效果文件	无
视频文件	光盘 \ 视频 \ 第 2 章 \2.6.3 按区域放大显示移动 UI 图像 .mp4

步骤 01 单击"文件"|"打开"命令，打开一幅素材图像，如图 2-72 所示。

步骤 02 在工具箱中选取缩放工具 ，在工具属性栏中取消选中"细微缩放"复选框，如图 2-73 所示。

图 2-72 打开素材图像

图 2-73 取消选中"细微缩放"复选框

步骤 03 将鼠标定位在需要放大的图像区域，单击鼠标左键的同时并拖曳，创建一个虚线矩形框，如图 2-74 所示。

步骤 04 释放鼠标左键，即可放大显示所需要的区域，如图 2-75 所示。

图 2-74 创建一个虚线矩形框　　　　　　　　　图 2-75 按区域放大显示区域后的图像效果

2.6.4　按适合屏幕显示移动 UI 图像

在编辑移动 UI 界面图像时，可根据工作需要放大图像进行更精确的操作，当编辑完成后，单击缩放工具属性栏中的"适合屏幕"按钮，即可将图像以最合适的比例完全显示出来。

下面介绍按适合屏幕显示移动 UI 图像的具体操作方法。

素材文件	光盘 \ 素材 \ 第 2 章 \2.6.4.jpg
效果文件	无
视频文件	光盘 \ 视频 \ 第 2 章 \2.6.4 按适合屏幕显示移动 UI 图像 .mp4

步骤 01 单击"文件"|"打开"命令，打开一幅素材图像，如图 2-76 所示。

步骤 02 选取工具箱中的抓手工具，如图 2-77 所示。

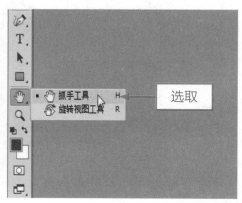

图 2-76 打开素材图像　　　　　　　　　　图 2-77 选取抓手工具

步骤 03 在工具属性栏中，单击"适合屏幕"按钮，如图 2-78 所示。

步骤 04 执行操作后，即可以适合屏幕的方式显示图像，如图 2-79 所示。

图 2-78 单击"适合屏幕"按钮　　　　　　　图 2-79 适合屏幕显示图像

　专家指点

除了上述方法可以将图像以最合适的比例完全显示外，还有以下两种方法。

* 双击：在工具箱中的抓手工具上，双击鼠标左键。

* 快捷键：按【Ctrl + 0】组合键。

2.6.5　移动 UI 图像窗口显示区域

在 Photoshop CC 中，当所打开的移动 UI 界面图像因缩放超出当前显示窗口的范围时，图像编辑窗口的右侧和下方将分别显示垂直和水平的滚动条。此时，用户可以拖曳滚动条或使用抓手工具移动图像窗口的显示区域，以便更好地查看图像。

专家指点

Photoshop 是目前最流行的图像处理软件之一，它经过近 23 年的发展完善，已经成为功能相当强大、应用极其广泛的应用软件，被誉为"神奇的魔术师"。

Photoshop 是美国 Adobe 公司开发的优秀图形图像处理软件，它的理论基础是色彩学，通过对图像中各像素的数字描述，实现了对数字图像的精确调控。Photoshop 可以支持多种图像格式和色彩模式，能同时进行多图层处理，用户可以运用选择工具、图层工具、滤镜工具得到各种手工处理或其他软件无法得到的美妙图像效果。不但如此，Photoshop 还具有开放式结构，能兼容大量的图像输入设备，如扫描仪和数码相机等。

下面介绍移动 UI 图像窗口显示区域的操作方法。

素材文件	光盘 \ 素材 \ 第 2 章 \2.6.5.jpg
效果文件	无
视频文件	光盘 \ 视频 \ 第 2 章 \2.6.5 移动 UI 图像窗口显示区域 .mp4

步骤 01 单击"文件"|"打开"命令，打开一幅素材图像，如图 2-80 所示。

步骤 **02** 选取工具箱中的缩放工具，放大图像，如图 2-81 所示。

图 2-80 打开素材图像　　　　　　　　　　　　图 2-81 放大图像

步骤 **03** 选取抓手工具，将鼠标移至图像上，当鼠标指针呈抓手形状时，单击鼠标左键的同时并拖曳，即可移动图像窗口的显示区域，如图 2-82 所示。

图 2-82 移动窗口显示区域

2.7 运用辅助工具设计移动 UI 图像

　　用户在编辑和绘制移动 UI 图像时，灵活掌握应用网格、参考线、标尺工具、注释工具等辅助工具的使用方法，可以在处理图像的过程中精确地对图像进行定位、对齐、测量等操作，以便更加精美有效地处理图像。

2.7.1 应用网格

　　当用户需要平均分配间距和对齐移动 UI 界面图像时，网格就带来很大的方便。网格可以平均分配空间，在网格选项中可以设置间距，方便度量和排列很多的图片。

　　下面介绍应用网格的具体操作方法。

	素材文件	光盘 \ 素材 \ 第 2 章 \2.7.1.jpg
	效果文件	无
	视频文件	光盘 \ 视频 \ 第 2 章 \2.7.1 应用网格 .mp4

步骤 **01** 单击"文件"|"打开"命令，打开一幅素材图像，如图 2-83 所示。

步骤 02 单击"视图"|"显示"|"网格"命令，即可在图像中显示网格，如图 2-84 所示。

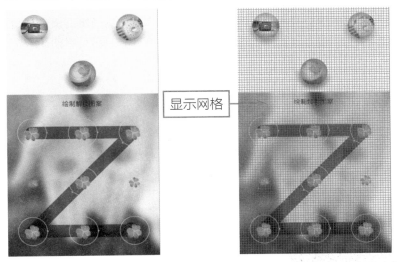

图 2-83 打开素材图像　　　　　图 2-84 显示网格

步骤 03 单击"视图"|"对齐到"|"网格"命令，执行操作后，可以看到在"网格"命令的左侧出现一个对号标志√，如图 2-85 所示。

步骤 04 在工具箱中选取矩形选框工具，将鼠标移至图像编辑窗口中的上方，单击鼠标左键的同时并拖曳绘制矩形框，即可自动对齐到网格，如图 2-86 所示。

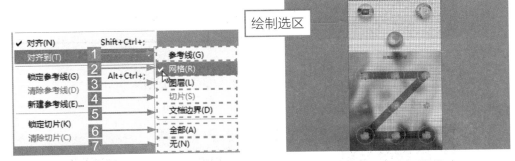

图 2-85 出现对号标志　　　　　图 2-86 对齐到网格

对齐到命令介绍：

1 参考线：选择该选项，能使对象与参考线对齐。

2 网格：选择该选项，能使对象与网格对齐，网格被隐藏时不能选择该选项。

3 图层：选择该选项，能使对象与图层中的内容对齐。

4 切片：选择该选项，能使对象与切片边界对齐，切片被隐藏时不能选择该选项。

5 文档边界：选择该选项，可以使对象与文档的边缘对齐。

6 全部：选择所有"对齐到"选项。

7 无：取消选择所有"对齐到"选项。

2.7.2　应用参考线

进行移动 UI 界面图像排版或是一些规范操作时，用户要精细作图时就需要运用到参考线，参考线相当于辅助线，起到辅助的作用，能让用户的操作更方便。它是浮动在整个图像上却不被打印的直线，用户可以随意移动、删除或锁定参考线。

下面介绍应用参考线的具体操作方法。

素材文件	光盘 \ 素材 \ 第 2 章 \2.7.2.png
效果文件	无
视频文件	光盘 \ 视频 \ 第 2 章 \2.7.2 应用参考线 .mp4

步骤 01 单击"文件"|"打开"命令，打开一幅素材图像，如图 2-87 所示。

步骤 02 单击"视图"|"新建参考线"命令，弹出"新建参考线"对话框，选中"垂直"单选按钮，在"位置"右侧的数值框中输入"0.6 厘米"，如图 2-88 所示。

图 2-87　打开素材图像

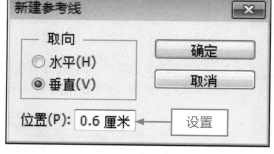

图 2-88　设置数值

步骤 03 单击"确定"按钮，即可创建垂直参考线，如图 2-89 所示。

步骤 04 单击"视图"|"新建参考线"命令，如图 2-90 所示。

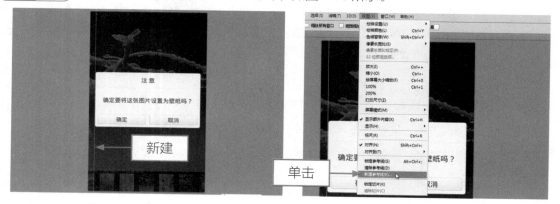

图 2-89　创建垂直参考线

图 2-90　单击"新建参考线"命令

步骤 05 执行上述操作后，弹出"新建参考线"对话框，选中"水平"单选按钮，在"位置"右侧的数值框中输入"12.8 厘米"，如图 2-91 所示。

步骤 06 单击"确定"按钮，即可创建水平参考线，效果如图 2-92 所示。

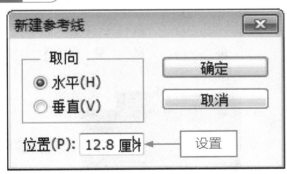

图 2-91 设置数值

图 2-92 创建水平参考线

 专家指点

移动参考线有关的快捷键和技巧如下。

* 按住【Ctrl】键的同时拖曳鼠标，即可移动参考线。

* 按住【Shift】键的同时拖曳鼠标，可使参考线与标尺上的刻度对齐。

提示：在"新建参考线"对话框中各选项主要含义如下。

* 水平：选中"水平"单选按钮，创建水平参考线。

* 垂直：选中"垂直"单选按钮，创建垂直参考线。

* 位置：在"位置"右侧的数值框中，输入相应的数值，可以设置参考线的位置。

2.7.3 应用标尺工具

标尺工具是非常精准的测量及图像修正工具。利用此工具拉出一条直线后，会在属性栏显示这条直线的详细信息，如直线的坐标、宽、高、长度、角度等。在设计移动 UI 界面图像时，运用标尺工具可以判断一些角度不正的图片偏斜角度，方便精确校正。

 专家指点

技巧：按住【Shift】键的同时，单击鼠标左键并拖曳，可以将沿水平、垂直或 45 度角的方向进行测量。将鼠标指针拖曳至测量的支点上，单击鼠标左键并拖曳，即可改变测量的长度和方向。

技巧：在 Photoshop CC 中，按住【Ctrl + R】组合键，在图像编辑窗口中即可隐藏或者显示标尺。

下面介绍应用标尺工具的具体操作方法。

素材文件	光盘 \ 素材 \ 第 2 章 \2.7.3.jpg
效果文件	无
视频文件	光盘 \ 视频 \ 第 2 章 \2.7.3 应用标尺工具 .mp4

步骤 01 单击"文件"|"打开"命令，打开一幅素材图像，如图 2-93 所示。

步骤 02 选取工具箱中的标尺工具 📏，将鼠标移至图像编辑窗口中，此时鼠标指针呈 📏+形状，如图 2-94 所示。

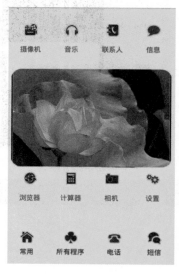

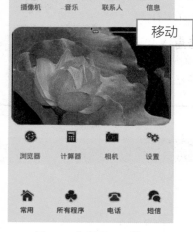

图 2-93 打开素材图像

图 2-94 指针呈 📏+形状

步骤 03 在图像编辑窗口中单击鼠标左键，确认起始位置，并向下拖曳，确定测试长度，如图 2-95 所示。

步骤 04 单击"窗口"|"信息"命令，即可查看到测量的信息，如图 2-96 所示。

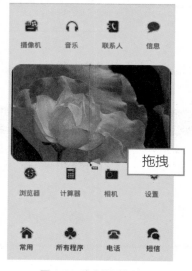

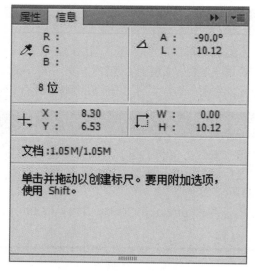

图 2-95 确定测试长度

图 2-96 查看测量信息

2.7.4 应用注释工具

在 Photoshop CC 中，注释工具是用来协助用户制作移动 UI 界面图像的，使用注释工具可以在图像的任何区域添加文字注释，标记制作说明或其他有用信息。

下面向读者介绍应用注释工具的具体操作方法。

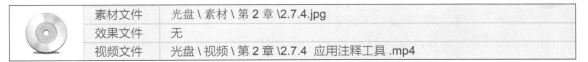

素材文件	光盘 \ 素材 \ 第 2 章 \2.7.4.jpg
效果文件	无
视频文件	光盘 \ 视频 \ 第 2 章 \2.7.4 应用注释工具 .mp4

步骤 01 单击"文件"|"打开"命令，打开一幅素材图像，如图 2-97 所示。

步骤 02 选取工具箱中的注释工具，将鼠标移至图像编辑窗口中，单击鼠标左键，弹出"注释"面板，在"注释"文本框中输入说明文字，如图 2-98 所示。

图 2-97 打开素材图像   图 2-98 输入说明文字

步骤 03 执行操作后，即可创建注释，并在素材图像中显示注释标记，如图 2-99 所示。

步骤 04 移动鼠标至素材图像中的注释标记上，单击鼠标右键，弹出快捷菜单，选择"删除注释"选项，如图 2-100 所示。

图 2-99 显示注释标记   图 2-100 选择"删除注释"选项

专家指点

"注释"右键菜单的各选项主要含义如下：

* 新建注释：选择"新建注释"选项，可以创建新的注释。

* 打开注释：选择"打开注释"选项，可以打开"注释"面板，查看面板中的内容。

* 删除注释：选择"删除注释"选项，将当前的注释删除。

* 导入注释：选择"导入注释"选项，导入新的注释。

* 关闭注释：选择"关闭注释"选项，可以关闭当前的"注释"面板。

* 删除所有注释：选择"删除所有注释"选项，将所有的注释删除。

步骤 **05** 执行上述操作后，弹出信息提示框，如图 2-101 所示。

步骤 **06** 单击"是"按钮，即可删除注释，效果如图 2-102 所示。

图 2-101 弹出信息提示框

图 2-102 删除注释

2.7.5 运用对齐工具

如果用户要启用对齐功能，首先需要选择"对齐"命令，使该命令处于选中状态，然后在相应子菜单中选择一个对齐项目，带有√标记的命令表示启用了该对齐功能，如图 2-103 所示。

在 Photoshop CC 中，若正在编辑的移动 UI 界面图像排列不整齐，用户可使用顶对齐按钮，使正在编辑的图像快速的以顶端对齐的方式排列显示，下面介绍具体的操作方法。

	素材文件	光盘 \ 素材 \ 第 2 章 \2.7.5.psd
	效果文件	光盘 \ 效果 \ 第 2 章 \2.7.5.psd
	视频文件	光盘 \ 视频 \ 第 2 章 \2.7.5 运用对齐工具 .mp4

步骤 **01** 单击"文件"|"打开"命令，打开一幅素材图像，如图 2-104 所示。

步骤 **02** 在"图层"面板中，选择除"背景"图层外的所有图层，如图 2-105 所示。

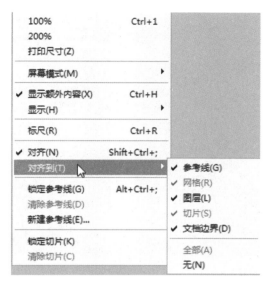

图 2-103 启用对齐功能

图 2-104 打开素材图像

图 2-105 选择图层

 专家指点

　　在 Photoshop CC 中，灵活运用对齐工具有助于精确地放置选区、裁剪选框、切片、形状和路径。

步骤 03 在工具箱中选取移动工具，如图 2-106 所示。

步骤 04 移动鼠标至工具属性栏中，单击"顶对齐"按钮，如图 2-107 所示。

步骤 05 执行上述操作后，即可以顶对齐方式排列显示图像，效果如图 2-108 所示。

图 2-106 选取移动工具

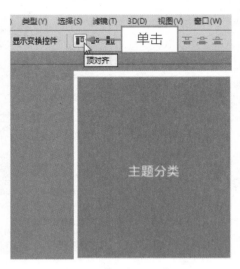

图 2-107 单击"顶对齐"按钮

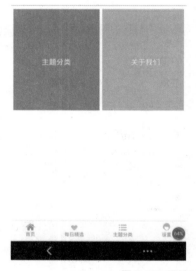

图 2-108 顶端对齐方式显示图像

2.7.6 运用计数工具

计数工具是用来协助制作移动 UI 界面图像的，当用户做好一部分的图像处理后，需要对处理图像进行计数，可使用计数工具在图像上添加计数。

在 Photoshop CC 中，用户可以使用计数工具对图像中的对象计数，也可以自动对图像中的多个选定区域计数。

下面介绍运用计数工具的具体操作方法。

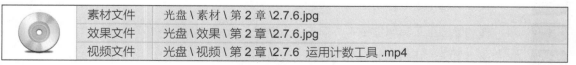

素材文件	光盘 \ 素材 \ 第 2 章 \2.7.6.jpg	
效果文件	光盘 \ 效果 \ 第 2 章 \2.7.6.jpg	
视频文件	光盘 \ 视频 \ 第 2 章 \2.7.6 运用计数工具 .mp4	

步骤 01 单击"文件"|"打开"命令，打开一幅素材图像，如图 2-109 所示。

步骤 02 选取工具箱中的计数工具，如图 2-110 所示。

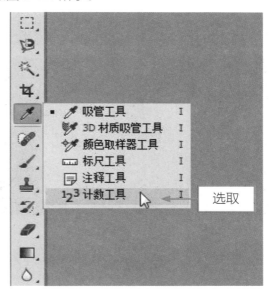

图 2-109 打开素材图像　　　　　　　　　图 2-110 选取计数工具

步骤 03 将鼠标移至图像编辑窗口中，此时鼠标指针呈 1+ 形状，如图 2-111 所示。

步骤 04 在素材图像中合适位置单击鼠标左键，即可创建计数，如图 2-112 所示。

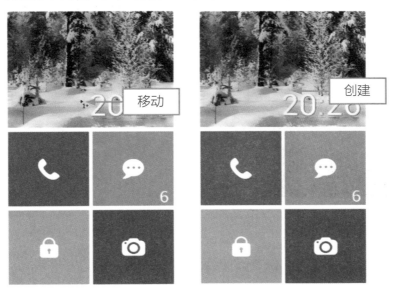

图 2-111 鼠标指针呈相应形状　　　　　　　图 2-112 创建计数

步骤 05 在计数工具属性栏中，设置"标记大小"为 10、"标签大小"为 28，如图 2-113 所示。

步骤 06 按【Enter】键确认，即可调整标记和标签大小，效果如图 2-114 所示。

图 2-113 设置相应选项　　　　　　　　　　　　图 2-114 调整标记和标签大小

步骤 07 在工具属性栏中，单击"计数组颜色"色块，弹出"拾色器（计数颜色）"对话框，设置 RGB 参数值分别为 255、0、0，如图 2-115 所示。

步骤 08 单击"确定"按钮，即可更改计数颜色，效果如图 2-116 所示。

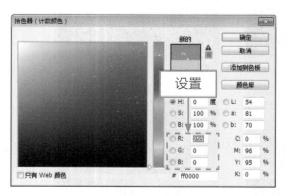

图 2-115　"拾色器（计数颜色）"对话框　　　图 2-116　更改计数颜色

03 移动 UI 图像的基本编辑

学习提示

　　Photoshop CC 作为一款图像处理软件，绘图和图像处理是它的主要功能，用户可以通过调整图像尺寸、分辨率、裁剪图像、变换图像以及创建与管理图层等操作，来调整与编辑图像，以此来优化图像的质量，设计出更好的移动 UI 界面 APP 作品。

本章案例导航

- 调整移动 UI 图像的画布尺寸
- 翻转移动 UI 图像的画布
- 调整移动 UI 图像的尺寸
- 调整移动 UI 图像的分辨率
- 运用工具裁剪移动 UI 图像
- 精确裁剪移动 UI 图像对象
- 缩放 / 旋转移动 UI 图像素材
- 斜切移动 UI 图像素材

- 扭曲移动 UI 图像素材
- 透视移动 UI 图像素材
- 变形移动 UI 图像素材
- 创建图层和图层组
- 图层的基础操作
- 设置图层不透明度
- 常用图像混合模式的设置
- 应用与管理图层样式

3.1 控制移动 UI 图像的画布

在 Photoshop CC 中设计移动 UI 界面时，画布是指整个 UI 文档的工作区域，根据需要合理控制图像的大小和方向，有利于图像的显示。

3.1.1 调整移动 UI 图像的画布尺寸

画布是指实际打印的工作区域，移动 UI 图像画面尺寸的大小是指当前图像周围工作空间的大小，改变画布大小会直接影响最终的输出效果。

下面介绍调整移动 UI 图像的画布尺寸的具体操作方法。

素材文件	光盘 \ 素材 \ 第 3 章 \3.1.1.png
效果文件	光盘 \ 效果 \ 第 3 章 \3.1.1.png
视频文件	光盘 \ 视频 \ 第 3 章 \3.1.1 调整移动 UI 图像的画布尺寸 .mp4

步骤 01 单击"文件"|"打开"命令，打开一幅素材图像，如图 3-1 所示。

步骤 02 单击"图像"|"画布大小"命令，弹出"画布大小"对话框，如图 3-2 所示。

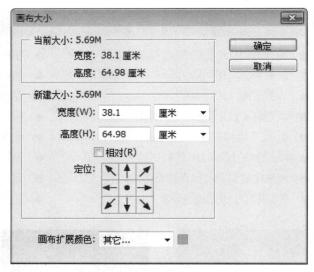

图 3-1 打开素材图像　　　　　　　　图 3-2 弹出"画布大小"对话框

步骤 03 在"新建大小"选项区中设置"宽度"为 40 厘米、"高度"为 68 厘米，设置"画布扩展颜色"为"黑色"，如图 3-3 所示。

步骤 04 单击"确定"按钮，即可调整画布的大小，如图 3-4 所示。

"画布大小"对话框中各选项的主要含义如下：

1 当前大小：显示的是当前画布的大小。

2 新建大小：用于设置画布的大小。

3 相对：选中该复选框后，在"宽度"和"高度"选项后面将出现"锁链"图标，表示改变其中某一选项设置时，另一选项会按比例同时发生变化。

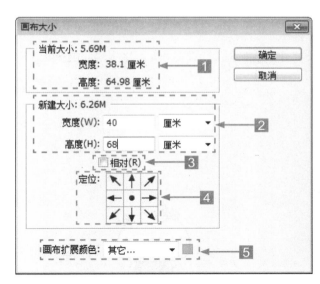

图 3-3 设置数值

图 3-4 调整画布大小

4 定位：是用来修改图像像素的大小。在 Photoshop 中是"重新取样"。当减少像素数量时就会从图像中删除一些信息；当增加像素的数量或增加像素取样时，则会添加新的像素。

5 画布扩展颜色：在"画布扩展颜色"下拉列表中可以选择填充新画布的颜色，如图 3-5 所示。

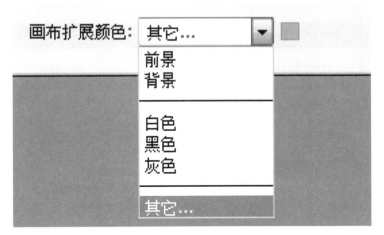

图 3-5 "画布扩展颜色"下拉列表

3.1.2 翻转移动 UI 图像的画布

有时打开移动 UI 素材图像时，会发现图像出现了颠倒、倾斜或反向的情况，此时就需要对画布进行旋转或翻转操作。

下面介绍翻转移动 UI 图像的画布的具体操作方法。

	素材文件	光盘 \ 素材 \ 第 3 章 \3.1.2.jpg
	效果文件	光盘 \ 效果 \ 第 3 章 \3.1.2.jpg
	视频文件	光盘 \ 视频 \ 第 3 章 \3.1.2 翻转移动 UI 图像的画布 .mp4

步骤 01 单击"文件"|"打开"命令，打开一幅素材图像，如图 3-6 所示。

步骤 02 单击"图像"|"图像旋转"|"水平翻转画布"命令，即可水平翻转画布，效果如图 3-7 所示。

图 3-6 打开素材图像　　　　　　　　图 3-7 水平翻转图像效果

专家指点

使用"图像旋转"命令可以旋转或翻转整个图像，但不适用于单个图层、图层中的一部分、选区及路径，如图 3-8 所示。如果需要对单个图层、图层中的一部分、选区及路径进行旋转或翻转，可以通过执行"编辑"|"变换"命令来完成。

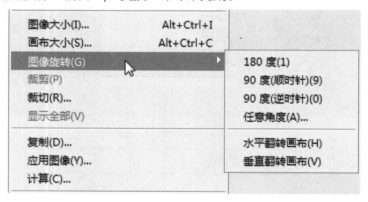

图 3-8 "图像旋转"命令子菜单

3.1.3 显示全部的移动 UI 图像

在 Photoshop CC 中，有时用户打开移动 UI 图像会发现图像没有显示完全，此时可以单击"显示全部"命令对图像进行全部显示的操作。

下面介绍显示全部的移动 UI 图像的具体操作方法。

	素材文件	光盘 \ 素材 \ 第 3 章 \3.1.3.psd
	效果文件	光盘 \ 效果 \ 第 3 章 \3.1.3.psd
	视频文件	光盘 \ 视频 \ 第 3 章 \3.1.3 显示全部的移动 UI 图像 .mp4

步骤 01 单击"文件"|"打开"命令，打开一幅素材图像，如图 3-9 所示。

步骤 02 单击"图像"|"显示全部"命令，即可显示全部图像，如图 3-10 所示。

图 3-9 打开素材图像　　　　　　　图 3-10 显示全部图像

专家指点

　　有时图像的部分区域会处于画布的可见区域外，单击"显示全部"命令，可以扩大画面，从而使其处于画布可见区域外的图像完全显示出来。

3.1.4 调整移动 UI 图像的尺寸

　　用户在对移动 UI 图像的再编辑过程中可以根据需要调整图片的大小，但在调整时一定要注意文档宽度值、高度值与分辨率值之间的关系，否则改变大小后图像的效果质量也会受到影响。下面介绍调整移动 UI 图像的尺寸的具体操作方法。

	素材文件	光盘 \ 素材 \ 第 3 章 \3.1.4.jpg
	效果文件	光盘 \ 效果 \ 第 3 章 \3.1.4.jpg
	视频文件	光盘 \ 视频 \ 第 3 章 \3.1.4 调整移动 UI 图像的尺寸 .mp4

步骤 01 单击"文件"|"打开"命令，打开一幅素材图像，如图 3-11 所示。

步骤 02 单击"图像"|"图像大小"命令，弹出"图像大小"对话框，如图 3-12 所示。

步骤 03 在"图像大小"对话框中，设置"高度"为 10 厘米、"分辨率"为 72 像素 / 英寸，如图 3-13 所示。

步骤 04 单击"确定"按钮，即可调整图像的尺寸，如图 3-14 所示。

图 3-11 打开素材图像

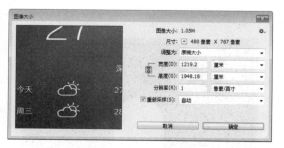

图 3-12 弹出"图像大小"对话框

图 3-13 设置相应数值

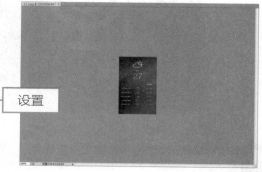

图 3-14 调整图像尺寸

3.1.5 调整移动 UI 图像的分辨率

在移动 UI 界面设计过程中，分辨率是一个很重要的参数。分辨率指的是单位长度上像素的数目，通常用"像素 / 英寸"或"像素 / 厘米"表示。每英寸的像素越多，分辨率越高，则图像印刷出来的质量就越好；反之，每英寸的像素越少，分辨率越低，印刷出来的图像质量就越差。下面介绍调整移动 UI 图像的分辨率的具体操作方法。

素材文件	光盘 \ 素材 \ 第 3 章 \3.1.5.jpg
效果文件	光盘 \ 效果 \ 第 3 章 \3.1.5.jpg
视频文件	光盘 \ 视频 \ 第 3 章 \3.1.5 调整移动 UI 图像的分辨率 .mp4

步骤 01 单击"文件"|"打开"命令，打开一幅素材图像，如图 3-15 所示。

步骤 02 单击"图像"|"图像大小"命令，弹出"图像大小"对话框，如图 3-16 所示。

步骤 03 设置"分辨率"为 300 像素 / 英寸，单击"确定"按钮，如图 3-17 所示。

步骤 04 执行上述操作后，即可调整图像的分辨率，如图 3-18 所示。

图 3-15 打开素材图像

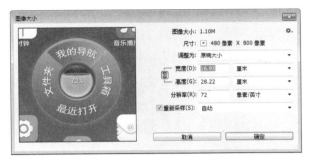

图 3-16 弹出"图像大小"对话框

图 3-17 设置数值

图 3-18 调整图像分辨率

3.2 裁剪与管理移动 UI 图像

当移动 UI 图像扫描到计算机中，经常会遇到图像中多出一些不需要的部分，这时就需要对图像进行裁剪操作，或者移动与删除图像等，这些都是管理移动 UI 图像的基本操作。本节主要向读者介绍裁剪与管理移动 UI 图像的操作方法。

3.2.1 运用工具裁剪移动 UI 图像

在设计移动 UI 界面时，裁剪工具是应用非常灵活的截取图像的工具，灵活运用裁剪工具可以突出主体图像。选择裁剪工具后，其属性栏的变化如图 3-19 所示。

图 3-19 裁剪工具属性栏

裁剪工具的工具属性栏各选项主要含义如下：

1 无约束：用来输入图像裁剪比例，裁剪后图像的尺寸由输入的数值决定，与裁剪区域的大小没有关系。

2 拉直：通过绘制线段拉直图像。

3 视图：设置裁剪工具视图选项。

4 删除裁切像素：确定裁剪框以外透明度像素数据是保留还是删除。

下面向读者介绍运用工具裁剪移动 UI 图像的具体操作方法。

	素材文件	光盘 \ 素材 \ 第 3 章 \3.2.1.jpg
	效果文件	光盘 \ 效果 \ 第 3 章 \3.2.1.jpg
	视频文件	光盘 \ 视频 \ 第 3 章 \3.2.1 运用工具裁剪移动 UI 图像 .mp4

步骤 01 单击"文件"|"打开"命令，打开一幅素材图像，如图 3-20 所示。

步骤 02 选取工具箱中的裁剪工具 🔲，调出裁剪控制框，单击鼠标左键的同时并拖曳，如图 3-21 所示。

图 3-20 打开素材图像

图 3-21 拖动控制框至适合位置

 专家指点

在变换控制框中，可以对其进行适当调整，主要操作方法如下：

* 将鼠标拖曳至变换控制框四周的 8 个控制柄上，当鼠标呈双向箭头 ↔ 形状时，单击鼠标左键的同时并拖曳，即可放大或缩小裁剪区域。

* 将鼠标移至控制框外，当鼠标呈 ↰ 形状时，可对其裁剪区域进行旋转。

步骤 03 将鼠标移至裁剪控制框中，单击鼠标左键的同时并拖曳图像至适合位置，如图 3-22 所示。

步骤 04 执行上述操作后，按【Enter】键确认，即可裁剪图像，效果如图 3-23 所示。

图 3-22 移动图像至适合位置

图 3-23 裁剪图像

3.2.2 运用命令裁切移动 UI 图像

在设计移动 UI 界面时，除了运用裁剪工具裁剪图像外，还可以运用"裁切"命令裁剪图像，下面向读者介绍运用命令裁切图像的操作方法。

素材文件	光盘 \ 素材 \ 第 3 章 \3.2.2.jpg
效果文件	光盘 \ 效果 \ 第 3 章 \3.2.2.jpg
视频文件	光盘 \ 视频 \ 第 3 章 \3.2.2 运用命令裁切移动 UI 图像 .mp4

步骤 01 单击"文件"|"打开"命令，打开一幅素材图像，如图 3-24 所示。

步骤 02 单击"图像"|"裁切"命令，弹出"裁切"对话框，在"基于"选项区中选中"左上角像素颜色"单选按钮，在"裁切"选项区中分别选中"顶"、"底"、"左"和"右"复选框，如图 3-25 所示。

图 3-24 打开素材图像

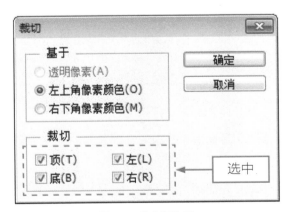

图 3-25 选中复选框

 03 执行上述操作后，单击"确定"按钮，即可裁切图像，如图 3-26 所示。

图 3-26 裁切后的图像

 专家指点

"裁切"对话框的各选项的主要含义如下：

* 透明像素：用于删除图像边缘的透明区域，留下包含非透明像素的最小图像。

* 左上角像素颜色：删除图像左上角像素颜色的区域。

* 右下角像素颜色：删除图像右上角像素颜色的区域。

* 裁切：设置要修正的图像区域。

3.2.3 精确裁剪移动 UI 图像对象

在移动 UI 界面设计过程中，在制作等分拼图需要裁剪时，就要运用到精确裁剪图像，在裁剪工具属性栏上设置固定的宽度、高度、分辨率等参数，即可裁剪出固定大小的图像。

下面介绍精确裁剪移动 UI 图像对象的具体操作方法。

素材文件	光盘 \ 素材 \ 第 3 章 \3.2.3.jpg
效果文件	光盘 \ 效果 \ 第 3 章 \3.2.3.jpg
视频文件	光盘 \ 视频 \ 第 3 章 \3.2.3 精确裁剪移动 UI 图像对象 .mp4

步骤 01 单击"文件"|"打开"命令，打开一幅素材图像，如图 3-27 所示。

步骤 02 选取工具箱中的矩形选框工具，将鼠标移至图像编辑窗口中，单击鼠标左键的同时并拖曳，创建一个选区，如图 3-28 所示。

步骤 03 单击"图像"|"裁剪"命令，即可裁剪图像，如图 3-29 所示。

步骤 04 执行上述操作后，按【Ctrl + D】组合键，取消选区，如图 3-30 所示。

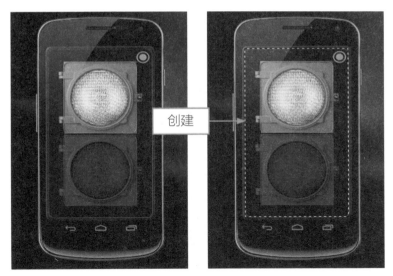

| 图 3-27 打开素材图像 | 图 3-28 创建一个选区 |

| 图 3-29 裁剪图像 | 图 3-30 取消选区 |

3.2.4 移动 UI 图像素材

在 Photoshop CC 中设计移动 UI 界面图像时，移动工具是最常用的工具之一，移动图层、选区内的图像，或者整个图像，都可以通过移动工具进行位置的调整，用户选中移动工具后，其属性栏的变化如图 3-31 所示。

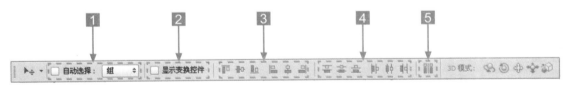

图 3-31 移动工具属性栏

移动工具属性栏各选项的主要含义如下：

1 自动选择：如果文档中包含多个图层或图层组，可在选中该复选框的同时单击"选择组或图层"按钮，在弹出的下拉列表框中选择要移动的内容。选择"组"选项，在图像中单击时，可自动选择工具下面包含像素的最顶层的图层所在的图层组；选择"图层"选项，使用移动工具在画面中单击时，可自动选择工具下面包含像素的最顶层的图层。

2 显示变换控件：选中该复选框以后，系统会在选中图层内容的周围显示变换框，通过拖动控制点对图像进行变换操作。

3 对齐图层：在选择了两个或两个以上的图层后，可以单击相应按钮，使所选的图层对齐。包括顶对齐 、垂直居中对齐 、底对齐 、左对齐 、水平居中对齐 和右对齐 。

4 分布图层：在选择 3 或 3 个以上的图层，可单击相应的按钮使所选的图层按照一定的规则分布。这些按钮包括按顶分布 、垂直居中分布 、按底分布 、按左分布 、水平居中分布 和按右分布 。

5 自动对齐图层：在选择 3 或 3 个以上的图层，可以单击该按钮，弹出"自动对齐图层"对话框，在其中可选择"自动"、"透视"、"拼贴"、"圆柱"、"球面"和"调整位置"6 个单选按钮，如图 3-32 所示。

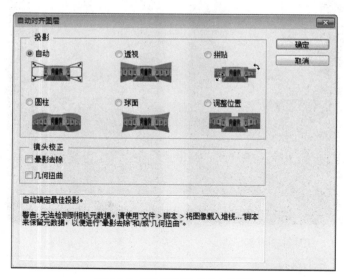

图 3-32 "自动对齐图层"对话框

下面介绍移动 UI 图像素材的操作方法。

	素材文件	光盘 \ 素材 \ 第 3 章 \3.2.4a.psd、3.2.4b.psd
	效果文件	光盘 \ 效果 \ 第 3 章 \3.2.4.psd
	视频文件	光盘 \ 视频 \ 第 3 章 \3.2.4 移动 UI 图像素材 .mp4

步骤 01 单击"文件"|"打开"命令，打开两幅素材图像，如图 3-33 所示。

步骤 02 选取移动工具，将鼠标指针移至 3.2.4a 图像编辑窗口中，单击鼠标左键的同时并拖曳至 3.2.4b 图像编辑窗口中，释放鼠标左键，即可移动图像，如图 3-34 所示。

步骤 03 在"图层"面板中,选择"图层 2"图层,单击鼠标左键并向下拖曳至"图层 1"图层下方,释放鼠标左键,调整图层顺序,如图 3-35 所示。

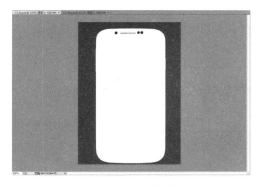

图 3-33 打开素材图像

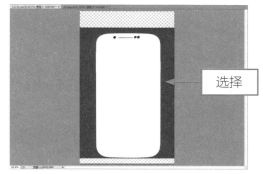

图 3-34 移动图像

步骤 04 适当调整图像至合适位置,效果如图 3-36 所示。

图 3-35 调整图层顺序

图 3-36 图像效果

专家指点

除了运用上述方法可以移动图像外,还有以下 3 种方法移动图像:

* 鼠标 1:如果当前没有选取移动工具,可按住【Ctrl】键,单击鼠标左键的同时并拖曳,即可移动图像。

* 鼠标 2:按住【Alt】键,在图像上单击鼠标左键的同时并拖曳,即可复制图像。

* 快捷键:按住【Shift】键,可以将图像垂直或水平移动。

3.2.5 删除 UI 图像素材

在制作移动 UI 图像的过程中,会创建许多且内容不同的图层或图像,将多余的、不必要的图层或图像删除,不仅可以节省磁盘空间,也可以提高软件运行速度。

下面介绍删除 UI 图像素材的具体操作方法。

素材文件	光盘 \ 素材 \ 第 3 章 \3.2.5.psd
效果文件	光盘 \ 效果 \ 第 3 章 \3.2.5.jpg
视频文件	光盘 \ 视频 \ 第 3 章 \3.2.5 删除 UI 图像素材 .mp4

步骤 **01** 单击"文件"|"打开"命令，打开一幅素材图像，如图 3-37 所示。

步骤 **02** 选取工具箱中的移动工具，将鼠标指针移至需要删除的图像上，单击鼠标右键，弹出快捷菜单，选择"图层 1"图层，如图 3-38 所示。

图 3-37 打开素材图像

图 3-38 选择"图层 1"图层

步骤 **03** 执行上述操作后，"图层 1"图层处于被选中的状态，如图 3-39 所示。

步骤 **04** 按【Backspace】键，即可删除"图层 1"图层，效果如图 3-40 所示。

图 3-39 选中"图层 1"图层

图 3-40 删除图层效果

3.3 变换与编辑移动 UI 图像

运用 Photoshop CC 处理移动 UI 界面 APP 图像时，为了制作出相应的图像效果，使图像与整体画面和谐统一，经常需要对某些图像进行翻转、缩放、斜切、扭曲、透视、变形等变换操作。

3.3.1 缩放 / 旋转移动 UI 图像素材

在设计移动 UI 图形或调入图像时，图像角度的改变可能会影响整幅图像的效果，针对缩放或旋转图像，能使平面图像的显示视角独特，同时也可以将倾斜的图像纠正。

下面介绍缩放 / 旋转图像素材的具体操作方法。

	素材文件	光盘 \ 素材 \ 第 3 章 \3.3.1.psd
	效果文件	光盘 \ 效果 \ 第 3 章 \3.3.1.psd、3.3.1.jpg
	视频文件	光盘 \ 视频 \ 第 3 章 \3.3.1 缩放 / 旋转移动 UI 图像素材 .mp4

步骤 01 单击"文件"|"打开"命令，打开一幅素材图像，如图 3-41 所示。

步骤 02 选中"图层 1"图层，单击"编辑"|"变换"|"缩放"命令，如图 3-42 所示。

图 3-41 打开素材图像　　　　　　　图 3-42 单击"缩放"命令

步骤 03 将鼠标移至变换控制框右上方的控制柄上，当鼠标指针呈双向箭头形状时，单击鼠标左键的同时并向左下方拖曳，缩放至合适位置，如图 3-43 所示。

步骤 04 将鼠标指针移至变换框内的同时，单击鼠标右键，弹出快捷菜单，选择"旋转"选项，如图 3-44 所示。

步骤 05 将鼠标指针移至变换控制框右上方的控制柄外，当鼠标指针呈↰形状时，单击鼠标左键的同时并向顺时针方向旋转，如图 3-45 所示。

步骤 06 执行上述操作后，按【Enter】键确认，即可旋转图像，如图 3-46 所示。

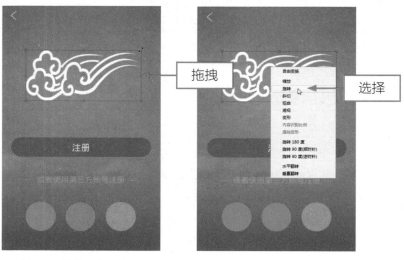

图 3-43 缩放至合适位置　　　　　　　　图 3-44 选择"旋转"选项

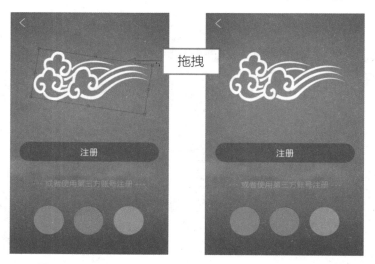

图 3-45 顺时针旋转　　　　　　　　图 3-46 旋转图像后的效果

 专家指点

　　用户对图像进行旋转操作时，按住【Shift】键的同时，单击鼠标左键并拖曳，可以等比例缩放图像。

3.3.2 水平翻转移动 UI 图像素材

　　用户在处理移动 UI 图像文件时，可以根据需要对图像素材进行水平翻转。

　　下面介绍水平翻转移动 UI 图像素材的具体操作方法。

素材文件	光盘 \ 素材 \ 第 3 章 \3.3.2.psd
效果文件	光盘 \ 效果 \ 第 3 章 \3.3.2.psd、3.3.2.jpg
视频文件	光盘 \ 视频 \ 第 3 章 \3.3.2 水平翻转移动 UI 图像素材 .mp4

步骤 01 单击"文件"|"打开"命令，打开一幅素材图像，如图 3-47 所示。

步骤 02 在"图层"面板中，选择"图层 1"图层，如图 3-48 所示。

图 3-47 打开素材图像　　　　图 3-48 选择"图层 1"图层

步骤 03 单击"编辑"|"变换"|"水平翻转"命令，如图 3-49 所示。

步骤 04 执行操作后，即可水平翻转图像，效果如图 3-50 所示。

图 3-49 单击"水平翻转"命令　　　　图 3-50 水平翻转图像后的效果

 专家指点

"水平翻转画布"命令和"水平翻转"命令的区别如下：

* 水平翻转画布：可以将整个画布，即画布中的全部图层，水平翻转。

* 水平翻转：可将画布中的某个图像，即选中画布中的某个图层水平翻转。

3.3.3 垂直翻转移动 UI 图像素材

当用户在 Photoshop 中打开一个移动 UI 界面图像源文件时，如果图像素材有颠倒状态，此时用户可以对图像素材进行垂直翻转操作来进行纠正。

下面介绍垂直翻转移动 UI 图像素材的具体操作方法。

	素材文件	光盘 \ 素材 \ 第 3 章 \3.3.3.png
	效果文件	光盘 \ 效果 \ 第 3 章 \3.3.3.png
	视频文件	光盘 \ 视频 \ 第 3 章 \3.3.3 垂直翻转移动 UI 图像素材 .mp4

步骤 01 单击"文件"|"打开"命令，打开一幅素材图像，如图 3-51 所示。

步骤 02 单击"编辑"|"变换"|"垂直翻转"命令，即可垂直翻转图像，如图 3-52 所示。

图 3-51 打开素材图像　　　　图 3-52 垂直翻转图像

3.3.4 斜切移动 UI 图像素材

运用"斜切"命令可以对移动 UI 界面图像进行斜切操作，该操作类似于扭曲操作，不同之处在于扭曲变换状态下，变换控制框中的控制柄可以按任意方向移动，而在斜切操作状态下，控制柄只能在变换控制框边线所定义的方向上移动。

 专家指点

在对图像进行斜切操作时，若按住【Alt + Shift】组合键，可以使图像以中心点为交点，沿着水平或垂直的方向进行倾斜。

下面介绍斜切移动 UI 图像素材的具体操作方法。

	素材文件	光盘 \ 素材 \ 第 3 章 \3.3.3.psd
	效果文件	光盘 \ 效果 \ 第 3 章 \3.3.3.psd、3.3.3.jpg
	视频文件	光盘 \ 视频 \ 第 3 章 \3.3.4 斜切移动 UI 图像素材 .mp4

步骤 01 单击"文件"|"打开"命令，打开一幅素材图像，如图 3-53 所示。

步骤 02 展开"图层"面板，选择"图层 1"图层，如图 3-54 所示。

图 3-53 打开素材图像　　　　　图 3-54 选择相应文字图层

步骤 03 单击"编辑"|"变换"|"斜切"命令，调出变换控制框，将鼠标移至变换控制框下方中间的控制点上，单击鼠标左键的同时并向左拖曳，文字图像倾斜，如图 3-55 所示。

步骤 04 执行上述操作后，按【Enter】键确认，即可完成斜切图像操作，如图 3-56 所示。

图 3-55 文字图像倾斜　　　　　图 3-56 斜切后的效果

3.3.5 扭曲移动 UI 图像素材

　　在运用 Photoshop CC 设计移动 UI 界面时，用户可以根据工作需要，运用"扭曲"命令，通过变换控制框上的任意控制柄，对 UI 图像进行扭曲变形操作。

下面介绍扭曲移动 UI 图像素材的具体操作方法。

	素材文件	光盘 \ 素材 \ 第 3 章 \3.3.5.psd
	效果文件	光盘 \ 效果 \ 第 3 章 \3.3.5.psd、3.3.5.jpg
	视频文件	光盘 \ 视频 \ 第 3 章 \3.3.5 扭曲移动 UI 图像素材 .mp4

步骤 **01** 单击"文件"|"打开"命令，打开一幅素材图像，如图 3-57 所示。

步骤 **02** 选择"图层 1"图层，单击"编辑"|"变换"|"扭曲"命令，调出变换控制框，如图 3-58 所示。

图 3-57 打开素材图像

图 3-58 调出变换控制框

步骤 **03** 将鼠标指针移至各方控制柄上，单击鼠标左键的同时并拖曳，调整图像至适合位置，如图 3-59 所示。

步骤 **04** 执行上述操作后，按【Enter】键确认，即可扭曲图像，如图 3-60 所示。

图 3-59 调整图像至适合位置

图 3-60 扭曲图像后的效果

专家指点

对图像进行扭曲操作时，可以结合以下两种技巧：

* 按住【Shift】键，即可以水平或垂直的方向进行扭曲。

* 按住【Alt + Shift】组合键，则图像以透视进行变形操作。

3.3.6 透视移动 UI 图像素材

透视是移动 UI 界面设计中常用的操作方法之一，注意图像的透视关系可以让图像或整幅画面显得更加协调，利用"透视"命令，还可以对图像的形状进行修正或调整。

下面介绍透视移动 UI 图像素材的具体操作方法。

素材文件	光盘 \ 素材 \ 第 3 章 \3.3.6.psd
效果文件	光盘 \ 效果 \ 第 3 章 \3.3.6.psd、3.3.6.jpg
视频文件	光盘 \ 视频 \ 第 3 章 \3.3.6 透视移动 UI 图像素材 .mp4

步骤 01 单击"文件"|"打开"命令，打开一幅素材图像，如图 3-61 所示。

步骤 02 选择"图层 1"图层，单击"编辑"|"变换"|"透视"命令，调出变换控制框，如图 3-62 所示。

调出

图 3-61 打开素材图像　　　　　图 3-62 调出变换控制框

专家指点

单击"透视"命令后，即会显示变换控制框，此时单击鼠标左键并拖动可以进行透视变换。

步骤 03 将鼠标移至变换控制框的控制柄上，单击鼠标左键的同时并拖曳，调整至适合位置，如图 3-63 所示。

步骤 04 执行上述操作后，按【Enter】键确认，即可完成透视图像的操作，如图 3-64 所示。

拖拽

图 3-63 调整至适合位置

图 3-64 图像效果

3.3.7 变形移动 UI 图像素材

运用"变形"命令设计移动 UI 界面时，所选图像上会显示变形网格和锚点，通过调整各锚点或对应锚点的控制柄，可以对图像进行更加自由和灵活的变形处理。

下面介绍变形移动 UI 图像素材的具体操作方法。

素材文件	光盘 \ 素材 \ 第 3 章 \3.3.7.jpg、3.3.7.jpg
效果文件	光盘 \ 效果 \ 第 3 章 \3.3.7.jpg
视频文件	光盘 \ 视频 \ 第 3 章 \3.3.7 变形移动 UI 图像素材 .mp4

步骤 01 单击"文件"|"打开"命令，打开一幅素材图像，如图 3-65 所示。

步骤 02 在"图层"面板中选择"图层 1"图层，如图 3-66 所示。

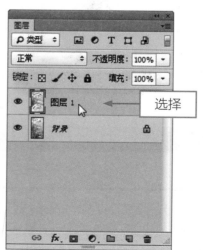

选择

图 3-65 打开素材图像

图 3-66 选择"图层 1"图层

步骤 03 按【Ctrl + T】组合键，调出变换控制框，如图 3-67 所示。

步骤 04 在变换控制框中单击鼠标右键，在弹出的快捷菜单中选择"变形"选项，如图 3-68 所示。

图 3-67 调出变换控制框　　　　　　图 3-68 选择"变形"选项

步骤 05 执行操作后，即可调出自由变换网格，如图 3-69 所示。

步骤 06 将鼠标移至自由变换网格的右下角的控制柄上，单击鼠标左键的同时并拖曳，调整控制柄的位置，如图 3-70 所示。

图 3-69 调出自由变换网格　　　　　　图 3-70 调整控制柄的位置

步骤 07 执行上述操作后，按【Enter】键确认，即可变形图像，如图 3-71 所示。

步骤 08 为"图层 1"图层添加默认的"外发光"图层样式，效果如图 3-72 所示。

图 3-71 变形图像　　　　　　　　图 3-72 添加"外发光"图层样式

专家指点

在 Photoshop CC 中对图像进行变换操作后，若想多次进行同样操作，可以通过单击"编辑"|"变换"|"再次"命令重复上次变换操作，如图 3-73 所示。

图 3-73 单击"再次"命令后的图像效果

3.4 创建与管理移动 UI 图像图层

图层作为 Photoshop 的核心功能，其功能的强大自然不言而喻。管理图层时，可更改图层的不透明度、混合模式以及快速创建特殊效果的图层样式等，为移动 UI 界面的编辑操作带来了极大的便利。本节主要介绍创建与管理图层的各种操作方法。

3.4.1 认识图层与"图层"面板

在移动 UI 界面设计过程中，Photoshop 图像文件都是基于图层来进行处理的，图层就是图像的层次，可以将一幅作品分解成多个元素，即每一个元素都以图层的方式进行管理。

图层可以看作是一张独立的透明胶片，其中每张胶片上都绘有图像，将所有的胶片按"图层"面板中的排列次序，自上而下进行叠加，最上层的图像遮住下层同一位置的图像，而在其透明区域则可以看到下层的图像，最终通过叠加得到完整的图像，如图 3-74 所示。

图 3-74 图像与图层的效果

"图层"面板是进行图层编辑操作时必不可少的工具。"图层"面板显示了当前图像的图层信息，从中可以调节图层叠放顺序、透明度以及混合模式等参数。单击"窗口"|"图层"命令，即可调出"图层"面板，如图 3-75 所示。

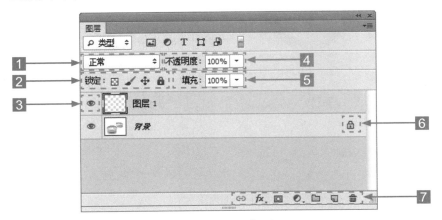

图 3-75 "图层"面板

"图层"面板中各选项的主要含义如下：

1 混合模式：在该列表框中设置当前图层的混合模式。

2 锁定：该选项区主要包括锁定透明像素、锁定图像像素、锁定位置以及锁定全部 4 个按钮，单击各个按钮，即可进行相应的锁定设置。

3 "指示图层可见性"图标：用来控制图层中图像的显示与隐藏状态。

4 不透明度：通过在该数值框中输入相应的数值，可以控制当前图层的透明属性。其中数值越小，当前的图层越透明。

5 填充：通过在数值框中输入相应的数值，可以控制当前图层中非图层样式部分的透明度。

6 "锁定"标志：显示该图标时，表示图层处于锁定状态。

7 快捷按钮：图层操作的常用快捷按钮，主要包括链接图层、添加图层样式、创建新图层以及删除图层等按钮。

3.4.2 创建图层和图层组

在 Photoshop CC 中，在对移动 UI 界面图像进行编辑时，用户可根据需要创建不同的图层。下面主要向读者详细地介绍创建普通图层、文本图层、形状图层、调整图层、填充图层以及图层组的操作方法。

1. 普通图层

普通图层是 Photoshop 中最基本的图层，也是最常用到的图层之一，在创建和编辑图像时，创建的图层都是普通图层，在普通图层上可以设置图层混合模式、调节不透明度和进行填充，从而改变图层的显示效果。单击"图层"面板底部的"创建新图层"按钮 ，即可创建普通图层，如图 3-76 所示。

图 3-76 普通图层

 专家指点

创建图层的方法一共有 7 种，分别如下：

* 命令：单击"图层"|"新建"|"图层"命令，弹出"新建图层"对话框，单击"确定"

按钮，即可创建新图层。

　　＊面板菜单：单击"图层"面板右上角的三角形按钮，在弹出的快捷菜单中选择"新建图层"选项。

　　＊快捷键＋按钮 1：按住【Alt】键的同时，单击"图层"面板底部的"创建新图层"按钮。

　　＊快捷键＋按钮 2：按住【Ctrl】键的同时，单击"图层"面板底部的"创建新图层"按钮，可在当前图层中的下方新建一个图层。

　　＊快捷键 1：按【Shift ＋ Ctrl ＋ N】组合键，即可创建新图层。

　　＊快捷键 2：按【Alt ＋ Shift ＋ Ctrl ＋ N】组合键，可以在当前图层对象的上方添加一个图层。

　　＊按钮：单击"图层"面板底部的"创建新图层"按钮，即可在当前图层上方创建一个新的图层。

2. 文本图层

　　使用工具箱中的文字工具，在图像编辑窗口中确认插入点，然后输入相应文本内容，此时系统将会自动生成一个新的文字图层，如图 3-77 所示。

图 3-77　文字图层

3. 形状图层

　　形状图层是 Photoshop CC 中的一种图层，该图层中包含了位图、矢量图两种元素，因此使得 Photoshop 软件在进行绘画的时候，可以以某种矢量形式保存图像。

　　在 Photoshop CC 中，选取工具箱中的形状工具，在图像编辑窗口中创建图像后，"图层"面板中会自动创建一个新的形状图层，如图 3-78 所示。

图 3-78 形状图层

4. 创建调整图层

在 Photoshop 中，用户可以对移动 UI 图像进行颜色填充和色调调整，而不会永久的修改图像中的像素，即颜色和色调更改位于调整图层内，该图层像一层透明的膜一样，下层图像及其调整后的效果可以透过它显示出来。

下面向读者详细介绍创建调整图层的操作方法。

素材文件	光盘 \ 素材 \ 第 3 章 \3.4.2.jpg
效果文件	光盘 \ 效果 \ 第 3 章 \3.4.2.psd、3.4.2.jpg
视频文件	光盘 \ 视频 \ 第 3 章 \3.4.2 创建图层和图层组 .mp4

步骤 01 单击"文件"|"打开"命令，打开一幅素材图像，如图 3-79 所示。

步骤 02 单击"图层"|"新建调整图层"|"亮度 / 对比度"命令，如图 3-80 所示。

图 3-79 打开素材图像　　　　　图 3-80 单击"亮度 / 对比度"命令

步骤 03 执行上述操作后，弹出"新建图层"对话框，如图 3-81 所示。

步骤 04 单击"确定"按钮，即可创建调整图层，如图 3-82 所示。

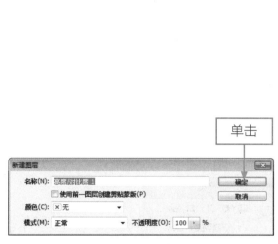

图 3-81 "新建图层"对话框

图 3-82 创建调整图层

步骤 05 展开"亮度/对比度"属性面板，在其中设置"亮度"为 100、"对比度"为 20，如图 3-83 所示。

步骤 06 执行上述操作后，图像效果随之改变，效果如图 3-84 所示。

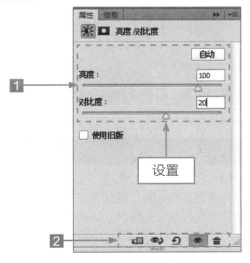

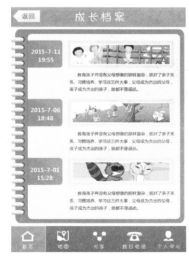

图 3-83 设置各选项

图 3-84 最终效果

"亮度/对比度"属性面板中各选项的主要含义如下：

1 参数设置区：用于设置调整图层中的亮度/对比度参数。

2 功能按钮区：列出了 Photoshop CC 提供的全部调整图层，单击各个按钮，即可对调整图层进行相应操作。

专家指点

　　调整图层会影响此图层下面的所有图层，调整图层分为很多种，用户可以根据需要，对其进行相应调整。

5. 创建填充图层

　　填充图层是指在原有图层的基础上新建一个图层，并在该图层上填充相应的颜色。用户可以根据需要为新图层填充纯色、渐变色或图案，通过调整图层的混合模式和不透明度使其与底层图层叠加，以产生特殊的效果。

　　单击"图层"|"新建填充图层"|"纯色"命令，弹出"新建图层"对话框，设置相应的"模式"，单击"确定"按钮，弹出"拾色器（纯色）"对话框，设置 RGB 参数值，单击"确定"按钮，即可创建填充图层，如图 3-85 所示。

图 3-85 颜色填充图层

专家指点

　　除了运用上述方法可以创建填充图层外，单击"图层"面板底部的"创建新的填充或调整图层"按钮，也可以创建填充图层。填充图层也是图层的一类，因此可以通过改变图层的混合模式、不透明度，为图层增加蒙版或将其应用于剪贴蒙版的操作，以此来获得不同的图像效果。

6. 图层组

　　图层组类似于文件夹，用户可以将图层按照类别放在不同的组内，当关闭图层组后，在"图层"面板中就只显示图层组的名称。

　　在 Photoshop CC 中，单击"图层"|"新建"|"组"命令，弹出"新建组"对话框，如图 3-86 所示。单击"确定"按钮，即可创建新图层组，如图 3-87 所示。

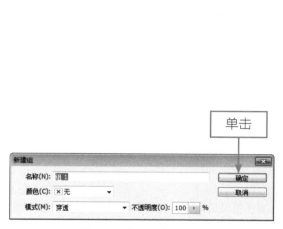

图 3-86 "新建组"对话框　　　　　图 3-87 创建新图层组

3.4.3 图层的基础操作

在设计移动 UI 界面时，Photoshop 图层的基础操作是最常用的操作之一，例如选择图层、显示与隐藏图层、复制图层、删除与重命名图层以及调整图层顺序等。下面主要向读者介绍图层的基础操作方法。

1. 选择图层

单击"图层"面板中的图层名称，即可选择该图层，它会成为当前图层，该方法是最基本的选择方法，如图 3-88 所示。

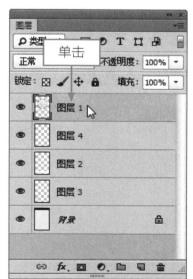

图 3-88 选择图层

专家指点

除了上述方法外，另外还有 4 种选择图层的方法：

* 选择多个图层：如果要选择多个相邻的图层，可以单击第一个图层，按住【Shift】键的同时单击最后一个图层；如果要选择多个不相邻的图层，可以在按住【Ctrl】键的同时单击相应图层。

* 选择所有图层：单击"选择"|"所有图层"命令，即可选择"图层"面板中的所有图层。

* 选择相似图层：单击"选择"|"选择相似图层"命令，即可选择类型相似的图层。

* 选择链接图层：选择一个链接图层，单击"图层"|"选择链接图层"命令，可以选择与之链接的所有图层。

2. 显示 / 隐藏图层

图层缩览图前面的"指示图层可见性"图标 ● 可以用来控制图层的可见性。有该图标的图层为可见图层，无该图标的图层为隐藏图层。单击图层前面的"指示图层可见性"图标 ●，便可以隐藏该图层，如图 3-89 所示。如果要显示图层，在原图标处单击鼠标左键即可。

图 3-89 隐藏图层

3. 复制图层

在 Photoshop CC 中，展开"图层"面板，移动鼠标至相应图层上，单击鼠标左键并拖曳至面板右下方的"创建新图层"按钮 ⬚ 上，即可复制图层，并生成相应图层的拷贝图层，如图 3-90 所示。

4. 删除图层

在 Photoshop CC 中，对于多余的图层，应该及时将其从图像中删除，以减小图像文件的大小。展开"图层"面板，单击鼠标左键并拖曳要删除的图层至面板底部的"删除图层"按钮 🗑 上，释放鼠标左键，即可删除图层，如图 3-91 所示。

图 3-90 复制图层

图 3-91 删除图层

 专家指点

删除图层的方法还有两种，分别如下：

* 命令：单击"图层" | "删除" | "图层"命令。

* 快捷键：在选取移动工具并且当前图像中不存在选区的情况下，按【Delete】键，删除图层。

5. 重命名图层

在"图层"面板中，每个图层都有默认的名称，用户可以根据需要，自定义图层的名称，以利于操作。选择要重命名的图层，双击鼠标左键激活文本框，输入新名称，按【Enter】键确认，即可重命名图层，如图 3-92 所示。

图 3-92 重命名图层

6. 调整图层顺序

在 Photoshop CC 的图像编辑窗口中，位于上方的图像会将下方的同一位置的图像遮掩，此时，用户可以通过调整各图像的顺序，改变整幅图像的显示效果，如图 3-93 所示。

图 3-93 调整图层顺序

7. 栅格化图层

如果要使用绘图工具和滤镜编辑文字图层、形状图层、矢量蒙版或智能对象等包含矢量数据的图层，需要先将其栅格化，使图层中的内容转换为栅格图像，然后才能够进行相应的操作。

选择需要栅格化的图层，单击"图层"|"栅格化"命令，在弹出的子菜单中，单击相应的命令即可栅格化图层中的内容。图 3-94 所示为栅格化文字图层的"图层"效果。

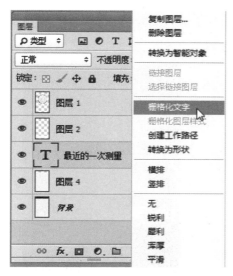

图 3-94 栅格化文字图层

3.4.4 设置图层不透明度

在移动 UI 界面设计过程中，图层的不透明度用于控制图层中所有对象的透明属性。通过设置图层的不透明度，能够使图像主体突出。下面介绍设置图层不透明度的操作方法。

素材文件	光盘 \ 素材 \ 第 3 章 \3.4.4.psd
效果文件	光盘 \ 效果 \ 第 3 章 \3.4.4.psd、3.4.4.jpg
视频文件	光盘 \ 视频 \ 第 3 章 \3.4.4 设置图层不透明度 .mp4

步骤 01 单击"文件"|"打开"命令，打开一幅素材图像，如图 3-95 所示。

步骤 02 在"图层"面板中，选择"图层 2"图层，如图 3-96 所示。

图 3-95 打开素材图像

图 3-96 选择"图层 2"图层

步骤 03 在"图层"面板的右上方设置"不透明度"为 50%，如图 3-97 所示。

步骤 04 执行操作后，即可调整图层的不透明度，效果如图 3-98 所示。

图 3-97 设置"不透明度"选项　　　　　　　　图 3-98 最终效果

 专家指点

　　"不透明度"与"填充"的区别在于，"不透明度"选项控制着整个图层的透明属性，包括图层中的形状、像素以及图层样式，而"填充"选项只影响图层中绘制的像素和形状的不透明度。

　　图层填充参数的设置与不透明度参数的设置一致，两者在一定程度上来讲，都是针对透明度进行调整，数值为 100 时，完全不透明；数值为 50 时，为半透明；数值为 0 时，完全透明，如图 3-99 所示。

图 3-99 设置图层的填充参数

3.4.5 链接和合并图层

在移动 UI 界面设计过程中，如果要同时处理多个图层中的内容（如移动、应用变化或创建剪贴蒙版），可以将这些图层链接在一起。

选择两个或多个图层，然后单击"图层"|"链接图层"命令或单击"图层"面板底部的"链接图层"按钮 ⊖，可以将选择的图层链接起来。

如果要取消链接，可以选择其中一个链接图层，然后单击"链接图层"按钮 ⊖，即可取消链接。

在编辑图像文件时，为了减少磁盘空间的利用，对于没必要分开的图层，可以将它们合并，有助于减少图像文件对磁盘空间的占用，同时也可以提高系统的处理速度。

下面详细介绍链接和合并图层的操作方法。

素材文件	光盘 \ 素材 \ 第 3 章 \3.4.5.psd
效果文件	光盘 \ 效果 \ 第 3 章 \3.4.5.psd、3.4.5.jpg
视频文件	光盘 \ 视频 \ 第 3 章 \3.4.5 链接和合并图层 .mp4

步骤 01 单击"文件"|"打开"命令，打开一幅素材图像，如图 3-100 所示。

步骤 02 同时选择"图层 2"图层和"图层 3"图层，如图 3-101 所示。

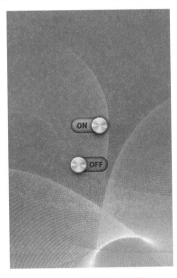

图 3-100 打开素材图像

图 3-101 选择图层

步骤 03 单击"图层"面板下方的"链接图层"按钮，将所选择的图层链接起来，如图 3-102 所示。

步骤 04 选取工具箱中的移动工具，移动鼠标至图像编辑窗口中的图像上，单击鼠标左键，拖曳图像至合适位置，如图 3-103 所示。

步骤 05 再一次单击"图层"面板下方的"链接图层"按钮，即可取消图层链接，如图 3-104 所示。

图 3-102 链接图层

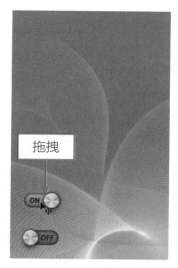

图 3-103 拖曳图像

步骤 06 单击"图层"|"合并图层"命令，执行操作后，即可合并所选图层，如图 3-105 所示。

图 3-104 取消图层链接

图 3-105 合并图层

 专家指点

合并图层的操作方法还有以下 4 种。

* 按【Ctrl + E】组合键，可以向下合并一个图层或合并所选择的图层。

* 按【Shift + Ctrl + E】组合键，可以合并所有图层。

* 在所选择的图层上，单击鼠标右键，在弹出的快捷菜单中，选择"合并图层"选项，即可合并所选择的图层。

* 在所选择的图层上，单击鼠标右键，在弹出的快捷菜单中，选择"合并可见图层"选项，即可合并所有图层。

3.4.6 锁定图层

移动 UI 界面图像中的图层被锁定后，将限制图层编辑的内容和范围，在编辑图层时，被锁定的内容将不再受到其他操作的影响。

在"图层"面板中，选择"图层 1"图层，如图 3-106 所示。

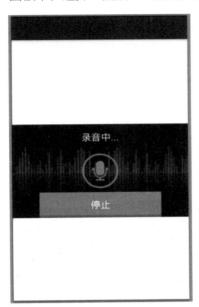

图 3-106 选择"图层 1"图层

单击"锁定透明像素"按钮，如图 3-107 所示。执行操作后，即可锁定图层中的透明像素对象，如图 3-108 所示。

图 3-107 单击"锁定透明像素"按钮 　　　　图 3-108 锁定图层对象

专家指点

在 Photoshop CC 中，对齐图层是将图像文件中包含的图层按照指定的方式（沿水平或垂直方向）对齐；分布图层是将图像文件中的几个图层中的内容按照指定的方式（沿水平或垂直方向）平均分布，将当前选择的多个图层或链接图层进行对齐和分布两种等距排列，可以改变图像效果。

1. 对齐图层

如果要将多个图层中的图像内容对齐，可以在"图层"面板中选择图层对象，单击"图层"|"对齐"命令，在弹出的子菜单中选择相应的对齐命令，对齐图层对象。

在 Photoshop CC 中，提供的对齐方式有以下 6 种：

* 顶边：所选图层对象将以位于最上方的对象为基准，进行顶部对齐。

* 垂直居中：所选图层对象将以位置居中的对象为基准，进行垂直居中对齐。

* 底边：所选图层对象将以位于最下方的对象为基准，进行底部对齐。

* 左边：所选图层对象将以位于最左侧的对象为基准，进行左对齐。

* 水平居中：所选图层对象将以位于中间的对象为基准，进行水平居中对齐。

* 右边：所选图层对象将以位于最右侧的对象为基准，进行右对齐。

2. 分布图层

如果要让 3 个或者更多的图层采用一定的规律均匀分布，可以选择这些图层，单击"图层"|"分布"命令，在弹出的子菜单中选择相应的分布命令，分布图层对象。

在 Photoshop CC 中，提供的分布方式有以下 6 种：

* 顶边：可以均匀分布各链接图层或所选择的多个图层的位置，使它们最上方的图像间相隔同样的距离。

* 垂直居中：可将所选图层对象间垂直方向的图像相隔同样的距离。

* 底边：可将所选图层对象间最下方的图像相隔同样的距离。

* 左边：可将所选图层对象间最左侧的图像相隔同样的距离。

* 水平居中：可将所选图层对象间水平方向的图像相隔同样的距离。

* 右边：可将所选图层对象间最右侧的图像相隔同样的距离。

3.4.7 更改调整图层参数

在移动 UI 界面图像中创建了调整图层后，如果对当前的调整效果不满意，则可以对其进行修改，直至满意为止，这也是调整图层的优点之一。

要重新设置调整图层中的参数，可以直接选择并双击该调整图层的缩览图，或者单击"图层"|"图层内容选项"命令，即可调出与调整图层相对应的对话框进行参数设置。下面向读者详细介绍更改调整图层参数的操作方法。

素材文件	光盘 \ 素材 \ 第 3 章 \3.4.7.psd	
效果文件	光盘 \ 效果 \ 第 3 章 \3.4.7.jpg	
视频文件	光盘 \ 视频 \ 第 3 章 \3.4.7 更改调整图层参数 .mp4	

步骤 01 单击"文件"|"打开"命令，打开一幅素材图像，如图 3-109 所示。

步骤 02 将鼠标指针移至"图层"面板上，双击调整图层的缩览图，弹出"亮度/对比度"属性面板，如图 3-110 所示。

图 3-109 打开素材图像

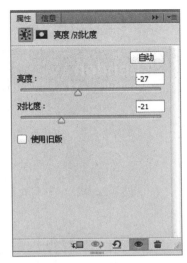

图 3-110 "属性"面板

步骤 03 设置"亮度"为 12、"对比度"为 26，如图 3-111 所示。

步骤 04 执行上述操作后，图像编辑窗口中的图像效果也随之改变，效果如图 3-112 所示。

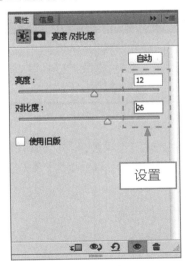

图 3-111 设置各选项

图 3-112 最终效果

3.4.8 常用图像混合模式的设置

在移动 UI 界面设计过程中，Photoshop 的图像混合模式可以用于控制图层之间像素颜色相互融合的效果，不同的混合模式会得到不同的效果。由于混合模式用于控制上下两个图层在叠加时所显示的总体效果，通常为上方的图层选择合适的混合模式。

1. 设置"正片叠底"模式

"正片叠底"模式是将图像的原有颜色与混合色复合，任何颜色与黑色复合产生黑色，与白色复合保持不变。在 Photoshop CC 中，用户可以根据需要，通过"正片叠底"模式调整图像特效。在"图层"面板中，选择相应图层，单击"正常"右侧的下拉按钮，在弹出的列表框中，选择"正片叠底"选项，执行操作后，图像呈"正片叠底"模式显示，效果如图 3-113 所示。

图 3-113　添加"正片叠底"模式前后对比效果

专家指点

　　选择"正片叠底"模式后，Photoshop CC 将上、下两图层的颜色相乘再除以 255，最终得到的颜色比上、下两个图层的颜色都要暗一点。"正片叠底"模式可以用于添加阴影和细节，而不完全消除下方的图层阴影区域的颜色。

2. 设置"滤色"模式

"滤色"模式将混合色的互补色与基色进行正片叠底，结果颜色将比原有颜色更淡。应用"滤色"模式除了能得到更加亮的图像合成效果外，还可以获得使用其他调整命令无法得到的调整效果。

下面详细介绍设置"滤色"模式的操作方法。

	素材文件	光盘 \ 素材 \ 第 3 章 \ 户外风光 .psd
	效果文件	光盘 \ 效果 \ 第 3 章 \ 户外风光 .jpg
	视频文件	光盘 \ 视频 \ 第 3 章 \3.4.8 常用图像混合模式的设置 .mp4

步骤 01 单击"文件"|"打开"命令，打开一幅素材图像，如图 3-114 所示。

步骤 02 在"图层"面板中，选择"图层 1"图层，如图 3-115 所示。

步骤 03 单击"正常"右侧的下拉按钮，在弹出的列表框中，选择"滤色"选项，如图 3-116 所示。

图 3-114 素材图像

图 3-115 选择"图层 1"图层

步骤 04 执行操作后，图像呈"滤色"模式显示，效果如图 3-117 所示。

图 3-116 选择"滤色"选项

图 3-117 最终效果

3. 设置"强光"模式

"强光"模式产生的效果与耀眼的聚光灯照在图像上的效果相似，若当前图层中，比 50% 灰色亮的像素会使图像变亮；比 50% 灰色暗的像素会使图像变暗。

在 Photoshop CC 中，用户可以根据需要，在"图层"面板中，选择相应图层，单击"正常"右侧的下拉按钮，在弹出的列表框中，选择"强光"选项，执行操作后，图像呈"强光"模式显示，效果如图 3-118 所示。

图 3-118 添加"强光"模式前后对比效果

4. 设置"明度"模式

使用"明度"模式可以将当前图层的亮度应用于底层图像的颜色中,可以改变底层图像的亮度,但不会对其色相与饱和度产生影响。

在 Photoshop CC 中,用户可以根据需要,在"图层"面板中,选择相应图层,单击"正常"右侧的下拉按钮,在弹出的列表框中,选择"明度"选项,执行操作后,图像呈"明度"模式显示,效果如图 3-119 所示。

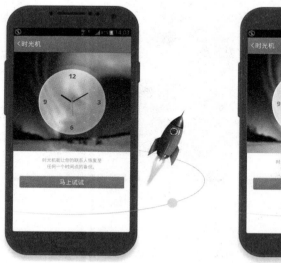

图 3-119 添加"明度"模式前后对比效果

3.4.9 应用与管理图层样式

"图层样式"可以为当前图层添加特殊效果,如投影、内阴影、外发光以及浮雕等样式,在不同的图层中应用不同的图层样式，可以使整幅图像更加富有真实感和突出性。在进行移动 UI 界面设计时，正确地对图层样式进行操作，可以使用户在工作中更方便地查看和管理图层样式，下面主要向读者介绍应用与管理常用图层样式的基本操作。

1. 投影样式

在 Photoshop 中，应用"投影"图层样式，会为图层中的对象下方制造一种阴影效果，阴影的"不透明度"、"角度"、"距离"、"扩展"、"大小"、以及"等高线"等，都可以在"图层样式"对话框中进行设置。单击"图层"|"图层样式"|"投影"命令，弹出"图层样式"对话框，如图 3-120 所示。

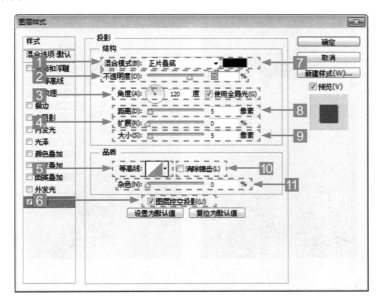

图 3-120 "图层样式"对话框

"图层样式"对话框各选项的主要含义如下：

1 混合模式：用来设置投影与下面图层的混合方式，默认为"正片叠底"模式，用户可以根据需要进行更改。

2 不透明度：设置图层效果的不透明度，不透明度值越大，图像效果就越明显。可以直接在后面的数值框中输入数值进行精确调节，或拖动滑块进行调节。

3 角度：设置光照角度，可以确定投下阴影的方向与角度。当选中后面的"使用全局光"复选框时，可以将所有图层对象的阴影角度都统一。

4 扩展：设置模糊的边界，"扩展"值越大，模糊的部分越少。

5 等高线：设置阴影的明暗部分，单击右侧的下拉按钮，可以选择预设效果，也可以单击预设效果，弹出"等高线编辑器"对话框重新进行编辑。

6 图层挖空投影：该复选框用来控制半透明图层中投影的可见性。

7 投影颜色：在"混合模式"右侧的颜色框中，单击鼠标左键，弹出"拾色器"对话框，可以设定阴影的颜色。

⑧ 距离：设置阴影偏移的幅度，距离越大，层次感越强；距离越小，层次感越强，用户可以根据需要进行更改。

⑨ 大小：设置模糊的边界，"大小"值越大，模糊的部分就越大。

⑩ 消除锯齿：混合等高线边缘的像素，使投影更加平滑。

⑪ 杂色：为阴影增加杂点效果，"杂色"值越大，杂点越明显。

在 Photoshop CC 中，用户可以根据需要，在"图层"面板中，选择相应图层，单击"图层"|"图层样式"|"投影"命令，在"投影"选项区中，设置各选项，单击"确定"按钮，即可应用"投影"样式，效果如图 3-121 所示。

图 3-121 应用文字"投影"样式前后对比效果

2. 内发光样式

使用"内发光"图层样式可以为所选图层中的图像增加发光效果，单击"图层"|"图层样式"|"内发光"命令，弹出"图层样式"对话框，如图 3-122 所示。

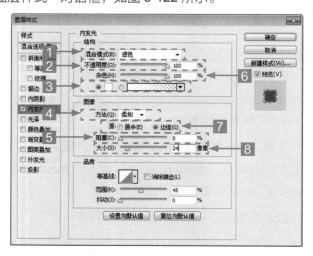

图 3-122 "内发光"选项卡

"内发光"选项卡中各选项的主要含义如下：

1 混合模式：用来设置发光效果与下面图层的混合方式。

2 不透明度：用来设置发光效果的不透明度，该值越低，发光效果越弱。

3 发光颜色："杂色"选项区下方的颜色和颜色条用来设置发光颜色。

4 方法：用来设置发光的方法，以控制发光的准确度。

5 阻塞：用来在模糊之前收缩内发光的杂边边界。

6 杂色：可以在发光效果中添加随机的杂色，使光晕呈现颗粒感。

7 源：用来控制发光源的位置。选中"居中"单选按钮，表示应用从图层内容的中心发出的光；选中"边缘"单选按钮，表示应用从图层内容的内部边缘发出的光。

8 大小：用来设置光晕范围的大小。

在 Photoshop CC 中，用户可以根据需要，在"图层"面板中，选择相应图层，单击"图层"|"图层样式"|"内发光"命令，在"内发光"选项区中，设置各选项，单击"确定"按钮，即可应用"内发光"样式，效果如图 3-123 所示。

图 3-123 应用"内发光"样式前后效果对比

3. 斜面和浮雕样式

单击"图层"|"图层样式"|"斜面和浮雕"命令，弹出"图层样式"对话框，如图 3-124 所示。

"斜面和浮雕"选项卡中各选项的主要含义如下：

1 样式：在该选项下拉列表中可以选择斜面和浮雕的样式。

2 方法：用来选择一种创建浮雕的方法。

3 方向：定位光源角度后，可以通过该选项设置高光和阴影的位置。

4 软化：用来设置斜面和浮雕的柔和程度，该值越高，效果越柔和。

5 角度/高度："角度"选项用来设置光源的照射角度；"高度"选项用来设置光源高度。

6 光泽等高线：可以选择一个等高线样式，为斜面和浮雕表面添加光泽，创建具有光泽感的金属外观浮雕效果。

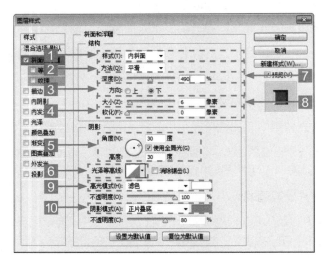

图 3-124 "斜面和浮雕"选项卡

7 深度：用来设置浮雕斜面的应用深度，该值越高，浮雕的立体感越强。

8 大小：用来设置斜面和浮雕中阴影面积的大小。

9 高光模式：用来设置高光的混合模式、颜色和不透明度。

10 阴影模式：用来设置阴影的混合模式、颜色和不透明度。

在设计移动 UI 界面时，"斜面和浮雕"图层样式可以制作出各种凹陷和凸出的图像或文字，从而使图像具有一定的立体效果。下面向读者详细介绍运用斜面和浮雕样式制作文字效果的操作方法。

	素材文件	光盘 \ 素材 \ 第 3 章 \3.4.9.psd
	效果文件	光盘 \ 效果 \ 第 3 章 \3.4.9.jpg
	视频文件	光盘 \ 视频 \ 第 3 章 \3.4.9 应用与管理图层样式 .mp4

步骤 01 单击"文件"|"打开"命令，打开一幅素材图像，如图 3-125 所示。

步骤 02 在"图层"面板中，选择文字图层，如图 3-126 所示。

图 3-125 打开素材图像

图 3-126 选择文字图层

步骤 03 单击"图层"|"图层样式"|"斜面和浮雕"命令，弹出"图层样式"对话框，设置"样式"为"内斜面"、"方法"为"平滑"、"深度"为 490%、"大小"为 6 像素、"角度"为 30 度、"高度"为 30 度、"高光模式"为"滤色"、"不透明度"为 100%、"阴影模式"为"正片叠底"、"不透明度"为 80%，如图 3-127 所示。

步骤 04 执行上述操作后，单击"确定"按钮，即可应用"斜面和浮雕"样式，效果如图 3-128 所示。

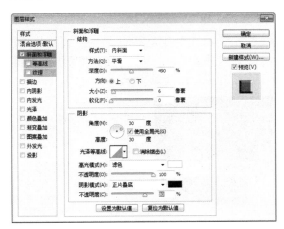

图 3-127 设置各选项

图 3-128 最终效果

4. 渐变叠加样式

使用"渐变叠加"图层样式可以为移动 UI 界面图像的图层叠加渐变效果，单击"图层"|"图层样式"|"渐变叠加"命令，弹出"图层样式"对话框，如图 3-129 所示。

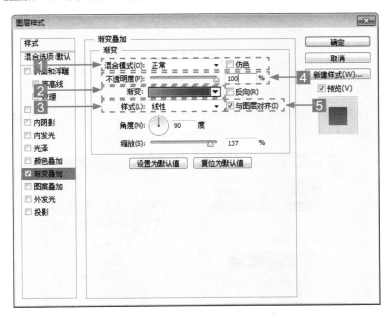

图 3-129 "渐变叠加"选项卡

"渐变叠加"选项卡中各选项的主要含义如下：

1️⃣ 混合模式：用于设置使用渐变叠加时色彩混合的模式。

2️⃣ 渐变：用于设置使用的渐变色。

3️⃣ 样式：包括"线性"、"径向"以及"角度"等5种渐变类型。

4️⃣ 不透明度：用于设置对图像进行渐变叠加时彩色的不透明程度。

5️⃣ 与图层对齐：选中该复选框，如果从上到下绘制渐变，则渐变以图层对齐。

在 Photoshop CC 中，用户可以根据需要，在"图层"面板中，选择相应图层，单击"图层"|"图层样式"|"渐变叠加"命令，在"渐变叠加"选项区中，设置各选项，单击确定按钮，即可应用"渐变叠加"样式，效果如图 3-130 所示。

图 3-130 应用"渐变叠加"样式前后效果对比

5. 隐藏 / 清除图层样式

隐藏图层样式后，可以暂时将图层样式进行清除，也可以重新显示，而删除图层样式，则是将图层中的图层样式进行彻底清除，无法还原。

隐藏图层样式可以执行以下3种操作方法：

* 在"图层"面板中单击图层样式名称"切换所有图层效果可见性"图标👁️，可将显示的图层样式进行隐藏，如图 3-131 所示。

图 3-131 单击"切换所有图层效果可见性"图标

* 在任意一个图层样式名称上单击鼠标右键，在弹出的菜单列表中选择"隐藏所有效果"选项，即可隐藏当前图层样式效果，如图 3-132 所示。

图 3-132 选择"隐藏所有效果"选项

* 在"图层"面板中单击所有图层样式上方"效果"左侧的眼睛图标，即可隐藏所有图层样式效果。

清除图层样式可以执行以下 3 种操作方法：

* 用户需要清除某一图层样式，只需要在"图层"面板中将其拖曳至"图层"面板删除图层按钮上即可，如图 3-133 所示为删除"描边"图层样式后的效果。

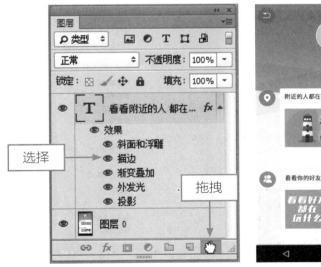

图 3-133 拖曳至"删除图层"按钮上删除图层样式

* 如果要一次性删除应用于图层上的所有图层样式，则可以在"图层"面板中拖曳图层名称下的"效果"至"删除图层"按钮上。

* 在任意一个图层样式上单击鼠标右键，在弹出的快捷菜单中选择"清除图层样式"选项，也可以删除当前图层中所有的图层样式，如图 3-134 所示。

图 3-134 选择"清除图层样式"选项删除所有图层样式效果

6. 复制 / 粘贴图层样式

通过复制与粘贴图层样式操作，可以减少重复操作。在操作时，首先选择包含要复制的图层样式的源图层，在该图层的图层名称上单击鼠标右键，在弹出的快捷菜单中选择"拷贝图层样式"选项，如图 3-135 所示。

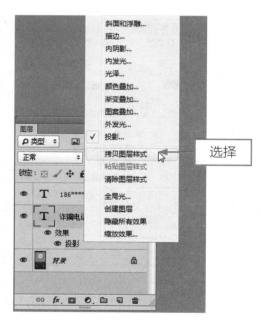

图 3-135 选择"拷贝图层样式"选项

选择要粘贴图层样式的目标图层，它可以是单个图层也可以是多个图层，在图层名称上单击鼠标右键，在弹出的菜单列表框中选择"粘贴图层样式"选项即可，如图 3-136 所示。

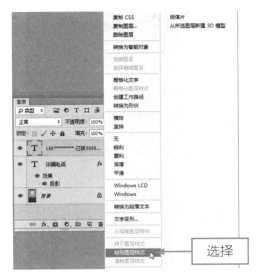

图 3-136 选择"粘贴图层样式"选项

专家指点

当用户只需要复制原图像中的某个图层样式时，可以在"图层"面板中按住【Alt】键的同时，单击鼠标左键并拖曳这个图层样式至目标图层中即可。

7. 移动 / 缩放图层样式

拖曳普通图层中的"指示图层效果"图标 *fx*，可以将图层样式移动到另一图层。在"图层"面板中，选择"图层 1"图层，如图 3-137 所示。

图 3-137 选择"图层 1"图层

单击"指示图层效果"图标 fx，并拖曳至文字图层上，如图 3-138 所示。释放鼠标左键，即可移动图层样式，效果如图 3-139 所示。

图 3-138 拖曳图标

图 3-139 移动图层样式

使用"缩放效果"命令可以缩放图层样式中所有的效果，但对图像没有影响。选择文字图层，单击"图层"|"图层样式"|"缩放效果"命令，弹出"缩放图层效果"对话框，设置"缩放"为50%，如图 3-140 所示。单击"确定"按钮，即可缩放图层样式，效果如图 3-141 所示。

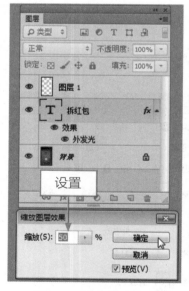

图 3-140 设置"缩放"值

图 3-141 缩放图层样式效果

8. 将图层样式转换为普通图层

创建图层样式后，可以将其转换为普通图层，并且不会影响图像整体效果。在"图层"面板中，选择"图层 1"图层，如图 3-142 所示。

在"外发光"效果图层上单击鼠标右键，在弹出的快捷菜单中，选择"创建图层"选项，如图 3-143 所示。弹出信息提示框，单击"确定"按钮，即可将图层样式转换为普通图层，如图 3-144 所示。

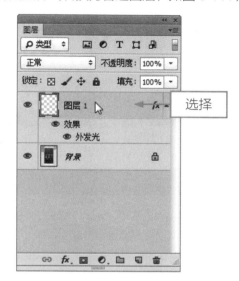

图 3-142 选择"图层 1"图层

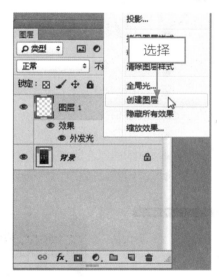

图 3-143 选择"创建图层"选项　　　　　图 3-144 转换为普通图层

 专家指点

单击"图层"|"图层样式"|"创建图层"命令，同样可以将图层样式转换为图层。

移动 UI 图像 抠取与合成 ④

学习提示

在移动 UI 界面 APP 设计过程中，由于拍摄取景的问题，常常会使拍摄出来的照片内容往往会过于复杂，如果直接使用容易会降低产品的表现力，需要抠取出主要部分单独使用。本章介绍如何使用 Photoshop 中的工具和命令进行抠图与合成。

本章案例导航

- 运用"反向"命令抠图
- 运用"色彩范围"命令抠图
- 运用"扩大选取"命令抠图
- 运用"选取相似"命令抠图
- 运用快速选择工具抠图
- 运用魔棒工具抠图
- 运用矩形选框工具抠图
- 运用套索工具抠图

- 运用多边形套索工具抠图
- 运用磁性套索工具抠图
- 运用钢笔工具抠图
- 运用自由钢笔工具抠图
- 运用路径工具抠图
- 运用蒙版合成移动 UI 图像
- 运用通道合成移动 UI 图像
- 运用图层模式合成移动 UI 图像

4.1 移动 UI 界面命令抠图技法

本节主要介绍通过运用"反向"、"色彩范围"、"扩大选取"、"选取相似"以及"调整边缘"命令对移动 UI 界面进行抠图操作。

4.1.1 运用"反向"命令抠图

在选取图像时，不但要根据不同的图像类型选择不同的选取工具，还要根据不同的图像类型选择不同的选取方式。在移动 UI 界面设计过程中，"反向"命令是比较常用的选取方式之一，也是抠图合成处理中常用的操作。

下面介绍运用"反向"命令抠图的具体操作方法。

素材文件	光盘 \ 素材 \ 第 4 章 \4.1.1.jpg
效果文件	光盘 \ 效果 \ 第 4 章 \4.1.1.psd
视频文件	光盘 \ 视频 \ 第 4 章 \4.4.1 运用"反向"命令抠图 .mp4

步骤 01 单击"文件"|"打开"命令，打开一幅素材图像，如图 4-1 所示。

步骤 02 选取工具箱中的魔棒工具，在工具属性栏中设置"容差"为 10，在绿色背景位置单击鼠标左键，创建选区，如图 4-2 所示。

图 4-1 打开素材图像

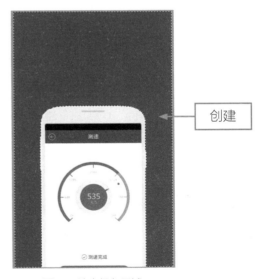

创建

图 4-2 选中绿色区域

专家指点

用户可以单击"选择"|"反向"命令，反选选区，也可以点击【Ctrl + Shift + I】键盘快捷键，将选区反选。

步骤 03 单击"选择"|"反向"命令，反选选区，如图 4-3 所示。

步骤 04 按【Ctrl + J】组合键拷贝一个新图层，并隐藏"背景"图层，如图 4-4 所示。

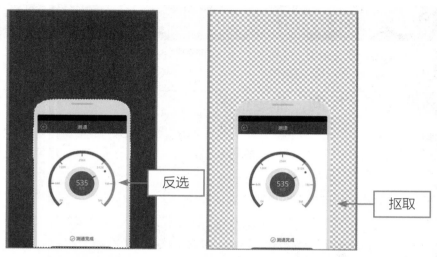

图 4-3 反选选区　　　　　　　　　　图 4-4 拷贝新图层并隐藏"背景"图层

4.1.2　运用"色彩范围"命令抠图

使用"色彩范围"命令快速创建选区，其选取原理是以颜色作为依据，类似于魔棒工具，但是其功能比魔棒工具更加强大。

下面介绍运用"色彩范围"命令抠图的具体操作方法。

	素材文件	光盘 \ 素材 \ 第 4 章 \4.1.2.jpg
	效果文件	光盘 \ 效果 \ 第 4 章 \4.1.2.psd
	视频文件	光盘 \ 视频 \ 第 4 章 \4.1.2 用"色彩范围"命令抠图 .mp4

步骤 01　单击"文件" | "打开"命令，打开一幅素材图像，如图 4-5 所示。

步骤 02　单击"选择" | "色彩范围"命令，弹出"色彩范围"对话框，将光标移至图像中，在绿色图标上单击鼠标，如图 4-6 所示。

图 4-5　打开素材图像　　　　　　　　图 4-6　单击绿色区域

专家指点

应用"色彩范围"命令指定颜色范围时，可以调整所需按区域的预览方式。通过"选区预览"选项可以设置预览方式，包括"灰色"、"黑色杂边"、"白色杂边"和"快速蒙版"4种预览方式。

步骤 03) 设置"颜色容差"为 50，单击"确定"按钮，即可选择相应区域，如图 4-7 所示。

步骤 04) 按【Ctrl + J】组合键拷贝一个新图层，并隐藏"背景"图层，如图 4-8 所示。

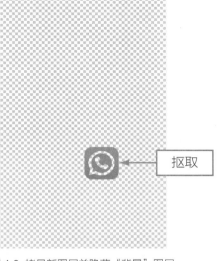

图 4-7 创建选区　　　　　　　　图 4-8 拷贝新图层并隐藏"背景"图层

专家指点

"色彩范围"命令是一种利用图像中的颜色变化关系来创建选取区域的命令，此命令根据选取色彩的相似程度，在图像编辑窗口中，提取相似的色彩区域而生成选区。在编辑图像的过程中，若像素图像的元素过多或者需要对整幅图像进行调整，则可以通过"全部"命令对图像进行调整。

4.1.3 运用"扩大选取"命令抠图

在 Photoshop CC 中，用户单击"扩大选取"命令时，Photoshop 会基于魔棒工具属性栏中的"容差"值来决定选区的扩展范围。首先确定小块的选区，然后再执行此命令来选取相邻的像素。Photoshop CC 会查找并选择与当前选区中的像素颜色相近的像素，从而扩大选择区域，但该命令只扩大到与原选区相连接的区域。

专家指点

使用"扩大选取"命令可以将原选区扩大，所扩大的范围是与原选区相邻且颜色相近的区域，扩大的范围由魔棒工具属性栏中的容差值决定。

选取工具箱中的"魔棒工具" <img_1_icon>，在移动 UI 界面图像上单击鼠标左键创建一个选区，如图 4-9 所示。

图 4-9 创建选区

连续多次单击"选择"|"扩大选取"命令，即可扩大选区，如图 4-10 所示。按【Ctrl + J】组合键拷贝一个新图层，并隐藏"背景"图层，即可将选取的图像抠取出来，效果如图 4-11 所示。

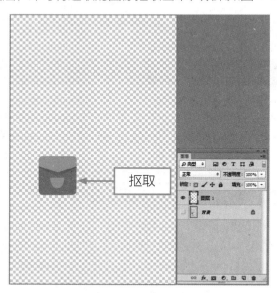

图 4-10 扩大选区   图 4-11 拷贝新图层并隐藏"背景"图层

4.1.4 运用"选取相似"命令抠图

在移动 UI 界面设计过程中，运用"选取相似"命令可以根据现有的选区及包含的容差值，自动将图像中颜色相似的所有图像选中，使选区在整个图像中进行不连续的扩展。

选取工具箱中的"魔棒工具" ，在工具属性栏中设置"容差"为 20，在图像上单击鼠标左键，创建选区，如图 4-12 所示。

图 4-12 创建选区

连续多次单击"选择"|"选取相似"命令，选取相似颜色区域，如图 4-13 所示。按【Ctrl ＋ J】组合键拷贝一个新图层，并隐藏"背景"图层，即可如图 4-14 所示。

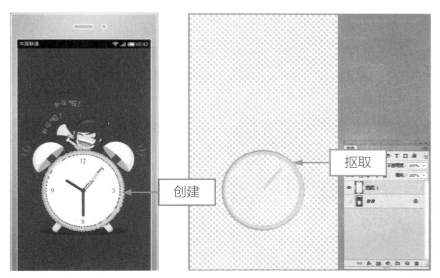

图 4-13 选取相似颜色区域　　　　图 4-14 拷贝新图层并隐藏"背景"图层

 专家指点

按【Alt ＋ S ＋ R】组合键，也可以创建相似选区。

"选取相似"命令是将图像中所有的与选区内像素颜色相近的像素都扩充到选区中，不适合用于复杂像素图像。

4.2 移动 UI 界面工具抠图技法

在移动 UI 界面设计过程中，用户对图像进行抠图合成处理时，经常需要借助选区来确定操作对象区域，选区的功能在于准确地限制抠图图像的范围，从而得到精确的效果，因此选区工具尤为重要。

4.2.1 运用快速选择工具抠图

在移动 UI 界面设计过程中，运用快速选择工具可以通过调整画笔的笔触、硬度和间距等参数再快速单击或拖动创建选区，进行抠图合成处理。拖动时，选区会向外扩展并自动查找和跟随图像中定义的边缘。

用快速选择工具 创建选区抠图通常用在一定容差范围内的颜色选取，在进行选取时，需要设置相应的画笔大小。

下面介绍运用快速选择工具抠图的具体操作方法。

素材文件	光盘\素材\第 4 章\4.2.1.jpg
效果文件	光盘\效果\第 4 章\4.2.1.psd
视频文件	光盘\视频\第 4 章\4.2.1 运用快速选择工具抠图.mp4

步骤 **01** 单击"文件" | "打开"命令，打开一幅素材图像，如图 4-15 所示。

步骤 **02** 选取工具箱中的"快速选择工具" ，在工具属性栏中设置画笔"大小"为 10 像素，在相应图像上拖动鼠标，如图 4-16 所示。

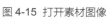

图 4-15 打开素材图像

拖拽

图 4-16 拖动鼠标

专家指点

快速选择工具默认选择光标周围与光标范围内的颜色类似且连续的图像区域，因此光标的大小决定着选取的范围。

 继续在图像上拖动鼠标，直至选择需要的图像范围，如图 4-17 所示。

步骤 04 按【Ctrl + J】组合键拷贝一个新图层，并隐藏"背景"图层，效果如图 4-18 所示。

图 4-17 继续拖动鼠标　　　　　　　图 4-18 拷贝新图层并隐藏"背景"图层

专家指点

快速选择工具是根据颜色相似性来选择区域的，可以将画笔大小内的相似的颜色一次性选中。在工具箱中，选取快速选择工具 后，其工具属性栏变化如图 4-19 所示。

图 4-19 快速选择工具属性栏

快速选择工具的工具属性栏中各选项的主要含义如下：

1 选区运算按钮：分别为"新选区"按钮 ，可以创建一个新的选区；"添加到选区"按钮 ，可在原选区的基础上添加新的选区；"从选区减去"按钮 ，可在原选区的基础上减去当前绘制的选区。

2 "画笔拾取器"：单击按钮，可以设置画笔笔尖的大小、硬度和间距。

3 对所有图层取样：可基于所有图层创建选区。

4 自动增强：可以减少选区边界的粗糙度和块效应。

下面向读者介绍运用快速选择工具创建选区的操作方法。

在拖动过程中，如果有少选或多选的现象，可以单击工具属性栏中的"添加到选区"按钮 或"从选区减去"按钮 ，在相应区域适当拖动，以进行适当调整。

在快速选择工具工具属性栏中有一个"对所有图层取样"选项，在选中"对所有图层取样"复选框后，拖动鼠标进行快速选择时，不仅对"图层 1"图层中的图像进行了取样，而且"背景"图层中的图像也被选中。如果取消选中"对所有图层取样"复选框，在进行对"图层 1"图层进行取样时，将不能同时选中"背景"图层中的图像。

4.2.2 运用魔棒工具抠图

在移动 UI 界面设计过程中，运用魔棒工具可以创建与图像颜色相近或相同像素的选区，在颜色相近的图像上单击鼠标左键，即可选取图像中的相近颜色范围。在工具箱中选取魔棒工具后，其工具属性栏的变化，如图 4-20 所示。

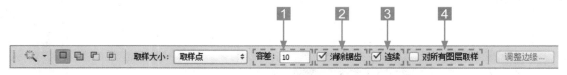

图 4-20　魔棒工具属性栏

魔棒工具的工具属性栏中各选项的主要含义如下：

1 容差：用来控制创建选区范围的大小，数值越小，所要求的颜色越相近，数值越大，则颜色相差越大。

2 消除锯齿：用来模糊羽化边缘的像素，使其与背景像素产生颜色的过渡，从而消除边缘明显的锯齿。

3 连续：在使用魔棒工具选择图像时，在工具属性栏中选中"连续"复选框，则只选取与单击处相邻的、容差范围内的颜色区域，如图 4-21 所示。

 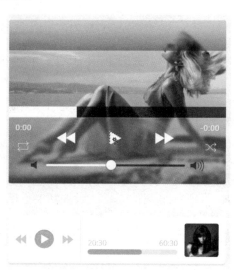

图 4-21　取消选中（左）与选中（右）"连续"复选框的选区效果

4 对所有图层取样：用于有多个图层的文件，选中该复选框后，能选取图像文件中所有图层中相近颜色的区域，不选中时，只选取当前图层中相近颜色的区域。

下面向读者介绍运用魔棒工具进行抠图的操作方法。

素材文件	光盘 \ 素材 \ 第 4 章 \4.2.2.jpg
效果文件	光盘 \ 效果 \ 第 4 章 \4.2.2.psd
视频文件	光盘 \ 视频 \ 第 4 章 \4.2.2 运用魔棒工具抠图 .mp4

步骤 01 单击"文件"|"打开"命令，打开一幅素材图像，如图 4-22 所示。

步骤 02 选取工具箱中的魔棒工具，在工具属性栏上设置"容差"为 50，将鼠标指针移至图像编辑窗口中的紫色区域上，单击鼠标左键，即可创建选区，如图 4-23 所示。

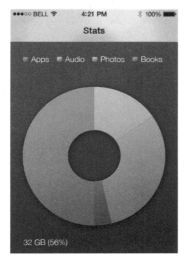

图 4-22 打开素材图像

图 4-23 创建选区

步骤 03 在工具属性栏上单击"添加到选区"按钮，再将鼠标指针移至未创建选区的紫色区域上，单击鼠标左键，加选选区，如图 4-24 所示。

步骤 04 按【Ctrl + J】组合键拷贝一个新图层，并隐藏"背景"图层，效果如图 4-25 所示。

图 4-24 加选选区

图 4-25 抠取图像

专家指点

　　魔棒工具属性栏中的"容差"选项含义：在其右侧的文本框中可以设置 0 ～ 255 之间的数值，其主要用于确定选择范围的容差，默认值为 32。设置的数值越小，选择的颜色范围越相近，选择的范围也就越小，如图 4-26 和图 4-27 所示。

图 4-26 容差为 60 的选取效果

图 4-27 容差为 100 的选取效果

4.2.3 运用矩形选框工具抠图

在移动 UI 界面设计过程中，运用矩形选框工具可以建立矩形选区，该工具是区域选择工具中最基本、最常用的工具，用户选择矩形选框工具后，其工具属性栏如图 4-28 所示。

图 4-28 矩形选框工具属性栏

矩形选框工具的工具属性栏各选项含义如下：

1 羽化：用来设置选区的羽化范围从而得到柔化效果。

2 样式：用来设置选区的创建方法。选择"正常"选项，可以自由创建任何宽高比例、长度大小的矩形选区；选择"固定比例"选项，可在"宽度"和"高度"文本框中输入数值，设置选择区域高度与宽度的比例，得到精确的固定宽高比的矩形选择区域；选择"固定大小"选项，可在此文本框中输入数值，确定新选区高度与宽度的精确数值，创建大小精确的选区。

3 调整边缘：单击该按钮，可以打开"调整边缘"对话框，对选区进行平滑、羽化等处理。

下面介绍运用矩形选框工具抠图的操作方法。

	素材文件	光盘 \ 素材 \ 第 4 章 \4.2.3a.jpg、4.2.3b.jpg
	效果文件	光盘 \ 效果 \ 第 4 章 \4.2.3.psd、4.2.3.jpg
	视频文件	光盘 \ 视频 \ 第 4 章 \4.2.3 运用矩形选框工具抠图 .mp4

步骤 **01** 单击"文件"|"打开"命令，打开两幅素材图像，如图 4-29 所示。

图 4-29 打开素材图像

步骤 02 确认 "4.2.3a.jpg" 图像编辑窗口为当前编辑窗口，选取工具箱中的矩形选框工具 ，将鼠标移至图像编辑窗口中的合适位置，单击鼠标左键的同时并拖曳，创建一个矩形选区，如图 4-30 所示。

步骤 03 选取工具箱中的移动工具 ，将鼠标移至图像中的矩形选区内，单击鼠标左键的同时并拖曳选区内图像至 "4.2.3b.jpg" 图像编辑窗口中，如图 4-31 所示。

创建

拖拽

图 4-30 创建矩形选区　　　　　　　　　图 4-31 移动矩形选区内图像

专家指点

与创建矩形选框有关的技巧如下。

★ 按【M】键，可快速选取矩形选框工具。

* 按【Shift】键，可创建正方形选区。
* 按【Alt】键，可创建以起点为中心的矩形选区。
* 按【Alt + Shift】组合键，可创建以起点为中心的正方形。

步骤 04 移动图像，调整至合适位置，单击"编辑"|"变换"|"缩放"命令，调出变换控制框，如图 4-32 所示。

步骤 05 适当调整图像大小，按【Enter】键，确认操作，效果如图 4-33 所示。

调出

调整图像

图 4-32 调出变换控制框

图 4-33 最终效果

4.2.4 运用椭圆选框工具抠图

在移动 UI 界面设计过程中，运用椭圆选框工具可以创建椭圆选区或者是正圆选区。选取椭圆选框工具后其属性栏的变化如图 4-34 所示。

图 4-34 椭圆选框工具属性栏

专家指点

与创建椭圆选框有关的技巧如下。

* 按【Shift + M】组合键，可快速选择椭圆选框工具。
* 按【Shift】键，可创建正圆选区。
* 按【Alt】键，可创建以起点为中心的椭圆选区。
* 按【Alt + Shift】组合键，可创建以起点为中心的正圆选区。

选取工具箱中的椭圆选框工具，将鼠标移至图像编辑窗口中，单击鼠标左键的同时并拖曳，创建一个正圆形选区，如图 4-35 所示。

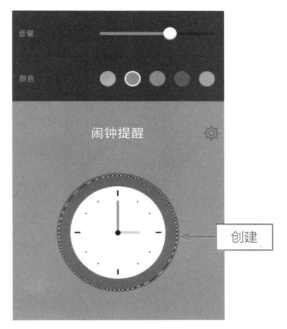

图 4-35 创建一个椭圆选区

　　按【Ctrl + J】组合键，拷贝选区内的图像，建立一个新图层，并隐藏"背景"图层，效果如图 4-36 所示。

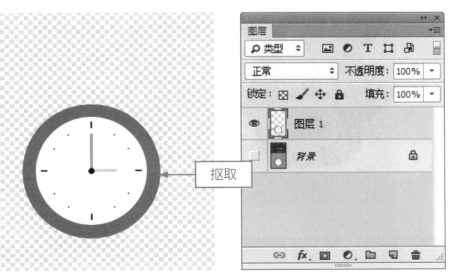

图 4-36 抠图效果

4.2.5 运用套索工具抠图

　　在移动 UI 界面设计过程中，运用套索工具可以在图像编辑窗口中创建任意形状的选区，套索工具一般用于创建不太精确的选区并进行抠图处理。

　　选取工具箱中的套索工具，在图像编辑窗口中的合适位置建立选区，如图 4-37 所示。

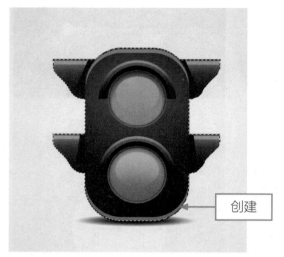

图 4-37 创建选区

按【Ctrl + J】组合键，拷贝选区内的图像，建立一个新图层，并隐藏"背景"图层，效果如图 4-38 所示。

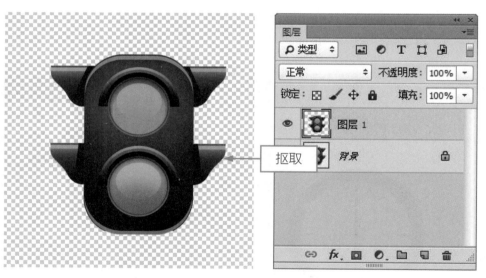

图 4-38 抠图效果

 专家指点

套索工具主要用来选取对选择区精度要求不高的区域，该工具的最大优势是选取选择区的效率很高。

4.2.6 运用多边形套索工具抠图

在移动 UI 界面设计过程中，运用多边形套索工具可以在图像编辑窗口中绘制不规则的选区进行抠图处理，多边形套索工具创建的选区可以非常精确。

下面介绍运用多边形套索工具抠图的操作方法。

素材文件	光盘 \ 素材 \ 第 4 章 \4.2.6a.jpg、4.2.6b.jpg	
效果文件	光盘 \ 效果 \ 第 4 章 \4.2.6.psd、4.2.6.jpg	
视频文件	光盘 \ 视频 \ 第 4 章 \4.2.6 运用多边形套索工具抠图 .mp4	

步骤 01 单击"文件"|"打开"命令，打开两幅素材图像，如图 4-39 所示。

图 4-39 打开素材图像

步骤 02 选取工具箱中的多边形套索工具，在"4.2.6a.jpg"图像编辑窗口中创建一个选区，如图 4-40 所示。

图 4-40 创建选区

步骤 03 切换至 "4.2.6b.jpg" 图像编辑窗口，按【Ctrl + A】组合键全选图像，如图 4-41 所示。

步骤 04 按【Ctrl + C】组合键复制图像，切换至 "4.2.6a.jpg" 图像编辑窗口，按【Alt + Shift + Ctrl + V】组合键，贴入图像，如图 4-42 所示。

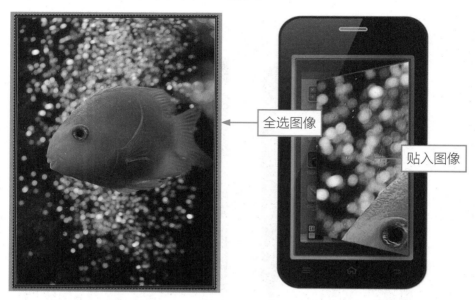

图 4-41 全选图像　　　　　　　　　　　图 4-42 贴入图像

步骤 05 按【Ctrl + T】组合键，调出变换控制框，如图 4-43 所示。

步骤 06 移动鼠标至变换控制柄上，单击鼠标左键并拖曳，适当缩放图像，按【Enter】键确认缩放图像，效果如图 4-44 所示。

图 4-43 调出变换控制框　　　　　　　　　图 4-44 最终效果

专家指点

运用多边形套索工具创建选区时，按住【Shift】键的同时单击鼠标左键，可以沿水平、垂直或 45 度角方向创建选区。

4.2.7 运用磁性套索工具抠图

在 Photoshop CC 中，磁性套索工具是套索工具组中的选取工具之一。在移动 UI 界面设计过程中，运用磁性套索工具可以快速选择与背景对比强烈并且边缘复杂的对象，它可以沿着图像的边缘生成选区进行抠图与合成处理。

选择磁性套索工具后，其属性栏变化如图 4-45 所示。

图 4-45 磁性套索工具属性栏

磁性套索工具的工具属性栏中各选项的主要含义如下：

1 宽度：表示以光标中心为准，其周围有多少个像素能够被工具检测到，如果对象的边界不是特别清晰，需要使用较小的宽度值。

2 对比度：用来设置工作感应图像边缘的灵敏度。如果图像的边缘清晰，可将该数值设置的高一些；反之，则设置得低一些。

3 频率：用来设置创建选区时生成锚点的数量，如图 4-46 所示。

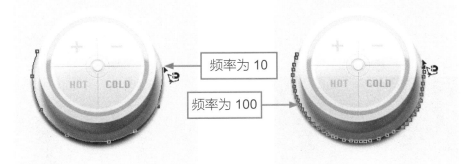

频率为 10

频率为 100

图 4-46 不同"频率"值生成的锚点数量不同

4 使用绘图板压力以更改钢笔宽度：在计算机配置有数位板和压感笔，单击此按钮，Photoshop 会根据压感笔的压力自动调整工具的检测范围。

专家指点

运用磁性套索工具自动创建边界选区时，按【Delete】键可以删除上一个节点和线段。若选择的边框没有贴近被选图像的边缘，可以在选区上单击鼠标左键，手动添加一个节点，然后将其调整至合适位置。

下面介绍运用磁性套索工具抠图的操作方法。

素材文件	光盘 \ 素材 \ 第 4 章 \4.2.7.jpg
效果文件	光盘 \ 效果 \ 第 4 章 \4.2.7.psd
视频文件	光盘 \ 视频 \ 第 4 章 \4.2.7 运用磁性套索工具抠图 .mp4

步骤 01 单击"文件"|"打开"命令，打开一幅素材图像，如图 4-47 所示。

步骤 02 选取工具箱中的磁性套索工具，在工具属性栏中设置"羽化"为 0 像素，沿着图标的边缘拖曳鼠标，如图 4-48 所示。

图 4-47 打开素材图像

拖拽

图 4-48 沿边缘处移动鼠标

步骤 03 执行上述操作后，将鼠标移至起始点处，单击鼠标左键，即可创建选区，选区的效果如图 4-49 所示。

步骤 04 按【Ctrl + J】组合键拷贝一个新图层，并隐藏"背景"图层，得到最终效果如图 4-50 所示。

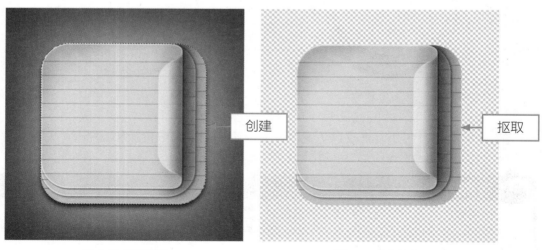

创建

抠取

图 4-49 创建选区

图 4-50 最终效果

在移动 UI 界面设计过程中，使用魔术橡皮擦工具可以自动擦除当前图层中与选区颜色相近的像素。下面运用魔术橡皮擦工具抠图的操作方法。

素材文件	光盘 \ 素材 \ 第 4 章 \4.2.8.jpg
效果文件	光盘 \ 效果 \ 第 4 章 \4.2.8.psd
视频文件	光盘 \ 视频 \ 第 4 章 \4.2.8 运用魔术橡皮擦工具抠图 .mp4

步骤 01 单击"文件"|"打开"命令，打开一幅素材图像，如图 4-51 所示。

步骤 02 选取工具箱中魔术橡皮擦工具，如图 4-52 所示。

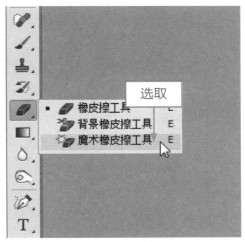

图 4-51 素材图像　　　　　　　　　　图 4-52 选取魔术橡皮擦工具

步骤 03 在图像编辑窗口中单击鼠标左键，即可擦除图像，如图 4-53 所示。

步骤 04 用与上同样的方法，擦除多余背景图像，获得抠图效果，如图 4-54 所示。

图 4-53 擦除图像　　　　　　　　　　图 4-54 最终效果

专家指点

运用魔术橡皮擦工具可以擦除图像中所有与鼠标单击颜色相近的像素，当在被锁定透明像素的普通图层中擦除图像时，被擦除的图像将更改为背景色；当在背景图层或普通图层中擦除图像时，被擦除的图像将显示为透明色。

4.2.9 运用钢笔工具抠图

在移动 UI 界面设计过程中，钢笔工具 是最常用的路径绘制工具，可以创建直线和平滑流畅的曲线，形状的轮廓称为路径，通过编辑路径的锚点，可以很方便地改变路径的形状。选取工具箱中的钢笔工具后，其工具属性栏如图 4-55 所示。

图 4-55 钢笔工具属性栏

钢笔工具的工具属性栏中各选项的主要含义如下：

1 路径：该列表框中包括图形、路径和像素 3 个选项。

2 建立：该选项区中包括有"选区"、"蒙版"和"形状"3 个按钮，单击相应的按钮可以创建选区、蒙板和图形。

3 "路径操作"按钮：单击该按钮，在弹出的列表框中，有"新建图层"、"合并形状"、"减去顶层形状"、"与形状区域相交"、"排除重叠形状"以及"合并形状组件"6 种路径操作选项，可以选择相应的选项，对路径进行操作。

4 "路径对齐方式"按钮：单击该按钮，在弹出的列表框中，有"左边"、"水平居中"、"右边"、"顶边"、"垂直居中"、"底边"、"按宽度均匀分布"、"按高度均匀分布"、"对齐到选区"以及"对齐到画布"10 种路径对齐方式，可以选择相应的选项对齐路径。

5 "路径排列方式"按钮：单击该按钮，在弹出的列表框中，有"将形状置为顶层"、"将形状前移一层"、"将形状后移一层"以及"将形状置为底层"4 种排列方式，可以选择相应的选项排列路径。

6 自动添加 / 删除：选中该复选框后，可以增加和删除锚点。

下面介绍运用钢笔工具抠图的操作方法。

素材文件	光盘 \ 素材 \ 第 4 章 \4.2.9.jpg
效果文件	光盘 \ 效果 \ 第 4 章 \4.2.9.psd
视频文件	光盘 \ 视频 \ 第 4 章 \4.2.9 运用钢笔工具抠图 .mp4

步骤 **01** 单击"文件"|"打开"命令，打开一幅素材图像，如图 4-56 所示。

步骤 **02** 选取工具箱中的钢笔工具 ，如图 4-57 所示。

步骤 03 将鼠标指针移至图像编辑窗口的合适位置，单击鼠标左键，绘制路径的第 1 个点，如图 4-58 所示。

图 4-56 打开素材图像

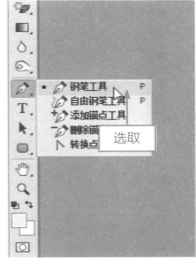

图 4-57 选取钢笔工具

步骤 04 鼠标移至另一位置，单击鼠标左键并拖曳，至适当位置后释放鼠标，绘制路径的第 2 个点，如图 4-59 所示。

图 4-58 绘制路径的第 1 点

图 4-59 绘制路径第 2 点

专家指点

　　路径是 Photoshop CC 中的强大功能，它是基于"贝塞尔"曲线建立的矢量图形，所有使用矢量绘图软件或矢量绘图制作的线条，原则上都可以称为路径。路径是通过钢笔工具或形状工具创建出的直线和曲线，因此，无论路径缩小或放大都不会影响其分辨率，并保持原样。

步骤 05 再次将鼠标移至合适位置，单击鼠标左键并拖曳至合适位置，释放鼠标左键，绘制路径的第 3 个点，如图 4-60 所示。

步骤 06 用与上同样的方法，依次单击鼠标左键，创建路径，效果如图 4-61 所示。

图 4-60 绘制路径的第 3 点　　　　　　　　　图 4-61 绘制路径

步骤 07 按【Ctrl + Enter】组合键，将路径转换为选区，如图 4-62 所示。

步骤 08 按【Ctrl + J】组合键拷贝一个新图层，并隐藏"背景"图层，效果如图 4-63 所示。

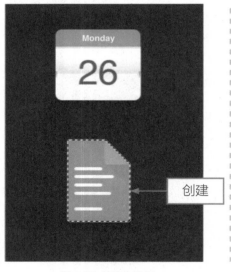

图 4-62 转换为选区　　　　　　　　　　图 4-63 抠图效果

4.2.10 运用自由钢笔工具抠图

在移动 UI 界面设计过程中，使用自由钢笔工具 可以随意绘图，不需要像使用钢笔工具那样通过锚点来创建路径。

自由钢笔工具属性栏与钢笔工具属性栏基本一致，只是将"自动添加 / 删除"变为"磁性的"复选框，如图 4-64 所示。

图 4-64 自由钢笔工具属性栏

自由钢笔工具的工具属性栏中各选项的主要含义如下：

1 设置图标按钮：单击该按钮，在弹出的列表框中，可以设置"曲线拟合"的像素大小，"磁性的"宽度、对比以及频率。

2 磁性的：选中该复选框，在创建路径时，可以仿照磁性套索工具的用法设置平滑的路径曲线，对创建具有轮廓的图像的路径很有帮助。

下面向读者详细介绍运用自由钢笔工具绘制曲线路径的操作方法。

素材文件	光盘 \ 素材 \ 第 4 章 \4.2.10.jpg
效果文件	光盘 \ 效果 \ 第 4 章 \4.2.10.jpg
视频文件	光盘 \ 视频 \ 第 4 章 \4.2.10 运用自由钢笔工具抠图 .mp4

步骤 01 单击"文件"|"打开"命令，打开一幅素材图像，如图 4-65 所示。

步骤 02 选取工具箱中的自由钢笔工具 ，在工具属性栏中选中"磁性的"复选框，如图 4-66 所示。

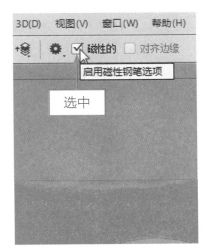

图 4-65 打开素材图像　　　　图 4-66 选中"磁性的"复选框

专家指点

在 Photoshop CC 中提供了两种用于选择路径的工具，如果在编辑过程中要选择整条路径，则可以使用路径选择工具 ；如果只需要选择路径中的某一个锚点，则可以使用直接选择工具 。

步骤 03 移动鼠标至图像编辑窗口中，单击鼠标左键，确定起始位置，如图 4-67 所示。

步骤 04 沿边缘拖曳鼠标，至起始点处，单击鼠标左键，创建闭合路径，如图 4-68 所示。

步骤 05 按【Ctrl + Enter】组合键，将路径转换为选区，如图 4-69 所示。

图 4-67 确认起始位置

图 4-68 创建闭合路径

步骤 06 按【Ctrl + J】组合键拷贝一个新图层，并隐藏"背景"图层，效果如图 4-70 所示。

图 4-69 将路径转换为选区

图 4-70 抠图效果

 专家指点

　　单击"窗口"|"路径"命令，展开"路径"面板，当创建路径后，在"路径"面板上就会自动生成一个新的工作路径，如图 4-71 所示。

　　"路径"面板各选项的主要含义如下：

1 工作路径：显示了当前文件中包含的路径、临时路径和矢量蒙版。

2 用前景色填充路径：可以用当前设置的前景色填充被路径包围的区域。

③ 用画笔描边路径：可以用当前选择的绘画工具和前景色沿路径进行描边。

④ 将路径作为选区载入：可以将创建的路径作为选区载入。

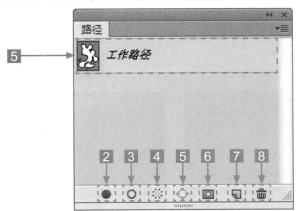

图 4-71　"路径"面板

⑤ 从选区生成工作路径：可以将当前创建的选区生成为工作路径。

⑥ 添加图层蒙版：可以为当前图层创建一个图层蒙版。

⑦ 创建新路径：可以创建一个新路径层。

⑧ 删除当前路径：可以删除当前选择的工作路径。

4.2.11 运用路径工具抠图

在移动 UI 界面设计过程中，用户可以运用 Photoshop CC 中的形状工具包括矩形工具、圆角矩形工具、椭圆工具、多边形工具和自定形状工具进行抠图处理。在使用工具绘制路径时，首先需要在工具属性栏中选择一种绘图方式。

1. 运用矩形工具抠图

矩形工具 主要用于创建矩形或正方形图形，用户还可以在工具属性栏上进行相应选项的设置，也可以设置矩形的尺寸、固定宽高比例等。选取工具箱中的矩形工具后，其工具属性栏如图 4-72 所示。

图 4-72　矩形工具属性栏

矩形工具的工具属性栏中各选项的主要含义如下：

① 模式：单击该按钮 ，在弹出的下拉面板中，可以定义工具预设。

② 形状：该列表框中包含有形状、路径和像素 3 个选项，可创建不同的路径形状。

③ 填充：单击该按钮，在弹出的下拉面板中，可以设置填充颜色。

④ 描边：在该选项区中，可以设置创建的路径形状的边缘颜色和宽度等。

宽度：用于设置矩形路径形状的宽度。

高度：用于设置矩形路径形状的高度。

　　在 Photoshop CC 中，用户可以根据需要选取工具箱中的矩形工具，在工具属性栏中，单击"选择工具模式"按钮⇕，在弹出的列表框中，选择"路径"选项，在图像编辑窗口的适当位置处，单击鼠标左键并拖曳，即可创建矩形形状路径。如图 4-73 所示为运用矩形工具绘制路径形状的前后对比效果。

图 4-73　运用矩形工具绘制路径形状的前后对比效果

　　按【Ctrl + Enter】组合键，将路径转换为选区，如图 4-74 所示。按【Ctrl + J】组合键拷贝一个新图层，并隐藏"背景"图层，即可进行抠图处理，效果如图 4-75 所示。

图 4-74　将路径转换为选区　　　　　　　　　　　　图 4-75　抠图效果

2. 运用圆角矩形工具抠图

　　圆角矩形工具 ▣ 用来绘制圆角矩形，选取工具箱中的圆角矩形工具，在工具属性栏的"半径"文本框中可以设置圆角半径。

　　下面介绍运用圆角矩形工具抠图的操作方法。

	素材文件	光盘 \ 素材 \ 第 4 章 \4.2.11.psd
	效果文件	光盘 \ 效果 \ 第 4 章 \4.2.11.psd、4.2.11.psd
	视频文件	光盘 \ 视频 \ 第 4 章 \4.2.11 运用路径工具抠图 .mp4

步骤 01　单击"文件"|"打开"命令，打开一幅素材图像，如图 4-76 所示。

步骤 02 选取工具箱中的圆角矩形工具 ◻，如图 4-77 所示。

图 4-76 打开素材图像　　　　　　　　　图 4-77 选取圆角矩形工具

步骤 03 在工具属性栏中，单击"选择工具模式"按钮，在弹出的列表框中选择"路径"选项，设置"半径"为 20 像素，如图 4-78 所示。

步骤 04 在图像编辑窗口中的适当位置处，单击鼠标左键并拖曳，创建圆角矩形路径，如图 4-79 所示。

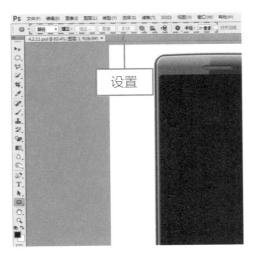

图 4-78 设置"半径"为 20　　　　　　　图 4-79 创建圆角矩形路径

专家指点

在运用圆角矩形工具绘制路径时，按住【Shift】键的同时，在窗口中单击鼠标左键并拖曳，可绘制一个正圆角矩形；如果按住【Alt】键的同时，在窗口中单击鼠标左键并拖曳，可绘制以起点为中心的圆角矩形。

步骤 05 展开"路径"面板，单击"路径"面板底部的"将路径作为选区载入"按钮，将路径转换为选区，如图 4-80 所示。

步骤 **06** 执行上述操作后，按【 Delete 】键删除选区内的图像，并取消选区，效果如图 4-81 所示。

图 4-80 将路径转换为选区

图 4-81 最终效果

3. 运用椭圆工具抠图

在移动 UI 界面设计过程中，运用椭圆工具 ⬭ 可以绘制椭圆或圆形形状的图形，其抠图方法与矩形工具的操作方法相同，只是绘制的形状不同，如图 4-82 所示。

图 4-82 绘制椭圆路径抠图效果

4. 运用多边形工具抠图

在 Photoshop CC 中，使用多边形工具 ⬭ 可以创建等边多边形，如等边三角形、五角星以及星形等，抠取特定形状的图像，如图 4-83 所示。

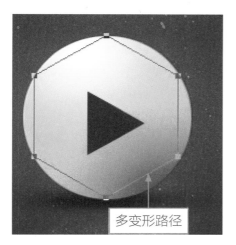

图 4-83 绘制多边形路径抠图效果

在多边形工具的工具属性栏中，单击"选择工具模式"按钮，在弹出的列表框中，选择"路径"选项，单击设置图标 ✿，在弹出的选项面板中，选中"星形"复选框，即可绘制出星形路径，如图4-84所示。

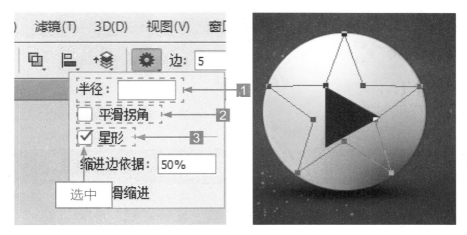

图 4-84 创建星形路径

形状复选框中各选项的主要含义如下：

1 半径：该文本框用于设置多边形或星形的半径长度，然后单击并拖曳鼠标时将创建指定半径值的多边形或星形。

2 平滑拐角：选中该复选框，可以创建具有平滑拐角的多边形或星形。

3 星形：选中该复选框，可以创建星形。在"缩进边依据"选项中可以设置星形边缘向中心缩进的数量，该值越高，缩进量越大。选中"平滑缩进"复选框，可以使星形的边平滑地向中心缩进。

 专家指点

使用多边形工具绘制路径形状时，始终会以鼠标单击的位置为中心点进行创建。

5. 运用自定形状工具抠图

在 Photoshop CC 中，使用自定形状工具 <img> 可以通过设置不同的形状来绘制形状路径或图形，在"自定形状"拾色器中有大量的特殊形状可供选择，如图 4-85 所示。自定形状工具的抠图方法与矩形工具类似，此处不再赘述。

在 Photoshop CC 中，如果所需要的形状未显示在"自定形状"拾色器中，则可单击其右上角的设置图标按钮，在弹出的面板菜单中选择"载入形状"选项载入外部形状，或者选择 Photoshop 中预设的形状，如图 4-86 所示。

图 4-85 "自定形状"拾色器　　　　　　　　图 4-86 面板菜单

4.3 移动 UI 界面图像合成技法

除了运用基本的命令与工具抠图外，在移动 UI 界面设计过程中，用户还可以运用 Photoshop CC 中的蒙版、通道、图层模式等方法进行抠图和合成处理。

4.3.1 运用蒙版合成移动 UI 图像

在移动 UI 界面设计过程中，使用图层蒙版可以很好地控制图层区域的显示或隐藏，可以在不破坏图像的情况下反复编辑图像，直至得到所需要的效果，使修改图像和创建复杂选区变得更加方便，因此图层蒙版是进行图像合成最常用的方法。

在 Photoshop 中，"蒙版"面板提供了用于图层蒙版以及矢量蒙版的多种控制选项，"蒙版"面板不仅可以轻松更改图像不透明度和边缘化程度，还可以方便地增加或删减蒙版、设置反相蒙版以及调整蒙版边缘。有些初学者容易将选区与蒙版混淆，认为两者都起到了限制的作用，但实际上两者之间有本质的区别。选区是用于限制操作者的操作范围，使操作仅发生在选择区域的内部。蒙版是相反的，不处于蒙版的位置也可以进行编辑与处理。

在 Photoshop 中有以下 4 种类型的蒙版，下面将分别进行介绍。

＊ 剪贴蒙版：这是一类通过图层与图层之间的关系，控制图层中图像显示区域与显示效果的蒙版，能够实现一对一或一对多的屏蔽效果，如图 4-87 所示。

图 4-87 剪贴蒙版合成效果

＊ 快速蒙版：快速蒙版出现的意义是制作选择区域，而其制作方法则是通过屏蔽图像的某一个部分，显示另一个部分来达到制作精确选区的目的，如图 4-88 所示。

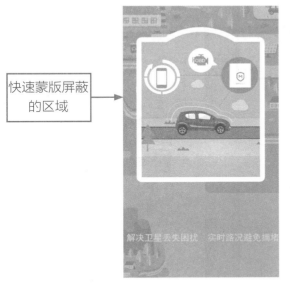

图 4-88 快速蒙版

 专家指点

快速蒙版是一种手动间接创建选区的方法，其特点是与绘图工具结合起来创建选区，比较适合用于对选择要求不很高的情况。

* 图层蒙版：图层蒙版是使用最为频繁的一类蒙版，绝大多数图像合成作品都需要使用图层蒙版，如图 4-89 所示。

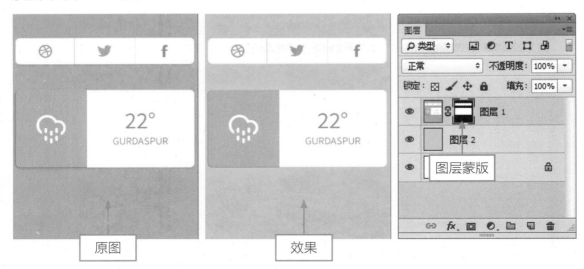

图 4-89　图层蒙版合成效果

矢量蒙版：矢量蒙版是图层蒙版的另一种类型，但两者可以共存，用于以矢量图像的形式屏蔽图像，如图 4-90 所示。矢量蒙版是由钢笔、自定形状等矢量工具创建的蒙版（图层蒙版和剪贴蒙版都是基于像素的蒙版），矢量蒙版与分辨率无关，常用来制作 Logo、按钮或其他 Web 设计元素。无论图像自身的分辨率是多少，只要使用了该蒙版，都可以得到平滑的轮廓。

图 4-90　矢量蒙版合成效果

下面以剪贴蒙版为例，介绍运用蒙版合成移动 UI 图像的操作方法。

素材文件	光盘 \ 素材 \ 第 4 章 \4.3.1b.psd、4.3.1a.jpg
效果文件	光盘 \ 效果 \ 第 4 章 \4.3.1.psd、4.3.1.jpg
视频文件	光盘 \ 视频 \ 第 4 章 \4.3.1 运用蒙版合成移动 UI 图像 .mp4

步骤 01 单击"文件"|"打开"命令，打开两幅素材图像，如图 4-91 所示。

图 4-91 打开素材图像

步骤 02 切换至"4.3.1a.jpg"图像编辑窗口，按【Ctrl + A】组合键，全选图像，如图 4-92 所示。

步骤 03 按【Ctrl + C】组合键，复制图像，切换至"4.3.1b.psd"图像编辑窗口，按【Ctrl + V】组合键，粘贴图像，如图 4-93 所示。

全选图像

图 4-92 全选图像

粘贴

图 4-93 粘贴图像

👨‍🎓 **专家指点**

单击"图层"|"释放剪贴蒙版"命令，即可从剪贴蒙版中释放出该图层，如果该图层上面还有其他内容图层，则这些图层也会一同释放。

步骤 **04** 单击"图层"|"创建剪贴蒙版"命令，效果如图 4-94 所示。

步骤 **05** 执行上述操作后，即可创建剪贴蒙版，效果如图 4-95 所示。

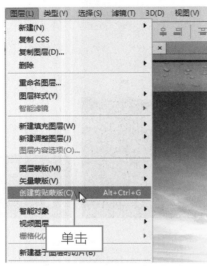

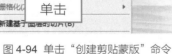

图 4-94 单击"创建剪贴蒙版"命令   图 4-95 最终效果

4.3.2 运用通道合成移动 UI 图像

在 Photoshop 中，通道就是选区的一个载体，它将选区转换成为可见的黑白图像，从而更易于用户对其进行编辑，从而得到多种多样的选区状态，为用户能创建更多更丰富的图像效果提供了可能，更加有利于移动 UI 界面设计的图像合成处理。

在 Photoshop CC 界面中，单击"窗口"|"通道"命令，弹出如图 4-96 所示的"通道"面板，在此面板中列出了图像所有的通道。

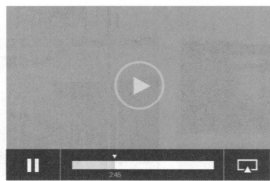

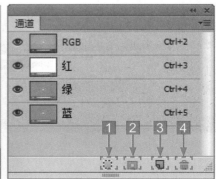

图 4-96 "通道"面板

"通道"面板中各选项的主要含义如下：

1 将通道作为选区载入 ：单击该按钮，可以调出当前通道所保存的选区。

2 将选区存储为通道 ：单击该按钮，可以将当前选区保存为 Alpha 通道。

3 创建新通道 ：单击该按钮，可以创建一个新的 Alpha 通道。

4 删除当前通道 ：单击该按钮，可以删除当前选择的通道。

"通道"面板是存储、创建和编辑通道的主要场所，在默认情况下，"通道"面板显示的均为原色通道。当图像的色彩模式为 RGB 色彩模式时，面板中将有 3 个原色通道，即"红"通道、"绿"通道、"蓝"通道和一个合成通道，即 RGB 通道。当图像的色彩模式为 CMYK 模式时，面板中将有 4 个原色通道，即"青"通道、"洋红"通道、"黄"通道和"黑"通道，每个通道都包含着对应的颜色信息。

下面介绍运用通道合成移动 UI 图像的操作方法。

素材文件	光盘 \ 素材 \ 第 4 章 \4.3.2b.psd、4.3.2a.jpg	
效果文件	光盘 \ 效果 \ 第 4 章 \4.3.2.psd、4.3.2.jpg	
视频文件	光盘 \ 视频 \ 第 4 章 \4.3.2 运用通道合成移动 UI 图像 .mp4	

步骤 01 单击"文件" | "打开"命令，打开两幅素材图像，如图 4-97 所示。

图 4-97 打开素材图像

专家指点

在 Photoshop 中，通道是被用来存放图像的颜色信息及自定义的选区，不仅可以使用通道得到非常特殊的选区，还可以通过改变通道中存放的颜色信息来调整图像的色调。无论是新建文件、打开文件或扫描文件，当一个图像文件调入 Photoshop 后，Photoshop 就将为其创建图像文件固有的通道，即颜色通道或称原色通道，原色通道的数目取决于图像的颜色模式。

步骤 02 切换至"4.3.2a.jpg"图像编辑窗口，展开"通道"面板，分别单击来查看通道显示效果，如图 4-98 所示。

步骤 03 拖动"红"通道至面板底部的"创建新通道"按钮 ▣ 上，复制一个通道，如图 4-99 所示。

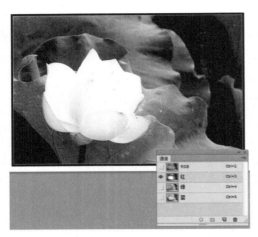

图 4-98 查看通道显示效果 图 4-99 复制通道

专家指点

除了运用上述方法复制通道外，用户还可以在选中某个通道后，单击鼠标右键，在弹出的快捷菜单中选择"复制通道"选项。

步骤 04 确定选择复制的"红拷贝"通道，单击"图像"|"调整"|"亮度 / 对比度"命令，弹出"亮度 / 对比度"对话框，设置各参数，如图 4-100 所示，单击"确定"按钮。

步骤 05 选取快速选择工具 ☑，设置画笔大小为 20 像素，在花朵上拖动鼠标创建选区，如图 4-101 所示。

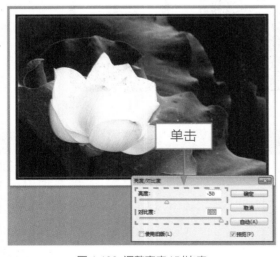

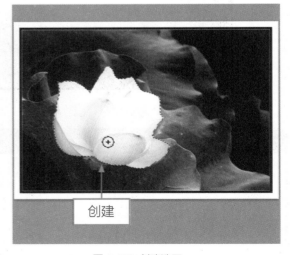

图 4-100 调整亮度 / 对比度 图 4-101 创建选区

步骤 06 在"通道"面板中单击 RGB 通道，退出通道模式，返回到 RGB 模式，如图 4-102 所示。

步骤 07 按【Ctrl + J】组合键拷贝一个新图层，并隐藏"背景"图层，抠取图像，效果如图 4-103 所示。

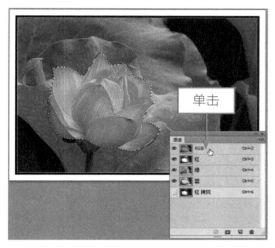

图 4-102 返回 RGB 模式

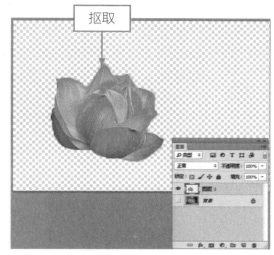

图 4-103 抠取图像

步骤 08 运用移动工具将抠取的图像拖曳至"4.3.2b.psd"图像编辑窗口，如图 4-104 所示。

步骤 09 适当调整荷花图像的大小和位置，效果如图 4-105 所示。

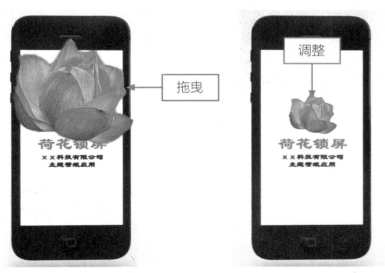

图 4-104 拖曳图像　　　　　　　　　　图 4-105 调整图像大小和位置

专家指点

　　通道是一种很重要的图像处理方法，它主要用来存储图像的色彩信息和图层中的选择信息。使用通道可以复原扫描失真严重的图像，从而创作出一些意想不到的效果。不同的原色通道保存着图像的不同颜色信息，且这些信息包含着像素的存在和像素颜色的深浅度。正是由于原色通道的存在，所以当原色通道合成在一起时，形成了具有丰富色彩效果的图像，若缺少了其中某一原色通道，则图像将出现偏色现象。

4.3.3 运用图层模式合成移动 UI 图像

前面的章节了解了图层混合模式的相关知识后，用户可以用 Photoshop 的图层混合模式进行抠图和合成操作，以得到需要的移动 UI 界面效果。

下面介绍运用图层模式合成移动 UI 图像的操作方法。

素材文件	光盘 \ 素材 \ 第 4 章 \4.3.3.psd
效果文件	光盘 \ 效果 \ 第 4 章 \4.3.3.psd、4.3.3.jpg
视频文件	光盘 \ 视频 \ 第 4 章 \4.3.3 运用图层模式合成移动 UI 图像 .mp4

步骤 01 单击"文件"|"打开"命令，打开一幅素材图像，如图 4-106 所示。

步骤 02 在"图层"面板中，选择"图层 1"图层，如图 4-107 所示。

图 4-106 打开素材图像   图 4-107 选择"图层 1"图层

步骤 03 在图层混合模式列表框中选择"滤色"选项，如图 4-108 所示。

步骤 04 执行操作后，图像呈"滤色"模式显示，效果如图 4-109 所示。

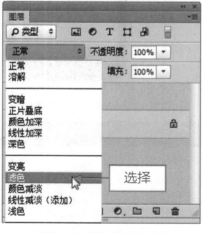

图 4-108 选择"滤色"选项   图 4-109 最终效果

05 移动 UI 界面的色彩设计

学习提示

　　移动 UI 界面设计由色彩、图形、文案 3 大要素构成。调整图像色彩是移动 UI 界面图像修饰和设计中一项非常重要的内容，图形和文案都离不开色彩的表现。本章主要介绍在 Photoshop 中如何调整图像的光影色调，以及通过相应的调整命令调整移动 UI 界面图像的光效质感。

本章案例导航

- 查看移动 UI 图像的颜色分布
- 转换移动 UI 图像的颜色模式
- 识别色域范围外的颜色
- 运用"自动色调"命令调整移动 UI 图像
- 运用"自动对比度"命令调整移动 UI 图像
- 运用"色阶"命令调整移动 UI 图像
- 运用"亮度/对比度"命令调整移动 UI 图像
- 运用"曲线"命令调整移动 UI 图像

- 运用"曝光度"命令调整移动 UI 图像
- 运用"自然饱和度"命令调整移动 UI 图像
- 运用"色相/饱和度"命令调整移动 UI 图像
- 运用"色彩平衡"命令调整移动 UI 图像
- 运用"替换颜色"命令调整移动 UI 图像
- 运用"照片滤镜"命令调整移动 UI 图像
- 运用"通道混合器"命令调整移动 UI 图像
- 运用"去色"命令调整移动 UI 图像

5.1　了解移动 UI 图像的颜色属性

颜色可以修饰移动 UI 图像，使图像的色彩显得更加绚丽多彩，不同的颜色能表达不同的感情和思想，正确地运用颜色能使黯淡的图像明亮，使毫无生气的图像充满活力。色彩的 3 要素为色相、饱和度和亮度，这 3 种要素以人类对颜色的感觉为基础，构成人类视觉中完整的颜色表相。

5.1.1　了解移动 UI 图像的色相属性

在设计移动 UI 界面图像时，首先应了解图像的色相属性。色相（Hue，简写为 H）是色彩三要素之一，即色彩相貌，也就是每种颜色的固有颜色表相，是每种颜色相互区别的最显著特征。

在通常的使用中，颜色的名称就是根据其色相来决定的，例如红色、橙色、蓝色、黄色、绿色。赤（红）、橙、黄、绿、青、蓝、紫是 7 种最基本的色相，将这些色相相互混合可以产生许多不同色相的颜色。

色轮是研究颜色相加混合的颜色表，通过色轮可以展现各种色相之间的关系，如图 5-1 所示。

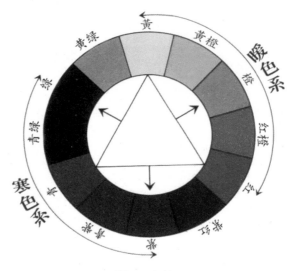

图 5-1　色轮

除了以颜色固有的色相来命名颜色外，还经常以植物所具有的颜色命名（如青绿）、动物所具有的颜色命名（如鸽子灰）以及颜色的深浅和明暗命名（如鹅黄）。

 专家指点

色相，色相是色彩的首要特征，是区别各种不同色彩的最准确的标准。

5.1.2　了解移动 UI 图像的亮度属性

在移动 UI 界面设计中，图像的亮度（Value，简写为 V，又称为明度）是指图像中颜色的明暗程度，通常使用从 0% ~ 100% 的百分比来度量。在正常强度的光线照射下的色相，被定义为标准色相，亮度高于标准色相的，称为该色相的高光，反之称为该色相的阴影。

在移动 UI 界面设计中，不同亮度的颜色给人的视觉感受各不相同，高亮度颜色给人以明亮、纯净、唯美等感觉，如图 5-2 所示。中亮度颜色给人以朴素、稳重、亲和的感觉。低亮度颜色则让人感觉压抑、沉重、神秘，如图 5-3 所示。

图 5-2 高亮度图像

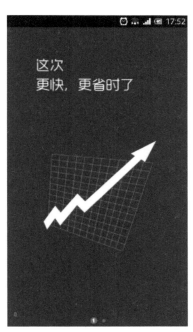

图 5-3 低亮度图像

5.1.3 了解移动 UI 图像的饱和度属性

图像的饱和度（Chroma，简写为 C，又称为彩度）是指颜色的强度或纯度，它表示色相中颜色本身色素分量所占的比例，使用从 0% ~ 100% 的百分比来度量。在标准色轮上，饱和度从中心到边缘逐渐递增，颜色的饱和度越高，其鲜艳程度也就越高，反之颜色则因包含其他颜色而显得陈旧或混浊。

在移动 UI 界面设计中，不同饱和度的颜色会给人带来不同的视觉感受，高饱和度的颜色给人以积极、冲动、活泼、有生气、喜庆的感觉，如图 5-4 所示。低饱和度的颜色给人以消极、无力、安静、沉稳、厚重的感觉，如图 5-5 所示。

图 5-4 高饱和度图像

图 5-5 低饱和度图像

5.1.4 查看移动 UI 图像的颜色分布

在移动 UI 界面设计中，色彩与色调的处理是非常重要的工作。因此，在开始进行移动 UI 图像的颜色校正之前，或者对图像做出编辑之后，都应分析图像的色阶状态和色阶的分布，以决定需要编辑的区域。

1."信息"面板

"信息"面板在没有进行任何操作时，它会显示光标所处位置的颜色值、文档的状态、当前工具的使用提示等信息，如果执行了操作，面板中就会显示与当前操作有关的各种信息。

在 Photoshop CC 中，单击"窗口"|"信息"命令，或按【F8】键，将弹出"信息"面板，如图 5-6 所示。

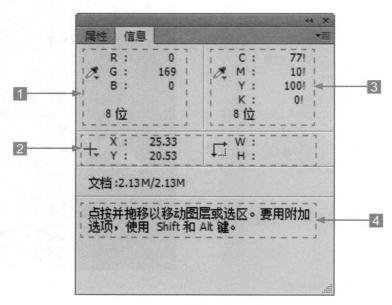

图 5-6 "信息"面板

"信息"面板中各选项的主要含义如下：

1 第一颜色信息：在该选项的下拉列表中可以设置"信息"面板中第一个吸管显示的颜色信息。选择"实际颜色"选项，可以显示图像当前颜色模式下的值；选择"校样颜色"选项可以显示图像的输出颜色空间的值；选择"灰度"、"RGB 颜色"、"CMYK 颜色"等颜色模式，可以显示相应颜色模式下的颜色值；选择"油墨总量"选项，可以显示指针当前位置的所有 CMYK 油墨的总百分比；选择"不透明度"选项，可以显示当前图层的不透明度，该选项不适用于背景。

2 鼠标坐标：用来设置鼠标光标位置的测量单位。

3 第二颜色信息：用来设置"信息"面板中第二个吸管显示的颜色信息。

4 状态信息：用来设置"信息"面板中"状态信息"处的显示内容。

2."直方图"面板

直方图是一种统计图形，它由来已久，在图像领域的应用非常广泛。Photoshop CC 的"直方图"面板用图像方式表示了图像的每个亮度级别的像素数量，展现了像素在图像中的分布情况。通过观察直方图，可以快速判断出照片的阴影、中间调和高光中包含的细节是否充足，以便对其做出正确的调整。在 Photoshop CC 中，单击"窗口"|"直方图"命令，将弹出"直方图"面板，如图 5-7 所示。

"直方图"面板中各选项的主要含义如下：

图 5-7 "直方图"面板

1 通道：在列表框中选择一个通道（包括颜色通道、Alpha 通道和专色通道）以后，面板中会显示该通道的直方图；选择"明度"选项，则可以显示复合通道的亮度或强度值；选择"颜色"选项，可以显示颜色中单个颜色通道的复合直方图。

2 平均值：显示了像素的平均亮度值（0 ~ 255 之间的平均亮度），通过观察该值，可以判断出图像的色调类型。

3 标准偏差：该数值显示了亮度值的变化范围，若该值越高，说明图像的亮度变化越剧烈。

4 中间值：显示了亮度值范围内的中间值，图像的色调越亮，它的中间值就越高。

5 像素：显示了用于计算直方图的像素总数。

6 色阶：显示了光标下面区域的亮度级别。

7 数量：显示了光标下面亮度级别的像素总数。

8 百分位：显示了光标所指的级别或该级别以下的像素累计数，如果对全部色阶范围进行取样，该值为 100，对部分色阶取样时，显示的是取样部分。

9 高速缓存级别：显示了当前用于创建直方图的图像高速缓存的级别。

10 点按可获得不带高速缓存数据直方图：使用"直方图"面板时，Photoshop CC 会在内存中行高速缓存直方图，也就是说，最新的直方图是被 Photoshop CC 存储在内存中的，而非实时显示在"直方图"面板中。

11 不使用高速缓存的刷新：单击该按钮可以刷新直方图，显示当前状态下最新的统计结果。

12 面板的显示方式："直方图"面板的快捷菜单中包含切换面板显示方式的命令。"紧凑视图"是默认显示方式，它显示的是不带统计数据或控件的直方图；"扩展视图"显示的是带统计数据和控件的直方图；"全部通道视图"显示的是带有统计数据和控件的直方图，同时还显示每一个通道的单个直方图。

5.1.5 转换移动 UI 图像的颜色模式

Photoshop CC 可以支持多种图像颜色模式，在设计与输出作品的过程中，应当根据其用途与要求，转换移动 UI 界面图像的颜色模式。下面对 RGB 模式、CMYK 模式、灰度模式、多通道模式这 4 种主要模式的转换方法进行介绍。

1. 转换图像为 RGB 模式

RGB 颜色模式是目前应用最广泛的颜色模式之一，用 RGB 模式处理移动 UI 界面图像比较方便，且存储文件较小。RGB 模式为彩色图像中每个像素的 RGB 分量指定一个介于 0（黑色）~ 255（白色）之间的强度值：

* 当所有参数值均为 255 时，得到的颜色为纯白色。

* 当所有参数值均为 0 时，得到的颜色为纯黑色。

在 Photoshop CC 中，用户可以根据需要，转换移动 UI 界面图像为 RGB 颜色模式。单击"图像"|"模式"|"RGB 颜色"命令，如图 5-8 所示为转换图像为 RGB 颜色模式前后的对比效果。

图 5-8 图像转换为 RGB 模式前后的对比效果

2. 转换图像为 CMYK 模式

CMYK 模式又称为"印刷四分色"模式，它是彩色印刷时常常采用的一种套色模式，主要是利用色料的三原色混色原理，然后加上黑色油墨来调整明暗，共计 4 种颜色混合叠加。只要是在印刷品上看到的移动 UI 界面图像，就是通过 CMYK 模式来表现的。

下面介绍转换移动 UI 界面图像为 CMYK 模式的具体操作方法。

素材文件	光盘 \ 素材 \ 第 5 章 \5.3.2.jpg
效果文件	光盘 \ 效果 \ 第 5 章 \5.3.2.jpg
视频文件	光盘 \ 视频 \ 第 5 章 \5.1.5 转换移动 UI 图像的颜色模式 .mp4

步骤 01 单击"文件"|"打开"命令，打开一幅素材图像，如图 5-9 所示。

步骤 02 在菜单栏中单击"图像"|"模式"|"CMYK 颜色"命令，弹出信息提示框，如图 5-10 所示。

图 5-9　打开素材图像

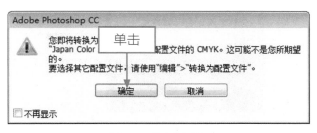

图 5-10　信息提示框

步骤 03　单击"确定"按钮，即可将图像转换为 CMYK 模式，效果如图 5-11 所示。

图 5-11　图像转换为 CMYK 模式

专家指点

一幅彩色图像不能多次在 RGB 与 CMYK 模式之间转换，因为每一次转换都会损失图像颜色质量。

3. 转换图像为灰度模式

灰度模式的移动 UI 界面图像不包含颜色，其中的每个像素都有一个 0（黑色）~ 255（白色）之间的亮度值。

在 Photoshop CC 中，当用户需要将移动 UI 界面图像转换为灰度模式时，可以单击菜单栏中的"图像"|"模式"|"灰度"命令，如图 5-12 所示。

图 5-12 单击"灰度"命令

执行操作后，弹出信息提示框，单击"扔掉"按钮，如图 5-13 所示。执行操作后，即可将图像转换为灰度模式，效果如图 5-14 所示。

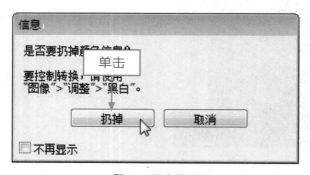 

图 5-13 信息提示框　　　　　　　　　图 5-14 图像转换为灰度模式

4. 转换图像为多通道模式

多通道模式与 CMYK 模式类似，同样也是一种减色模式。将 RGB 图像转换为多通道模式后，可以得到青色、洋红和黄色通道 3 个专色通道，由于专色通道的不同特性以及多通道模式区别于其他通道的特点，可以组合出各种不同的特殊效果。

专家指点

此外，在 RGB、CMYK、Lab 模式中，如果删除某个颜色通道，图像就会自动转换为多通道模式。

在 Photoshop CC 中，用户可以根据需要，转换移动 UI 界面图像多通道模式，只要单击"图像"|"模式"|"多通道"命令即可。如图 5-15 所示为转换多通道模式前后的对比效果。

图 5-15 转换图像为多通道模式的前后对比效果

 专家指点

双色模式通过 1 ~ 4 种自定油墨创建单色调、双色调、三色调和四色调的灰度图像，如果希望将彩色图像模式转换为双色调模式，则必须先将图像转换为灰度模式，再转换为双色调模式。

5.1.6 识别色域范围外的颜色

在移动 UI 界面图像设计中，获得一张好的扫描图像是所有工作的良好开端，因此在扫描素材前，很有必要对素材图像进行识别色域范围的操作，更宽广的色域范围可以获得更加多姿多彩的源素材图像。

1. 预览 RGB 颜色模式里的 CMYK 颜色

运用"校样颜色"命令，可以不用将移动 UI 界面图像转换为 CMYK 颜色模式就可看到转换之后的效果。

在 Photoshop CC 中，用户可以根据需要，预览 RGB 颜色模式里的 CMYK 颜色，单击"视图"|"校样颜色"命令，即可预览 RGB 颜色模式里的 CMYK 颜色，如图 5-16 所示。

2. 识别图像色域外的颜色

色域范围是指颜色系统可以显示或打印的颜色范围。用户可以在将移动 UI 界面图像转换为 CMYK 模式之前，先识别出图像中的溢色部分，并手动进行校正。

在 Photoshop CC 中，，使用"色域警告"命令即可高亮显示溢色。单击"视图"|"色域警告"命令，即可识别图像色域外的颜色，如图 5-17 所示。

图 5-16 预览 RGB 颜色模式里的 CMYK 颜色

图 5-17 识别图像色域外的颜色

5.2 自动校正移动 UI 图像色彩

调整移动 UI 界面图像的色彩时，可以通过自动颜色、自动色调等命令来快速实现。本节主要介运自动校正移动 UI 图像色彩的操作方法。

5.2.1 运用"自动色调"命令调整移动 UI 图像

调整移动 UI 界面图像的色彩时，使用"自动颜色"命令可以自动识别图像中的实际阴影、中间调和高光，从而自动更正图像的颜色。"自动色调"命令根据图像整体颜色的明暗程度进行自动调整，使亮部与暗部的颜色按一定的比例分布。

下面介绍运用"自动色调"命令调整移动 UI 图像的操作方法。

	素材文件	光盘 \ 素材 \ 第 5 章 \5.2.1.jpg
	效果文件	光盘 \ 效果 \ 第 5 章 \5.2.1.jpg
	视频文件	光盘 \ 视频 \ 第 5 章 \5.2.1 运用"自动色调"命令调整移动 UI 图像 .mp4

步骤 01 单击"文件"|"打开"命令，打开一幅素材图像，如图 5-18 所示。

步骤 02 单击"图像"|"自动色调"命令，即可自动调整图像色调，效果如图 5-19 所示。

图 5-18 打开素材图像

图 5-19 自动调整图像色调

 专家指点

在 Photoshop CC 中，"自动色调"命令对于色调丰富的图像相当有用，而对于色调单一的图像或色彩不丰富的图像几乎不起作用，除了使用命令外，用户还可以按【Ctrl + Shift + L】组合键，自动调整图像色调。

5.2.2 运用"自动对比度"命令调整移动 UI 图像

调整移动 UI 界面图像的色彩时，使用"自动对比度"命令可以自动调节图像整体的对比度和混合颜色。

下面介绍运用"自动对比度"命令调整移动 UI 图像的操作方法。

	素材文件	光盘 \ 素材 \ 第 5 章 \5.2.2.jpg
	效果文件	光盘 \ 效果 \ 第 5 章 \5.2.2.jpg
	视频文件	光盘 \ 视频 \ 第 5 章 \5.2.2 运用"自动对比度"命令调整移动 UI 图像 .mp4

步骤 01 单击"文件"|"打开"命令，打开一幅素材图像，如图 5-20 所示。

步骤 02 单击"图像"|"自动对比度"命令，系统即可自动对图像对比度进行调整，效果如图 5-21 所示。

图 5-20 打开素材图像　　　　　　　　图 5-21 自动调整图像对比度

 专家指点

　　"自动对比度"命令会自动将图像最深的颜色加强为黑色，最亮的部分加强为白色，以增强图像的对比度，此命令对于连续调的图像效果相当明显，而对于单色或颜色不丰富的图像几乎不产生作用。

5.2.3 运用"自动颜色"命令调整移动 UI 图像

　　调整移动 UI 界面图像的色彩时，使用"自动颜色"命令可以自动识别图像中的实际阴影、中间调和高光，可以让系统对图像的颜色进行自动校正。若图像有偏色与饱和度过高的现象，使用该命令则可以进行自动调整，从而自动校正图像的颜色，如图 5-22 所示。

图 5-22 自动校正图像的颜色

下面详细介绍运用"自动颜色"命令调整移动 UI 图像的操作方法。

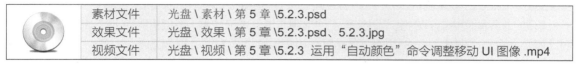

	素材文件	光盘 \ 素材 \ 第 5 章 \5.2.3.psd
	效果文件	光盘 \ 效果 \ 第 5 章 \5.2.3.psd、5.2.3.jpg
	视频文件	光盘 \ 视频 \ 第 5 章 \5.2.3 运用"自动颜色"命令调整移动 UI 图像 .mp4

步骤 01 单击"文件"|"打开"命令，打开一幅素材图像，如图 5-23 所示。

步骤 02 在"图层"面板中，选择"背景"图层，如图 5-24 所示。

图 5-23 打开素材图像　　　　　　　　图 5-24 选择"背景"图层

步骤 03 单击"图像"|"自动颜色"命令，如图 5-25 所示。

步骤 04 执行操作后，即可自动校正图像颜色，如图 5-26 所示。

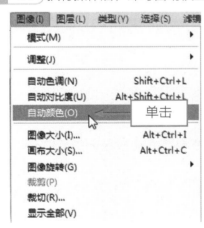

图 5-25 单击"自动颜色"命令　　　　　图 5-26 自动校正图像颜色

 专家指点

　　按【Ctrl + Shift + B】组合键，也可以自动地校正颜色。"自动颜色"命令可以让系统自动地对图像进行颜色校正，如果图像中有偏色或者饱和度过高的现象，均可以使用该命令进行自动调整。

5.3 调整移动 UI 图像的影调

移动 UI 界面图像影调的基本调整有 4 种常用方法，本节主要介绍使用"色阶"命令、"亮度 / 对比度"命令、"曲线"命令以及"曝光度"命令调整图像影调的操作方法。

5.3.1 运用"色阶"命令调整移动 UI 图像

色阶是指图像中的颜色或颜色中的某一个组成部分的亮度范围。调整移动 UI 界面图像的色彩时，运用"色阶"命令通过调整图像的阴影、中间调和高光的强度级别，校正图像的色调范围和色彩平衡。单击"图像"|"调整"|"色阶"命令，弹出"色阶"对话框，如图 5-27 所示。

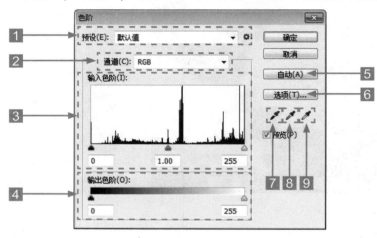

图 5-27 "色阶"对话框

"色阶"对话框中各选项的主要含义如下：

1 预设：单击"预设"选项按钮，在弹出的列表框中，选择"存储预设"选项，可以将当前的调整参数保存为一个预设的文件。

2 通道：可以选择一个通道进行调整，调整通道会影响图像的颜色。

3 输入色阶：用来调整图像的阴影、中间调和高光区域。

4 输出色阶：可以限制图像的亮度范围，从而降低对比度，使图像呈现褪色效果。

5 自动：单击该按钮，可以应用自动颜色校正，Photoshop CC 会以 0.5% 的比例自动调整图像色阶，使图像的亮度分布更加均匀。

6 选项：单击该按钮，可以打开"自动颜色校正选项"对话框，在该对话框中可以设置黑色像素和白色像素的比例。

7 在图像中取样以设置黑场：使用该工具在图像中单击，可以将单击点的像素调整为黑色，原图中比该点暗的像素也变为黑色。

8 在图像中取样以设置灰场：使用该工具在图像中单击，可以根据单击点像素的亮度来调整其他中间色调的平均亮度，通常用来校正色偏。

9 在图像中取样以设置白场：使用该工具在图像中单击，可以将单击点的像素调整为白色，原图中比该点亮度值高的像素也都会变为白色。

下面详细介绍运用"色阶"命令调整移动 UI 图像的操作方法。

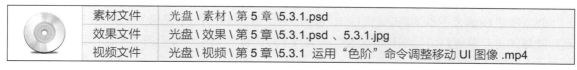	素材文件	光盘 \ 素材 \ 第 5 章 \5.3.1.psd
	效果文件	光盘 \ 效果 \ 第 5 章 \5.3.1.psd 、5.3.1.jpg
	视频文件	光盘 \ 视频 \ 第 5 章 \5.3.1 运用"色阶"命令调整移动 UI 图像 .mp4

步骤 01 单击"文件"|"打开"命令，打开一幅素材图像，如图 5-28 所示。

步骤 02 选择"背景"图层，单击"图像"|"调整"|"色阶"命令，如图 5-29 所示。

图 5-28 打开素材图像

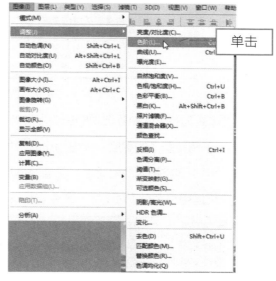

图 5-29 单击"色阶"命令

步骤 03 弹出"色阶"对话框，设置"输入色阶"的各参数值为 18、0.81、239，如图 5-30 所示。

步骤 04 单击"确定"按钮，即可调整图像的亮度范围，效果如图 5-31 所示。

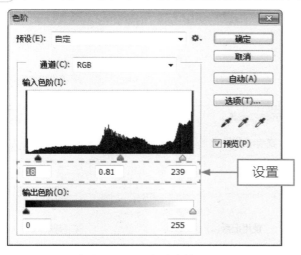

图 5-30 设置相应参数

图 5-31 图像效果

5.3.2 运用"亮度 / 对比度"命令调整移动 UI 图像

调整移动 UI 界面图像的色彩时，使用"亮度 / 对比度"命令可以对图像的色彩进行简单的调整，它对图像的每个像素都进行同样的调整。"亮度 / 对比度"命令对单个通道不起作用，所以该调整方法不适用于高精度输出。单击"图像"|"调整"|"亮度 / 对比度"命令，弹出"亮度 / 对比度"对话框，如图 5-32 所示。

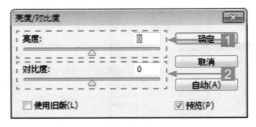

图 5-32 "亮度 / 对比度"对话框

"亮度 / 对比度"对话框中各选项的主要含义如下：

1 亮度： 用于调整图像的亮度，该值为正时增加图像亮度，为负时降低亮度。

2 对比度： 用于调整图像的对比度，正值时增加图像对比度，负值时降低对比度。

下面详细介绍运用"亮度 / 对比度"命令调整移动 UI 图像的操作方法。

	素材文件	光盘 \ 素材 \ 第 5 章 \5.3.2.jpg
	效果文件	光盘 \ 效果 \ 第 5 章 \5.3.2.jpg
	视频文件	光盘 \ 视频 \ 第 5 章 \5.3.2 运用"亮度 / 对比度"命令调整移动 UI 图像 .mp4

步骤 01 单击"文件"|"打开"命令，打开一幅素材图像，如图 5-33 所示。

步骤 02 单击"图像"|"调整"|"亮度 / 对比度"命令，弹出"亮度 / 对比度"对话框，设置"亮度"为 18、"对比度"为 100，如图 5-34 所示。

图 5-33 打开素材图像

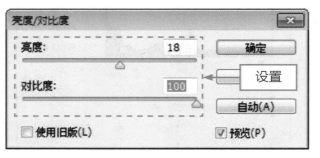

图 5-34 设置相应参数

步骤 **03** 单击"确定"按钮，即可调整图像的色彩亮度，效果如图 5-35 所示。

图 5-35 最终效果

5.3.3 运用"曲线"命令调整移动 UI 图像

　　"曲线"命令是功能强大的图像校正命令，该命令可以在图像的整个色调范围内调整不同的色调，还可以对图像中的个别颜色通道进行精确的调整。

　　调整移动 UI 界面图像的色彩时，用户可以使用"曲线"命令只针对一种色彩通道的色调进行处理，而且不影响其他区域的色调。单击"图像"|"调整"|"曲线"命令，弹出"曲线"对话框，如图 5-36 所示。

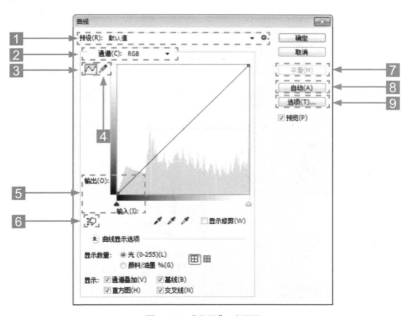

图 5-36 "曲线"对话框

"曲线"对话框中各选项的主要含义如下。

1 预设：包含了 Photoshop CC 提供的各种预设调整文件，可以用于调整图像。

2 通道：在其列表框中可以选择要调整的通道，调整通道会改变图像的颜色。

3 编辑点以修改曲线：该按钮为选中状态，此时在曲线中单击可以添加新的控制点，拖动控制点改变曲线形状即可调整图像。

4 通过绘制来修改曲线：单击该按钮后，可以绘制手绘效果的自由曲线。

5 输出/输入："输入"色阶显示的是调整前的像素值，"输出"色阶显示的是调整后的像素值。

6 在图像上单击并拖动可修改曲线：单击该按钮后，将光标放在图像上，曲线上会出现一个圆形图形，它代表光标处的色调在曲线上的位置，在画面中单击并拖动鼠标可以添加控制点并调整相应的色调。

7 平滑：使用铅笔绘制曲线后，单击该按钮，可以对曲线进行平滑处理。

8 自动：单击该按钮，可以对图像应用"自动颜色"、"自动对比度"或"自动色调"校正。具体校正内容取决于"自动颜色校正选项"对话框中的设置。

9 选项：单击该按钮，可以打开"自动颜色校正选项"对话框，自动颜色校正选项用来控制由"色阶"和"曲线"中的"自动颜色"、"自动色调"、"自动对比度"和"自动"选项应用的色调和颜色校正，它允许指定"阴影"和"高光"剪切百分比，并为阴影、中间调和高光指定颜色值。

下面详细介绍运用"曲线"命令调整图像色调的操作方法。

素材文件	光盘 \ 素材 \ 第 5 章 \5.3.3.jpg
效果文件	光盘 \ 效果 \ 第 5 章 \5.3.3.jpg
视频文件	光盘 \ 视频 \ 第 5 章 \5.3.3 运用"曲线"命令调整移动 UI 图像 .mp4

步骤 01 单击"文件"|"打开"命令，打开一幅素材图像，如图 5-37 所示。

步骤 02 单击"图像"|"调整"|"曲线"命令，弹出"曲线"对话框，在调节线上添加一个节点，设置"输出"和"输入"的参数值分别为 158、175，如图 5-38 所示。

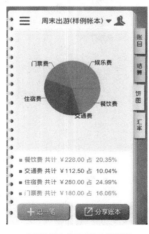

图 5-37 打开素材图像

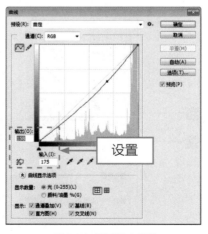

图 5-38 设置相应参数

步骤 `03` 单击"确定"按钮，即可调整图像色调，效果如图 5-39 所示。

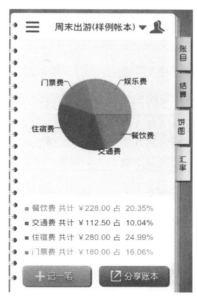

图 5-39 最终效果

专家指点

按【Ctrl + M】组合键，可以快速弹出"曲线"对话框。另外，若按住【Alt】键的同时，在对话框的网格中单击鼠标，网格显示将转换为 10×10 的网格显示比例，再次按住【Alt】键的同时单击鼠标左键，即可恢复至默认的 4×4 的网格显示状态。

5.3.4 运用"曝光度"命令调整移动 UI 图像

在拍摄移动 UI 界面的素材照片过程中，经常会因为曝光不足或曝光过度影响图像的欣赏效果，运用"曝光度"命令可以快速的调整图像的曝光问题。单击"图像"|"调整"|"曝光度"命令，弹出"曝光度"对话框，如图 5-40 所示。

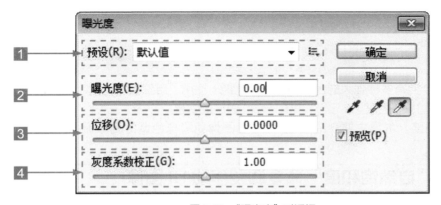

图 5-40 "曝光度"对话框

"曝光度"对话框各选项的主要含义如下：

1 预设：可以选择一个预设的曝光度调整文件。

2 曝光度：调整色调范围的高光端，对极限阴影的影响很轻微。

3 位移：使阴影和中间调变暗，对高光的影响很轻微。

4 灰度系数校正：使用简单乘方函数调整图像的灰度系数，负值会被视为它们的相应正值。

下面详细介绍运用"曝光度"命令调整移动 UI 图像的操作方法。

素材文件	光盘 \ 素材 \ 第 5 章 \5.3.4.psd
效果文件	光盘 \ 效果 \ 第 5 章 \5.3.4.psd、5.3.4.jpg
视频文件	光盘 \ 视频 \ 第 5 章 \5.3.4 运用"曝光度"命令调整移动 UI 图像 .mp4

步骤 01 单击"文件"|"打开"命令，打开一幅素材图像，如图 5-41 所示。

步骤 02 选择"图层 1"图层，单击"图像"|"调整"|"曝光度"命令，弹出"曝光度"对话框，设置"曝光度"为 1.5，单击"确定"按钮，即可调整图像曝光度，效果如图 5-42 所示。

图 5-41 打开素材图像　　　　图 5-42 最终效果

5.4 调整移动 UI 图像的颜色

Photoshop CC 拥有多种强大的色彩色调调整功能，使用"自然饱和度"、"色相 / 饱和度"、"色彩平衡"、"替换颜色"、"照片滤镜"、"通道混合器"以及"去色"命令等，可以对图像颜色进行高级调整。本章主要介绍移动 UI 界面图像色彩与色调的高级调整和特殊调整的操作方法。

5.4.1 运用"自然饱和度"命令调整移动 UI 图像

调整移动 UI 界面图像的色彩时，用户可以根据需要，通过"自然饱和度"命令调整图像饱和度，使图像的色彩更加强烈。单击"图像"|"调整"|"自然饱和度"命令，弹出"自然饱和度"对话框，如图 5-43 所示。

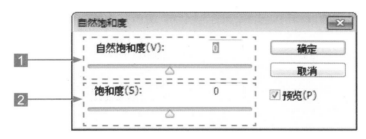

图 5-43 "自然饱和度"对话框

"自然饱和度"对话框中各选项的主要含义如下：

1 自然饱和度：在颜色接近最大饱和度时，最大限度地减少修剪，可以防止过度饱和。

2 饱和度：用于调整所有颜色，而不考虑当前的饱和度。

在"自然饱和度"对话框中，设置相应参数，单击"确定"按钮，即可调整图像饱和度。如图 5-44 所示，为调整图像自然饱和度前后的对比效果。

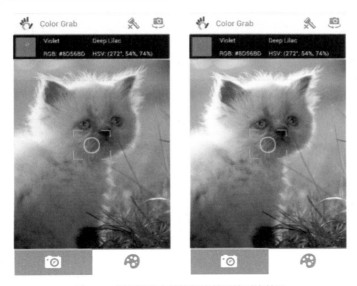

图 5-44 调整图像自然饱和度前后的对比效果

5.4.2 运用"色相/饱和度"命令调整移动 UI 图像

调整移动 UI 界面图像的色彩时，运用"色相/饱和度"命令可以精确地调整整幅图像，或者单个颜色成分的色相、饱和度和明度，可以同步调整图像中所有的颜色。

"色相/饱和度"命令也可以用于 CMYK 颜色模式的图像中，有利于调整图像颜色值，使之处于输出设备的范围中。

单击"图像"|"调整"|"色相/饱和度"命令，弹出"色相/饱和度"对话框，如图 5-45 所示。

"色相/饱和度"面板中各选项的主要含义如下：

1 预设：在"预设"列表框中提供了 8 种色相/饱和度预设。

2 通道：在"通道"列表框中可以选择全图、红色、黄色、绿色、青色、蓝色和洋红通道进行调整。

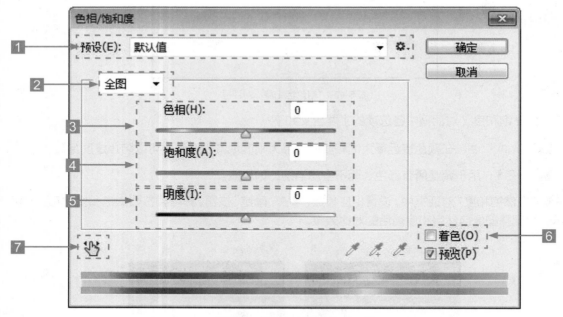

图 5-45 "色相 / 饱和度"对话框

3 色相：色相是各类颜色的相貌称谓，用于改变图像的颜色。可通过在该数值框中输入数值或拖动滑块来调整。

4 饱和度：饱和度是指色彩的鲜艳程度，也称为色彩的纯度。设置数值越大，色彩越鲜艳，数值越小，就越接近黑白图像。

5 明度：明度是指图像的明暗程度，设置的数值越大，图像就越亮，数值越小，图像就越暗。

6 着色：选中该复选框后，如果前景色是黑色或白色，图像会转换为红色；如果前景色不是黑色或白色，则图像会转换为当前前景色的色相；变为单色图像以后，可以拖动"色相"滑块修改颜色，或者拖动下面的两个滑块来调整饱和度和明度。

7 在图像上单击并拖动可修改饱和度：使用该工具在图像上单击设置取样点以后，向右拖曳鼠标可以增加图像的饱和度；向左拖曳鼠标可以降低图像的饱和度。

下面详细介绍运用"色相 / 饱和度"命令调整移动 UI 图像的操作方法。

素材文件	光盘 \ 素材 \ 第 5 章 \5.4.2.psd
效果文件	光盘 \ 效果 \ 第 5 章 \5.4.2.psd、5.4.2.jpg
视频文件	光盘 \ 视频 \ 第 5 章 \5.3.4 运用"曝光度"命令调整移动 UI 图像 .mp4

步骤 01 单击"文件"|"打开"命令，打开一幅素材图像，如图 5-46 所示。

步骤 02 选择"背景"图层，单击"图像"|"调整"|"色相 / 饱和度"命令，如图 5-47 所示。

图 5-46 打开素材图像

图 5-47 单击"色相/饱和度"命令

步骤 03 弹出"色相/饱和度"对话框，设置"色相"为 -20、"饱和度"为 55，如图 5-48 所示。

步骤 04 单击"确定"按钮，即可调整图像色相与饱和度，效果如图 5-49 所示。

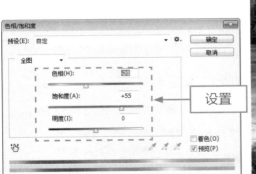

图 5-48 设置相应参数

图 5-49 最终效果

 专家指点

除了可以使用"色相/饱和度"命令调整图像色彩以外，还可以按【Ctrl + U】组合键，调出"色相/饱和度"对话框，并调整图像色相。

5.4.3 运用"色彩平衡"命令调整移动 UI 图像

调整移动 UI 界面图像的色彩时，用户可以根据需要，通过"色彩平衡"命令调整图像偏色。"色彩平衡"命令主要通过对处于高光、中间调及阴影区域中的指定颜色进行增加或减少操作，来改变图像的整体色调。单击"图像"|"调整"|"色彩平衡"命令，弹出"色彩平衡"对话框，如图 5-50 所示。

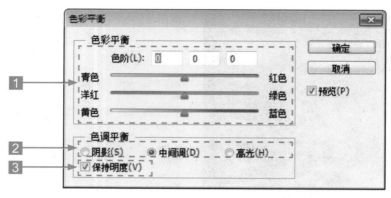

图 5-50 "色彩平衡"对话框

"色彩平衡"对话框中各选项的主要含义如下：

1 色彩平衡：分别显示了"青色与红色"、"洋红与绿色"、"黄色与蓝色"这 3 对互补的颜色，每一对颜色中间的滑块用于控制各主要色彩的增减。

2 色调平衡：分别选中该区域中的 3 个单选按钮，可以调整图像颜色的阴影、中间调和高光。

3 保持明度：选中该复选框，图像像素的亮度值不变，只有颜色值发生变化。

下面向读者详细介绍运用"色彩平衡"命令调整图像偏色的操作方法。

素材文件	光盘 \ 素材 \ 第 5 章 \5.4.3.psd
效果文件	光盘 \ 效果 \ 第 5 章 \5.4.3.psd、5.4.3.jpg
视频文件	光盘 \ 视频 \ 第 5 章 \5.4.3 运用"色彩平衡"命令调整移动 UI 图像 .mp4

步骤 01 单击"文件"|"打开"命令，打开一幅素材图像，如图 5-51 所示。

步骤 02 选择"背景"图层，单击"图像"|"调整"|"色彩平衡"命令，如图 5-52 所示。

图 5-51 打开素材图像

图 5-52 单击"色彩平衡"命令

步骤 03 弹出"色彩平衡"对话框，设置"色阶"为 18、-22、21，如图 5-53 所示。

步骤 **04** 单击"确定"按钮，即可调整图像偏色，效果如图 5-54 所示。

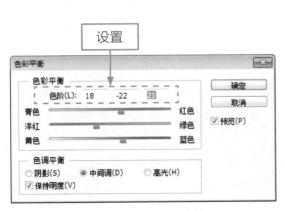

设置

图 5-53 设置相应参数　　　　　　　　　　　图 5-54 最终效果

专家指点

在 Photoshop CC 中，用户可以按【Ctrl + B】组合键，调出"色彩平衡"对话框，并调整图像偏色。

5.4.4 运用"替换颜色"命令调整移动 UI 图像

调整移动 UI 界面图像的色彩时，运用"替换颜色"命令能够基于特定颜色通过在图像中创建蒙版来调整色相、饱和度和明度，"替换颜色"命令能够将整幅图像或者选定区域的颜色用指定的颜色替换。

单击"图像"|"调整"|"替换颜色"命令，弹出"替换颜色"对话框，如图 5-55 所示。

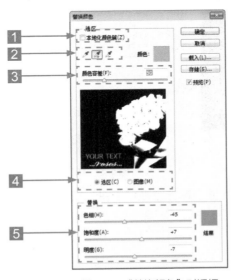

图 5-55 "替换颜色"对话框

"替换颜色"对话框中各选项的主要含义如下：

1 **本地化颜色簇**：该复选框主要用来在图像上选择多种颜色。

2 **吸管**：单击"吸管工具"按钮后，在图像上单击鼠标左键可以选中单击点处的颜色，同时在"选区"缩略图中也会显示出选中的颜色区域；单击"添加到取样"按钮 后，在图像上单击鼠标左键，可以将单击点处的颜色添加到选中的颜色中；单击"从取样中减去"按钮后，在图像上单击鼠标左键，可以将单击点处的颜色从选定的颜色中减去。

3 **颜色容差**：该选项用来控制选中颜色的范围，数值越大，选中的颜色范围越广。

4 **选区 / 图像**：选中"选区"单选按钮，可以以蒙版方式进行显示，其中白色表示选中的颜色，黑色表示未选中的颜色，灰色表示只选中了部分颜色；选中"图像"单选按钮，则只显示图像。

5 **色相 / 饱和度 / 明度**：这 3 个选项与"色相 / 饱和度"命令中的 3 个选项相同，可以调整选定颜色的色相、饱和度和明度。

下面详细介绍运用"替换颜色"命令调整移动 UI 图像的操作方法。

素材文件	光盘 \ 素材 \ 第 5 章 \5.4.4.jpg	
效果文件	光盘 \ 效果 \ 第 5 章 \5.4.4.jpg	
视频文件	光盘 \ 视频 \ 第 5 章 \5.4.4 运用"替换颜色"命令调整移动 UI 图像 .mp4	

步骤 01 单击"文件"|"打开"命令，打开一幅素材图像，如图 5-56 所示。

步骤 02 单击"图像"|"调整"|"替换颜色"命令，如图 5-57 所示。

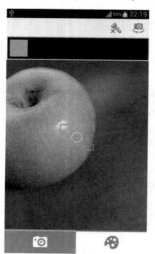

图 5-56 打开素材图像

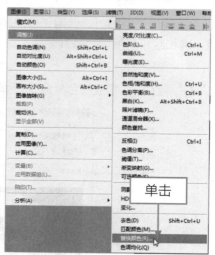

图 5-57 单击"替换颜色"命令

步骤 03 弹出"替换颜色"对话框，单击"吸管工具"按钮，在黑色矩形框中的适当位置单击鼠标左键，单击"添加到取样"按钮，在苹果图案上多次单击鼠标左键，选中苹果图案，如图 5-58 所示。

步骤 04 单击"结果"色块，弹出"拾色器（结果颜色）"对话框，设置 RGB 参数值分别为 213、45、73，如图 5-59 所示。

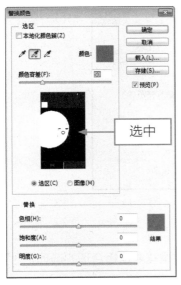

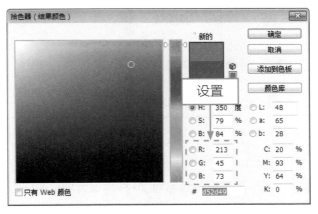

图 5-58 选中苹果蝶图案　　　　　图 5-59 设置相应参数

步骤 05　单击"确定"按钮，返回"替换颜色"对话框，如图 5-60 所示。

步骤 06　单击"确定"按钮，即可替换图像颜色，效果如图 5-61 所示。

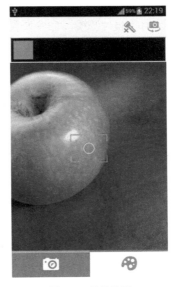

图 5-60　"替换颜色"对话框　　　　图 5-61　最终效果

5.4.5 运用"照片滤镜"命令调整移动 UI 图像

调整移动 UI 界面图像的色彩时，运用"照片滤镜"命令可以模仿镜头前面加彩色滤镜的效果，以便调整通过镜头传输的色彩平衡和色温。该命令还允许选择预设的颜色，以便为图像应用色相调整。

单击"图像"|"调整"|"照片滤镜"命令，弹出"照片滤镜"对话框，如图 5-62 所示。

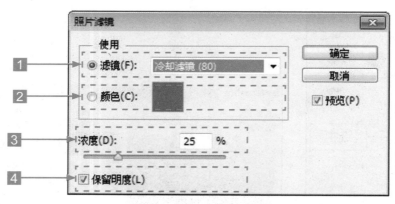

图 5-62 "照片滤镜"对话框

"照片滤镜"对话框中各选项的主要含义如下：

1 滤镜：该列表框中包含有 20 种预设选项，用户可以根据需要选择合适的选项，对图像进行调整。

2 颜色：单击该色块，在弹出的"拾色器"对话框中可以自定义一种颜色作为图像的色调。

3 浓度：用于调整应用于图像的颜色数量，该值越大，应用的颜色色调越浓。

4 保留明度：选中该复选框，在调整颜色的同时保持原图像的亮度。

下面详细介绍运用"照片滤镜"命令调整移动 UI 图像的操作方法。

素材文件	光盘 \ 素材 \ 第 5 章 \5.4.5.jpg	
效果文件	光盘 \ 素材 \ 第 5 章 \5.4.5.jpg	
视频文件	光盘 \ 视频 \ 第 5 章 \5.4.5 运用"照片滤镜"命令调整移动 UI 图像 .mp4	

步骤 **01** 单击"文件"|"打开"命令，打开一幅素材图像，如图 5-63 所示。

步骤 **02** 单击"图像"|"调整"|"照片滤镜"命令，如图 5-64 所示。

图 5-63 打开素材图像

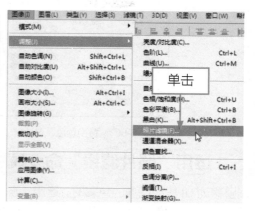

图 5-64 单击"照片滤镜"命令

步骤 **03** 弹出"照片滤镜"对话框，单击"滤镜"右侧的下拉按钮，在弹出的列表框中，选择"冷却滤镜（80）"选项，设置"浓度"为 80%，如图 5-65 所示。

步骤 04 单击"确定"按钮，即可过滤图像色调，效果如图 5-66 所示。

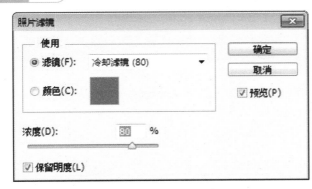

图 5-65 设置相应参数

图 5-66 最终效果

5.4.6 运用"通道混合器"命令调整移动 UI 图像

调整移动 UI 界面图像的色彩时，运用"通道混合器"命令可以用当前颜色通道的混合器修改颜色通道，但在使用该命令前要选择复合通道。

单击"图像"|"调整"|"通道混合器"命令，即可弹出"通道混合器"对话框，如图 5-67 所示。

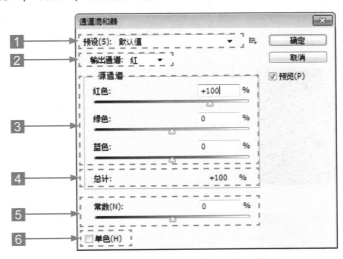

图 5-67 "通道混合器"对话框

"通道混合器"对话框中各选项的主要含义如下：

1 预设：该列表框中包含了 Photoshop 提供的预设调整设置文件，其中包括"红外线的黑白"、"使用蓝色滤镜的黑白"、"使用绿色滤镜的黑白"、"使用橙色滤镜的黑白"、"使用红色滤镜的黑白"以及"使用黄色滤镜的黑白"，选择不同的选项会产生不同的效果。

2 输出通道：可以选择要调整的通道。

3 源通道：用来设置输出通道中源通道所占的百分比。

4 总计：显示了通道的总计值。

⑤ **常数**：用来调整输出通道的灰度值。

⑥ **单色**：选中该复选框，可以将彩色图像转换为黑白效果。

专家指点

运用"通道混合器"命令有以下 4 个优点：

* 可以进行创造性的颜色调整，这是其他颜色调整工具不易做到的。

* 创建高质量的深棕色或其他色调的图像。

* 将图像转换到一些备选色彩空间。

* 可以交换或复制通道。

下面详细介绍运用"通道混合器"命令调整移动 UI 图像的操作方法。

素材文件	光盘 \ 素材 \ 第 5 章 \5.4.6.psd
效果文件	光盘 \ 效果 \ 第 5 章 \ 5.4.6.psd、5.4.6.jpg
视频文件	光盘 \ 视频 \ 第 5 章 \5.4.6 运用"通道混合器"命令调整移动 UI 图像 .mp4

步骤 01 单击"文件"|"打开"命令，打开一幅素材图像，如图 5-68 所示。

步骤 02 选择"图层 1"图层，单击"图像"|"调整"|"通道混合器"命令，如图 5-69 所示。

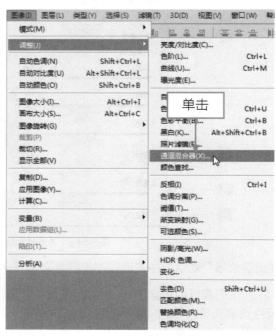

图 5-68 打开素材图像　　　　图 5-69 单击"通道混合器"命令

步骤 03 弹出"通道混合器"对话框，设置"绿色"为 128%，如图 5-70 所示。

步骤 04 单击"确定"按钮，即可调整图像色彩，效果如图 5-71 所示。

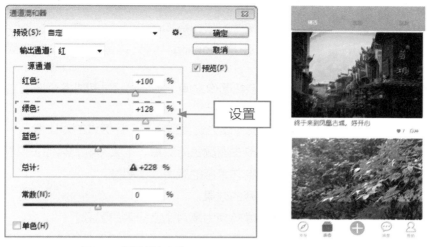

图 5-70 设置相应参数　　　　　　　　　图 5-71 最终效果

5.4.7 运用"去色"命令调整移动 UI 图像

调整移动 UI 界面图像的色彩时，运用"去色"命令可以将彩色图像转换为灰度图像，同时图像的颜色模式保持不变。在 Photoshop CC 中，用户可以根据需要，通过"去色"命令制作灰度图像。按【Shift + Ctrl + U】组合键，也可以将窗口中的图像去色，制作灰度图像。

下面详细介绍运用"去色"命令调整移动 UI 图像的操作方法。

素材文件	光盘 \ 素材 \ 第 5 章 \5.4.7.jpg
效果文件	光盘 \ 效果 \ 第 5 章 \5.4.7.jpg
视频文件	光盘 \ 视频 \ 第 5 章 \5.4.7 运用"去色"命令调整移动 UI 图像 .mp4

步骤 01 单击"文件"|"打开"命令，打开一幅素材图像，如图 5-72 所示。

步骤 02 单击"图像"|"调整"|"去色"命令，即可制作灰度图像，效果如图 5-73 所示。

图 5-72 素材图像　　　　　　　　　图 5-73 最终效果

专家指点

除了以上介绍的色彩调整命令外，在 Photoshop 中还可以运用以下命令调整移动 UI 界面的图像色彩。

* "匹配颜色"命令：匹配一幅或多幅图像之间、多个图层之间或多个选区之间的颜色，可以调整图像的明度、饱和度以及颜色平衡。

* "阴影 / 高光"命令：快速调整图像曝光过度或曝光不足区域的对比度。

* "可选颜色"命令：选择性地修改主要颜色的数量，不会影响到其他主要颜色。

* "黑白"命令：将图像调整为具有艺术感的黑白效果图像。

* "反相"命令：制作类似照片底片的效果。

* "阈值"命令：将灰度或彩色图像转换为高对比度的黑白图像。

* "变化"命令：简单直观的图像调整工具，在调整图像的颜色平衡、对比度以及饱和度的同时，能看到图像调整前和调整后的缩略图，使调整更为简单、明了。

* "HDR 色调"命令：使亮的地方更亮，暗的地方更暗，亮部和暗部细节更加明显。

* "色调均化"命令：重新分布像素的亮度值。

* "色调分离"命令：指定图像中每个通道的色调级或亮度值的数目。

* "渐变映射"命令：将图像灰度范围映射到指定的渐变填充色。

⓪⑥ 移动 UI 的 图形图像设计

学习提示

　　本章主要介绍绘制移动 UI 图形图像时经常用到的工具的操作方法，例如画笔工具、路径工具、修饰工具等，帮助用户了解其使用方法，以便在移动 UI 界面设计的实际操作中能运用自如。

本章案例导航

- 选择设计移动 UI 界面的画笔
- 选择设计移动 UI 界面的颜色
- 认识与管理"画笔"面板
- 运用画笔工具设计移动 UI 界面
- 添加和删除锚点
- 平滑和尖突锚点
- 连接和断开路径

- 复制移动 UI 界面图像
- 修复移动 UI 界面图像
- 恢复移动 UI 界面图像
- 修饰移动 UI 界面图像
- 清除移动 UI 界面图像
- 调色移动 UI 界面图像

6.1 移动 UI 图像设计的绘图基础

Photoshop 被人们称为图形图像处理软件，但 Photoshop 自 7.0 版本之后，就大大增强了绘画功能，从而使其成为一款优秀的图形图像处理及绘图软件。

当今时代，手工绘画已经进步到了电脑绘画，虽然在两者之间绘画的方式产生了巨大的区别，但其流程与思路还是基本相同的。

6.1.1 选择设计移动 UI 界面的画笔

在手工绘画中，纸的选择是多种多样的，可以在普通白纸上绘画，也可以在宣纸上绘画，还可以在各式的画布上进行绘画，从而得到风格迥异的绘画作品。

在 Photoshop CC 中进行移动 UI 界面设计时，也需要创建一个绘画或作图区域，在通常情况下创建的文档为空白图像。另外，移动 APP 对于绘图区域的尺寸及分辨率也有一定的要求。例如，iPhone 手机的界面尺寸通常为：320×480、640×960、640×1136，如图 6-1 所示；iPad 界面尺寸通常为：1024×768、2048×1536；单位为：72dpi。

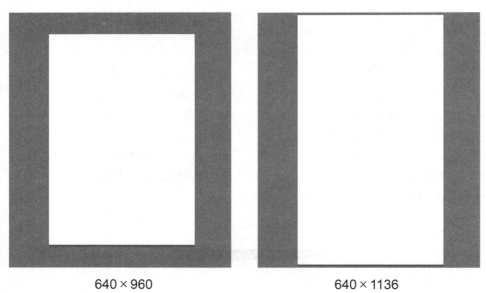

640×960   640×1136

图 6-1 iPhone 手机的界面尺寸

专家指点

不过，在设计的时候并不是每个尺寸都要做一套，尺寸可以按自己的手机来设计，比较方便预览效果。

在手工绘画中，画笔的类型非常之多，就毛笔而言，在绘画或书写时，可以选择羊毫笔或狼毫笔，还可以选择大毫、中毫或小毫等。

在 Photoshop 中除了画笔工具外，还可以运用铅笔工具、钢笔工具来进行绘画，同时还可以通过"画笔"面板精确控制画笔的大小，绘制出粗细不同的线条，如图 6-2 所示。

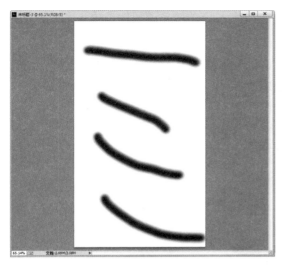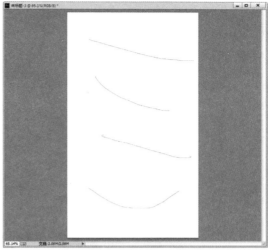

图 6-2 不同画笔大小的图像效果

6.1.2 选择设计移动 UI 界面的颜色

在移动 UI 界面图像的设计过程中，大多数绘画作品都需要使用五颜六色的颜料或使用调色盘自己调配出需要的颜色，因此在这一个步骤中应该选择合适的颜料。

Photoshop 中颜色的选择不仅在手段上比较丰富，而且颜色的选择范围也广泛了很多，用户可以在电脑中调配出上百万种不同的颜色，有些颜色之间的差别是人眼无法分辨出来的。图 6-3 所示为不同画笔颜色的图像效果。

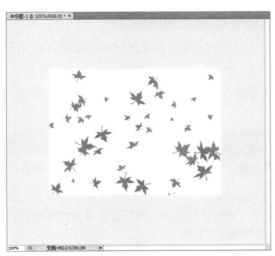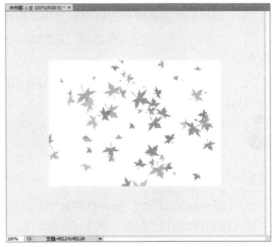

图 6-3 不同画笔颜色的图像效果

6.1.3 认识与管理"画笔"面板

在移动 UI 界面图像的设计过程中，最常用的 Photoshop 绘图工具有画笔工具、铅笔工具，使用它们可以像使用传统手绘的画笔一样，但比传统手绘更为灵活的是，可以随意修改画笔样式、大小以及颜色，使用画笔工具可以在图像中绘制以前景色填充的线条或柔边笔触。灵活地运用各种画笔及画笔的属性，对其进行相应的设置，将会制作出丰富多彩的图像效果。

单击"窗口"|"画笔"命令或按【F5】键，可弹出"画笔"面板，如图 6-4 所示。

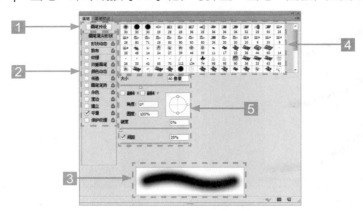

图 6-4 "画笔"面板

"画笔"面板中各选项的主要含义如下：

[1] "画笔预设"按钮：单击"画笔预设"按钮，可以打开"画笔预设"面板，选择所需要的画笔形状。

[2] 动态参数区：在该区域中列出了可以设置动态参数的选项，其中包含画笔笔尖形状、形状动态、散布、纹理、双重画笔、颜色动态、传递、画笔笔势、杂色、建立、湿边、喷枪、平滑、保护纹理 12 个选项。

[3] 预览区：在该区域中可以看到根据当前的画笔属性而生成的预览图。

[4] 画笔选择框：该区域在选择"画笔笔尖形状"选项时出现，在该区域中可以选择要用于绘图的画笔。

[5] 参数区：该区域中列出了与当前所选的动态参数相对应的参数，在选择不同的选项时，该区域所列的参数也不相同。

专家指点

画笔工具的各种属性主要是通过"画笔"面板来实现的，在面板中可以对画笔笔触进行更加详细的设置，从而可以获取丰富的画笔效果。

在 Photoshop CC 中，用户熟练掌握画笔的操作，对设计移动 UI 界面图像将会大有好处。下面主要向读者详细介绍重置、保存、删除、载入画笔的操作方法。

1. 复位画笔

在 Photoshop 中，"复位画笔"选项可以清除用户当前定义的所有画笔类型，并恢复到系统默认设置。选取工具箱中的画笔工具，移动鼠标至工具属性栏中，单击"点可按开画笔预设选取器"按钮，弹出"画笔预设"选取器，单击右上角的设置图标按钮 ，在弹出的快捷菜单中选择"复位画笔"选项，如图 6-5 所示。执行操作后，将弹出信息提示框，如图 6-6 所示，单击"确定"按钮，将再次弹出信息提示框，单击"否"按钮，即可重置画笔。

图 6-5 选择"复位画笔"选项　　　　　　　　图 6-6 信息提示框

"画笔预设"选取器中的主要选项的含义如下：

1 大小：拖动滑块或者在文本框中输入数值可以调整画笔的大小。

2 硬度：用来设置画笔笔尖的硬度。

3 从此画笔创建新的预设：单击该按钮，可以弹出"画笔名称"对话框，输入画笔的名称后，单击"确定"按钮，可以将当前画笔保存为一个预设的画笔。

4 画笔形状：在 Photoshop CC 中，提供了 3 种类型的笔尖：圆形笔尖、毛刷笔尖以及图像样本笔尖。

2. 保存画笔

保存画笔可以存储当前用户使用的画笔属性及参数，并以文件的方式保存在用户指定的文件夹中，以便用户在使用其他电脑时，快速载入使用。

选取工具箱中的画笔工具，移动鼠标至工具属性栏中，单击"点按可打开'画笔预设'选取器"按钮，弹出"画笔预设"选取器，单击右上角的设置图标按钮，在弹出的快捷菜单中选择"存储画笔"选项，如图 6-7 所示，执行操作后，弹出"存储"对话框，如图 6-8 所示，设置保存路径和文件名，单击"保存"按钮，即可保存画笔。

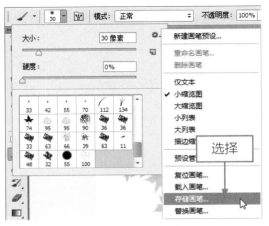 

图 6-7 选择"存储画笔"选项　　　　　　　　图 6-8 "存储"对话框

3. 删除画笔

用户可以根据需要对画笔进行删除操作：选取工具箱中的画笔工具，移动鼠标至工具属性栏中，单击"点按可打开'画笔预设'选取器"按钮，弹出"画笔预设"选取器，在其中选择一种画笔，单击鼠标右键，在弹出的快捷菜单中选择"删除画笔"选项，如图 6-9 所示，弹出信息提示框，如图 6-10 所示，单击"确定"按钮，即可删除画笔。

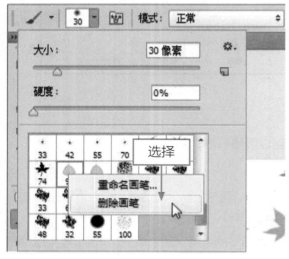

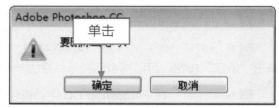

图 6-9 选择"删除画笔"选项　　　　　　　　　　图 6-10 信息提示框

4. 载入画笔

如果"画笔预设"面板中没有需要的画笔，就需要进行画笔载入操作。选取工具箱中的画笔工具，单击"画笔预设"选取器中的设置图标按钮，在弹出的快捷菜单中选择"载入画笔"选项，如图 6-11 所示，弹出"载入"对话框，选择合适的画笔选项，单击"载入"按钮，即可载入画笔。

图 6-11 选择"载入画笔"选项

6.1.4 运用画笔工具设计移动 UI 界面

在移动 UI 界面图像的设计过程中，当用户使用画笔工具进行绘图时，有时在"预设"面板中没有需要的画笔笔触，这时就要自己动手将需要的图案载入或定义成画笔笔触。

下面为读者详细介绍载入和自定义画笔的操作方法。

素材文件	光盘 \ 素材 \ 第 6 章 \6.1.4.psd
效果文件	光盘 \ 效果 \ 第 6 章 \6.1.4.psd、6.1.4.jpg
视频文件	光盘 \ 视频 \ 第 6 章 \6.1.4 运用画笔工具设计移动 UI 界面 .mp4

步骤 01 单击"文件"|"打开"命令，打开一幅素材图像，如图 6-12 所示。

步骤 02 选取工具箱中的画笔工具，单击"点按可打开'画笔预设'选取器"按钮·，即可弹出"画笔"面板，单击面板右上角的设置按钮 ，在弹出的快捷菜单中选择"特殊效果画笔"选项，如图 6-13 所示。

图 6-12 打开素材图像

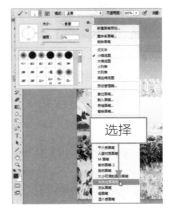

图 6-13 选择"特殊效果画笔"选项

步骤 03 弹出信息提示框，单击"追加"按钮，如图 6-14 所示。

步骤 04 执行操作后，即可将特殊效果画笔组中的画笔载入画笔预设框中，如图 6-15 所示。

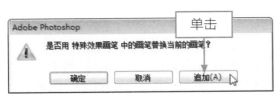

图 6-14 信息提示框

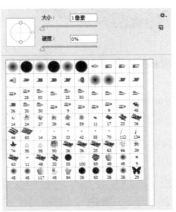

图 6-15 画笔预设框

步骤 05 设置前景色为红色（RGB 参数值分别为 248、6、20），如图 6-16 所示。

步骤 06 在预设调板中选择"缤纷蝴蝶"选项，设置"大小"为 50 像素，如图 6-17 所示。

图 6-16 设置前景色　　　　　　　　　　　图 6-17 设置画笔

步骤 07 在"背景"图层上新建"图层 1"图层，将鼠标指针移至图像编辑窗口中，单击鼠标左键，即可绘制画笔，如图 6-18 所示。

步骤 08 多次单击鼠标左键，得到最终效果，如图 6-19 所示。

图 6-18 信息提示框　　　　　　　　　　　图 6-19 绘制画笔

 专家指点

　　若只需要将打开图像中的某个图像定义为画笔，则在该图像上创建选区，再将图像定义画笔即可。

　　例如，选取工具箱中的磁性套索工具，在图像编辑窗口中沿着其中一个红心创建选区，如图 6-20 所示。单击"编辑"|"定义画笔预设"命令，弹出"画笔名称"对话框，设置相应的"名称"，单击"确定"按钮，即可定义图案，如图 6-21 所示。

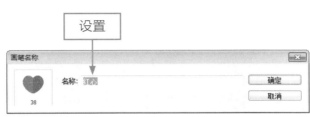

图 6-20 创建选区　　　　　　　　图 6-21　设置"名称"选项

　　按【Ctrl + D】组合键取消选区，设置前景色为红色，选取工具箱中的画笔工具，在工具属性栏中单击"点按可打开'画笔预设'选取器"按钮，在预设调板中，选择"红心"选项，如图 6-22 所示。在图像编辑窗口中的合适位置多次单击鼠标左键，即可将定义的画笔应用于图像中，效果如图 6-23 所示。

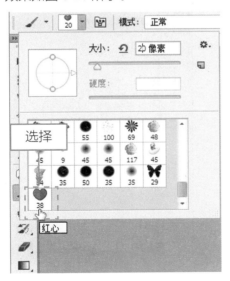

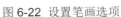

图 6-22　设置笔画选项　　　　　　图 6-23　绘制自定义画笔

　　画笔的功能十分强大，但也是较为复杂的工具，若要真正运用好画笔工具是有一定难度的。通过"画笔"面板，用户可以对画笔的属性，如笔尖形状、形状动态、散布等进行多种设置，运用好画笔的各种属性，对于制作出优秀的作品是非常重要的。另外，用户在一幅图像中应用了相应的画笔属性后，务必要还原画笔的属性，否则画笔的属性将一直存在，并应用于其他图像中。

6.2 移动 UI 图像的路径编辑技巧

在移动 UI 界面图像的设计过程中，编辑路径可以运用添加和删除锚点、平滑和尖突锚点，以及连接和断开路径，合理地运用这些工具，能得到更完整的路径图形。

6.2.1 添加和删除锚点

在移动 UI 界面图像的设计过程中，在图像中的路径被选中的情况下，运用添加锚点工具 直接单击要增加锚点的位置，即可增加一个锚点，运用删除锚点工具，选择需要删除的锚点，单击鼠标左键即可删除此锚点。

下面详细介绍添加和删除锚点的操作方法。

	素材文件	光盘 \ 素材 \ 第 6 章 \6.2.1.jpg
	效果文件	光盘 \ 效果 \ 第 6 章 \6.2.1.jpg
	视频文件	光盘 \ 视频 \ 第 6 章 \6.2.1 添加和删除锚点 .mp4

步骤 01 单击"文件"|"打开"命令，打开一幅素材图像，如图 6-24 所示。

步骤 02 单击"窗口"|"路径"命令，展开"路径"面板，选择"工作路径"路径，如图 6-25 所示。

图 6-24 打开素材图像

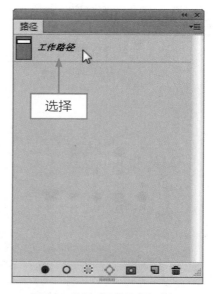

图 6-25 选择"工作路径"路径

 专家指点

在路径被选中的状态下，使用添加锚点工具直接单击要增加锚点的位置，即可增加一个锚点。使用钢笔工具 时，若移动鼠标至路径上的非锚点位置，则鼠标指针呈添加锚点形状 ；若移动鼠标至路径锚点上，则鼠标指针呈删除锚点形状 。

步骤 03 选取工具箱中的添加锚点工具 ，如图 6-26 所示。

步骤 04 移动鼠标至图像编辑窗口中的路径上，单击鼠标左键，即可添加锚点，如图 6-27 所示。

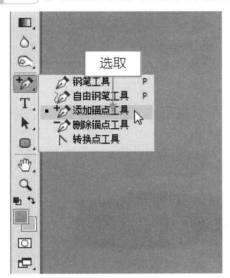

图 6-26 选取添加锚点工具

图 6-27 添加锚点

步骤 05 选取工具箱中的删除锚点工具 ，如图 6-28 所示。

步骤 06 移动鼠标至图像编辑窗口中路径上的相应锚点上，单击鼠标左键，即可删除该锚点，如图 6-29 所示。

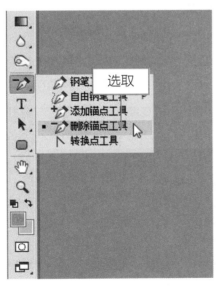

图 6-28 选取删除锚点工具

图 6-29 删除锚点

6.2.2 平滑和尖突锚点

在移动 UI 界面图像的设计过程中，当用户编辑锚点时，经常需要将一个两侧没有控制柄的直线型锚点转换为两侧具有控制柄的圆滑型锚点的操作，则可以平滑和尖突锚点。

下面详细介绍平滑和尖突锚点的操作方法。

素材文件	光盘 \ 素材 \ 第 6 章 \6.2.2.jpg	
效果文件	光盘 \ 效果 \ 第 6 章 \6.2.2.jpg	
视频文件	光盘 \ 视频 \ 第 6 章 \6.2.2 平滑和尖突锚点 .mp4	

步骤 01 单击 "文件" | "打开" 命令，打开一幅素材图像，如图 6-30 所示。

步骤 02 单击 "窗口" | "路径" 命令，展开 "路径" 面板，选择 "工作路径" 路径，显示路径，如图 6-31 所示。

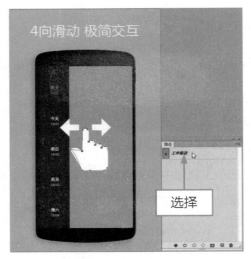

图 6-30 打开素材图像   图 6-31 显示路径

步骤 03 选取工具箱中的转换点工具，移动鼠标至图像编辑窗口中的路径上的锚点处，单击鼠标左键在路径上显示锚点，单击鼠标左键并拖曳，即可平滑锚点，如图 6-32 所示。

步骤 04 拖曳鼠标至路径的另一位置，按住【Ctrl】键的同时在锚点上单击鼠标左键并向下方拖曳，移动控制柄，即可尖突锚点，如图 6-33 所示。

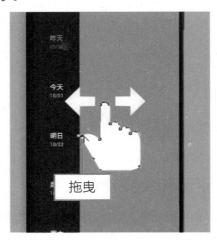

图 6-32 平滑锚点   图 6-33 尖突锚点

6.2.3 连接和断开路径

在移动 UI 界面图像的设计过程中，在图像路径被选中的情况下，选择单个或多组锚点，按【Delete】键，可将选中的锚点清除，将路径断开，运用钢笔工具，可以将断开的路径重新闭合。下面详细介绍连接和断开路径的操作方法。

素材文件	光盘 \ 素材 \ 第 6 章 \6.2.3.jpg
效果文件	光盘 \ 效果 \ 第 6 章 \6.2.3.jpg
视频文件	光盘 \ 视频 \ 第 6 章 \6.2.3 连接和断开路径 .mp4

步骤 01 单击"文件"|"打开"命令，打开一幅素材图像，如图 6-34 所示。

步骤 02 单击"窗口"|"路径"命令，展开"路径"面板，选择"工作路径"路径，显示路径，如图 6-35 所示。

图 6-34 素材图像

图 6-35 显示路径

专家指点

工作路径是一种临时性路径，其临时性体现在创建新的工作路径时，现有的工作路径将被删除，而且系统不会做任何提示，用户在以后的设计中还需要用到当前工作路径时，就应该将其保存。若"路径"面板中存在有不需要的路径，用户可以将其进行删除，以减小文件占用的空间。

* 存储路径：单击"窗口"|"路径"命令，展开"路径"面板，选择相应路径，单击面板右侧上方的下三角形按钮 ▾≡，在弹出的面板菜单中，选择"存储路径"选项，弹出"存储路径"对话框，设置"名称"为"茶杯"，单击"确定"按钮，即可存储路径。

* 删除路径：单击"路径"面板右上方的下三角形按钮 ▾≡，在弹出的面板菜单中选择"删除路径"选项，即可删除路径；在"路径"面板中选择需要删除的路径，再单击"编辑"|"清除"命令，也可以删除路径。

步骤 03 选取工具箱中的直接选择工具，如图 6-36 所示。

步骤 04 拖曳鼠标至需要断开的路径锚点上，单击鼠标左键，即可选中该锚点，如图 6-37 所示。

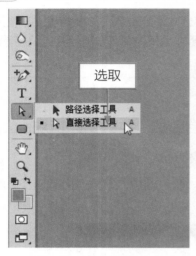

图 6-36 选取直接选择工具　　　　　　　　　图 6-37 选中锚点

步骤 05 按【Delete】键，即可断开路径，如图 6-38 所示。

步骤 06 选取工具箱中的钢笔工具，拖曳鼠标至断开路径的左开口上，单击鼠标左键，拖曳鼠标至右侧开口上，单击鼠标左键，即可连接路径，如图 6-39 所示。

图 6-38 断开路径　　　　　　　　　　　图 6-39 连接路径

6.3 移动 UI 图像的修饰与修复

　　Photoshop CC 的润色与修饰图像的功能是不可小觑的，它提供了丰富多样的润色与修饰图像的工具，正确、合理地运用各种工具修饰图像，才能制作出完美的移动 UI 界面 APP 效果。本节主要向读者介绍运用修饰工具修复移动 UI 界面图像的方法和技巧。

6.3.1 复制移动 UI 界面图像

在移动 UI 界面图像的设计过程中，经常需要对图像中的部分区域进行复制，运用 Photoshop 复制工具组中的仿制图章工具和图案图章工具，均可将需要的图像复制出来，通过设置"仿制源"面板参数可复制变化对等的图像效果。

1. 仿制图章工具

在设计移动 UI 界面图像时，使用仿制图章工具，可以对图像进行近似克隆的操作。在 Photoshop CC 中，仿制图章工具从图像中取样后，在图像窗口中的其他区域单击鼠标左键并拖曳，即可涂抹出一模一样的样本图像。选取工具箱中的仿制图章工具后，其工具属性栏如图 6-40 所示。

图 6-40 仿制图章工具属性栏

仿制图章工具的属性栏中各选项的主要含义如下：

1 "切换画笔面板"按钮：单击此按钮，展开"画笔"面板，可对画笔属性进行更具体的设置。

2 "切换到仿制源面板"按钮：单击此按钮，展开"仿制源"面板，可对仿制的源图像进行更加具体的管理和设置。

3 不透明度：用于设置应用仿制图章工具时画笔的不透明度。

4 流量：用于设置扩散速度。

5 对齐：选中该复选框，取样的图像源在应用时，若由于某些原因停止，再次仿制图像时，仍可从上次仿制结束的位置开始；若未选中该复选框，则每次仿制图像时，将是从取样点的位置开始应用。

6 样本：用于定义取样源的图层范围，主要包括"当前图层"、"当前和下方图层"、"所有图层"3 个选项。

7 "忽略调整图层"按钮：当设置"样本"为"当前和下方图层"或"所有图层"时，才能激活该按钮，选中该按钮，在定义取样源时可以忽略图层中的调整图层。

下面详细介绍运用仿制图章工具复制移动 UI 界面图案的操作方法。

素材文件	光盘 \ 素材 \ 第 6 章 \6.3.1a.jpg
效果文件	光盘 \ 效果 \ 第 6 章 \6.3.1a.jpg
视频文件	光盘 \ 视频 \ 第 6 章 \6.3.1 复制移动 UI 界面图像（1）.mp4

步骤 01 单击"文件"|"打开"命令，打开一幅素材图像，如图 6-41 所示。

步骤 02 选取工具箱中的仿制图章工具，如图 6-42 所示。

步骤 03 将鼠标指针移至图像窗口中的适当位置，按住【Alt】键的同时单击鼠标左键，进行取样，如图 6-43 所示。

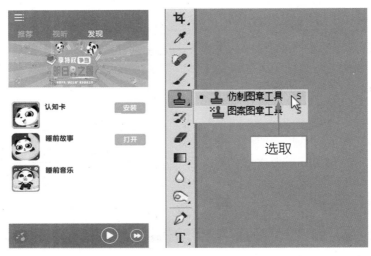

图 6-41 打开素材图像　　　　　　图 6-42 选取仿制图章工具

步骤　04　释放【Alt】键，将鼠标指针移至图像窗口下方，单击鼠标左键并拖曳，即可对样本对象进行复制，效果如图 6-44 所示。

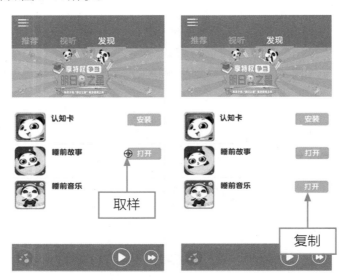

图 6-43 进行取样　　　　　　图 6-44 最终效果

专家指点

选取仿制图章工具后，用户可以在工具属性栏上，对仿制图章的属性，如画笔大小、模式、不透明度和流量进行相应的设置，经过相关属性的设置后，使用仿制图章工具所得到的效果也会有所不同。

2. 图案图章工具

在设计移动 UI 界面图像时，运用图案图章工具可以用定义好的图案来复制图像，它能在目标图像上连续绘制出选定区域的图像。选取工具箱中的图案图章工具后，其工具属性栏如图 6-45 所示。图案图章工具属性栏与仿制图章工具属性栏二者不同的是,图案图章工具只对当前图层起作用。

图 6-45 图案图章工具属性栏

图案图章工具的属性栏中各选项的主要含义如下:

1 对齐:选中该复选框后,可以保持图案与原始起点的连续性,即使多次单击鼠标也不例外;取消选中该复选框后,则每次单击鼠标都重新应用图案。

2 印象派效果:选中该复选框,则对图像产生模糊、朦胧化的印象派效果。

下面详细介绍运用图案图章工具复制移动 UI 界面图案的操作方法。

	素材文件	光盘 \ 素材 \ 第 6 章 \6.3.1b.jpg
	效果文件	光盘 \ 效果 \ 第 6 章 \ 6.3.1b.psd、6.3.1b.jpg
	视频文件	光盘 \ 视频 \ 第 6 章 \6.3.1 复制移动 UI 界面图像（2）.mp4

步骤 01 单击"文件"|"打开"命令,打开一幅素材图像,如图 6-46 所示。

步骤 02 运用矩形选框工具在图像上创建一个矩形选区,如图 6-47 所示。

图 6-46 打开素材图像　　　　　　　　　　　　图 6-47 创建矩形选区

步骤 03 单击"编辑"|"定义图案"命令,如图 6-48 所示。

步骤 04 弹出"图案名称"对话框,设置"名称"为"海豚",如图 6-49 所示。

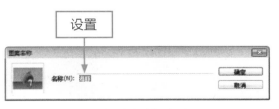

图 6-48 单击"定义图案"命令　　　　　　　　图 6-49 "图案名称"对话框

步骤 05 单击"确定"按钮，即可定义图案，并取消选区，如图 6-50 所示。

步骤 06 在"图层"面板中新建"图层 1"图层，如图 6-51 所示。

图 6-50 取消选区

图 6-51 新建"图层 1"图层

步骤 07 选取工具箱中的图案图章工具，在工具属性栏中，设置画笔"大小"为 100，选择"图案"为"海豚"，如图 6-52 所示。

步骤 08 移动鼠标至图像编辑窗口中适当位置处，单击鼠标左键并拖曳，即可使用图案图章工具复制图像，并适当调整图案的位置，效果如图 6-53 所示。

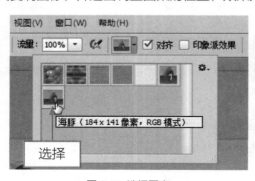

图 6-52 选择图案

图 6-53 最终效果

3. "仿制源"面板

在设计移动 UI 界面图像时，用户可以通过设置"仿制源"面板中的各个选项，复制出大小不同、形状各异的图像。单击"窗口"|"仿制源"命令，展开"仿制源"面板，如图 6-54 所示。

"仿制源"面板中各选项的主要含义如下：

1 "仿制源"按钮组：用于定义不同的仿制源。

2 位移：用于定义进行仿制操作时，图像产生的位移、旋转角度、缩放比例等情况。

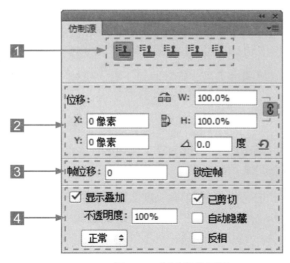

图 6-54 "仿制源"面板

3 帧位移：用于处理仿制动画。

4 状态：用于定义进行仿制时显示的状态。

使用"仿制源"面板可以创建多个仿制源，选取工具箱中的仿制图章工具，移动鼠标至图像编辑窗口中，按住【Alt】键进行取样，如图 6-55 所示。单击"窗口"|"仿制源"命令，展开"仿制源"面板，设置相应的"旋转仿制源"选项参数，如图 6-56 所示。

图 6-55 进行取样

图 6-56 设置"旋转仿制源"参数

移动鼠标至图像编辑窗口中，单击鼠标左键并拖曳，即可运用"仿制源"面板复制出角度不同的图像效果，如图 6-57 所示。

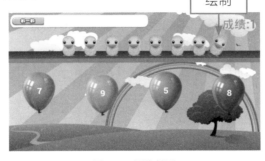

图 6-57 图像效果

6.3.2 修复移动 UI 界面图像

运用各种修饰工具，可以将移动 UI 界面图像中的杂物、污点或瑕疵处理掉，使图像更加美观。

下面主要向读者介绍污点修复画笔工具、修复画笔工具、修补工具修复移动 UI 界面图像的操作方法。

1. 污点修复画笔工具

在设计移动 UI 界面图像时，运用污点修复画笔工具只需在图像中有杂色或污渍的地方单击鼠标左键拖曳，进行涂抹即可修复图像。

污点修复画笔工具可以自动进行像素的取样，选取工具箱中的污点修复画笔工具，其工具属性栏如图 6-58 所示。

图 6-58 污点修复画笔工具属性栏

污点修复画笔工具属性栏中各选项的主要含义如下：

1 模式：在该列表框中可以设置修复图像与目标图像之间的混合方式。

2 近似匹配：选中该单选按钮后，在修复图像时，将根据当前图像周围的像素来修复瑕疵。

3 创建纹理：选中该单选按钮后，在修复图像时，将根据当前图像周围的纹理自动创建一个相似的纹理，从而在修复瑕疵的同时保证不改变原图像的纹理。

4 内容识别：选中该单选按钮后，在修复图像时，将根据当前图像的内容识别像素并自动填充。

下面详细介绍运用污点修复画笔工具修复移动 UI 图像的操作方法。

素材文件	光盘\素材\第 6 章\6.3.2a.jpg
效果文件	光盘\效果\第 6 章\6.3.2a.jpg
视频文件	光盘\视频\第 6 章\6.3.2 修复移动 UI 界面图像（1）.mp4

步骤 01 单击"文件"|"打开"命令，打开一幅素材图像，如图 6-59 所示。

步骤 02 选取工具箱中的污点修复画笔工具，如图 6-60 所示。

步骤 03 移动鼠标至图像编辑窗口中的合适位置，单击鼠标左键并拖曳，对图像进行涂抹，鼠标涂抹过的区域呈黑色显示，如图 6-61 所示。

步骤 04 释放鼠标左键，即可使用污点修复画笔工具修复图像，效果如图 6-62 所示。

专家指点

Photoshop CC 中的污点修复画笔工具能够自动分析鼠标单击处及周围图像的不透明度、颜色与质感，从而进行采样与修复操作。

图 6-59 打开素材图像

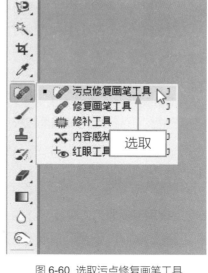

图 6-60 选取污点修复画笔工具

图 6-61 涂抹图像

图 6-62 最终效果

2. 修复画笔工具

在设计移动 UI 界面图像时，修复画笔工具在修饰小部分图像时会经常用到。在使用"修复画笔工具"时，应先对图像进行取样，然后将取样的图像填充到要修复的目标区域，使修复的区域和周围的图像相融合，还可以将所选择的图案应用到要修复的图像区域中。选取工具箱中的修复画笔工具，其工具属性栏如图 6-63 所示。

图 6-63 修复画笔工具属性栏

修复画笔工具属性栏中各选项的主要含义如下：

1 模式：在列表框中可以设置修复图像的混合模式。

2 源：设置用于修复像素的源。选中"取样"单选按钮，可以从图像的像素上取样；选中"图案"单选按钮，则可以在图案列表框中选择一个图案作为取样，效果类似于使用图案图章绘制图案。

3 对齐：选中该复选框，可以对像素进行连续取样，在修复过程中，取样点随修复位置的移动而变化；取消选中该复选框，则在修复过程中始终以一个取样点为起始点。

4 样本：用来设置从指定的图层中进行数据取样。如果要从当前图层及其下方的可见图层中取样，可以选择"当前和下方图层"选项；如果仅从当前图层中取样，可以选择"当前图层"选项；如果要从所有可见图层中取样，可选择"所有图层"选项。

下面详细介绍运用修复画笔工具修复移动 UI 图像的操作方法。

素材文件	光盘 \ 素材 \ 第 6 章 \6.3.2b.jpg
效果文件	光盘 \ 效果 \ 第 6 章 \6.3.2b.jpg
视频文件	光盘 \ 视频 \ 第 6 章 \6.3.2 修复移动 UI 界面图像（2）.mp4

步骤 01 单击"文件"|"打开"命令，打开一幅素材图像，如图 6-64 所示。

步骤 02 选取工具箱中的修复画笔工具，如图 6-65 所示。

图 6-64 打开素材图像

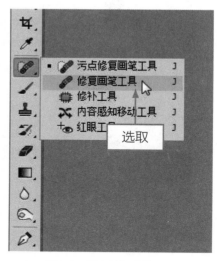

图 6-65 选取修复画笔工具

专家指点

运用修复画笔工具修复图像时，先将素材图像放大，然后再进行修复，可以使操作更精确。

步骤 03 将鼠标指针移至图像窗口中的空白处，按住【Alt】键的同时单击鼠标左键进行取样，如图 6-66 所示。

步骤 04 释放鼠标左键，将鼠标指针移至瑕疵处，按住鼠标左键并拖曳，至合适位置后释放鼠标，反复操作，即可修复图像，效果如图 6-67 所示。

图 6-66 进行取样　　　　图 6-67 最终效果

3. 修补工具

在设计移动 UI 界面图像时，通过修补工具可以用其他区域或图案中的像素来修复选区内的图像。选取工具箱中的修补工具，其工具属性栏如图 6-68 所示。

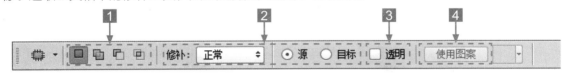

图 6-68 修补工具属性栏

修补工具属性栏中各选项的主要含义如下：

1 运算按钮：是针对应用创建选区的工具进行的操作，可以对选区进行新建、添加、减小、交叉等操作。

2 修补：用来设置修补方式。选中"源"单选按钮，当将选区拖曳至要修补的区域以后，释放鼠标左键就会用当前选区中的图像修补原来选中的内容；选中"目标"单选按钮，则会将选中的图像复制到目标区域。

3 透明：该复选框用于设置所修复图像的透明度。

4 使用图案：选中该复选框后，可以应用图案对所选区域进行修复。

专家指点

使用修补工具可以用其他区域或图案中的像素来修复选中的区域，还可以使用修补工具来仿制图像的隔离区域。

修补工具与修复画笔工具一样，能够将样本像素的纹理、光照和阴影与原像素进行匹配。选取工具箱中的修补工具，移动鼠标至图像编辑窗口中，在需要修补的位置单击鼠标左键并拖曳，创建一个选区，如图 6-69 所示。

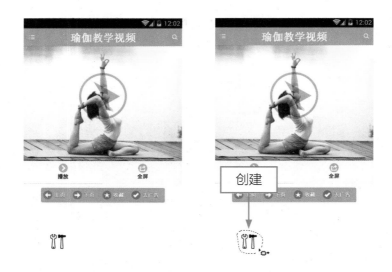

图 6-69 创建选区

单击鼠标左键并拖曳选区至图像颜色相近的位置，如图 6-70 所示。释放鼠标左键，即可完成修补操作，单击"选择"|"取消选择"命令，取消选区，效果如图 6-71 所示。

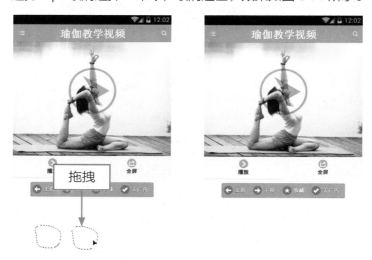

图 6-70 拖曳选区   图 6-71 修复图像

6.3.3 恢复移动 UI 界面图像

在移动 UI 界面图像的设计过程中，可以利用 Photoshop CC 中的恢复图像工具恢复编辑过程中某一步骤，或者某一部分。下面主要向读者介绍历史记录画笔工具和历史记录艺术画笔工具的操作方法。

1. 运用历史记录画笔工具恢复图像

在设计移动 UI 界面图像时，运用历史记录画笔工具可以将图像恢复到编辑过程中的某一步骤状态，或者将部分图像恢复为原样，该工具需要配合"历史记录"面板一同使用。如图 6-72 所示，为高斯模糊后运用历史记录画笔工具恢复部分图像。

图 6-72 运用历史记录画笔工具恢复部分图像

2. 运用历史记录艺术画笔工具绘制图像

在设计移动 UI 界面图像时，用户可以根据需要，利用历史记录艺术画笔工具恢复图像。

历史记录艺术画笔工具与历史记录画笔的工作方式完全相同，它们的不同点在于，使用历史记录画笔工具可以将局部图像恢复到指定的某一步操作，而使用历史记录艺术画笔工具可以将局部图像按照指定的历史状态换成手绘图像的效果，它在恢复图像的同时会进行艺术化处理，创建出独具特色的艺术效果。

选取工具箱中的历史记录艺术画笔工具，其工具属性栏如图 6-73 所示。

图 6-73 历史记录艺术画笔工具属性栏

历史记录艺术画笔工具属性栏中各选项的主要含义如下：

1 样式：可以选择一个选项来控制绘画描边的形状，包括"绷紧短"、"绷紧中"和"绷紧长"等。

2 区域：用来设置绘画描边所覆盖的区域，该值越高，覆盖的区域越大，描边的数量也越多。

3 容差：容差值可以限定可应用绘画描边的区域，低容差可用于在图像中的任何地方绘制无数条描边，高容差会将绘画描边限定在与源状态或快照中的颜色明显不同的区域。

如图 6-74 所示为运用历史记录艺术画笔工具绘制图像的前后对比。

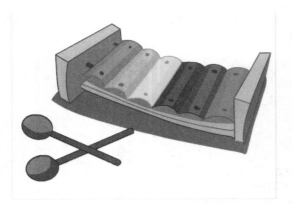 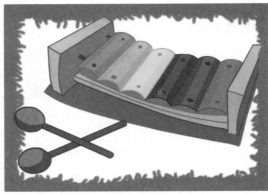

图 6-74 运用历史记录艺术画笔工具恢复部分图像

6.3.4 修饰移动 UI 界面图像

在移动 UI 界面图像的设计过程中，修饰图像是指通过设置画笔笔触参数，在图像上涂抹以修饰图像中的细节部分。修饰图像工具包括模糊工具、锐化工具以及涂抹工具。下面主要向读者介绍使用各种修饰图像工具修饰图像的操作方法。

1. 模糊工具

在设计移动 UI 界面图像时，运用模糊工具可以将突出的色彩打散，使得僵硬的图像边界变得柔和，颜色的过渡变得平缓、自然，从而模糊过于锐利的图像。选取工具箱中的模糊工具后，其工具属性栏如图 6-75 所示。

图 6-75 模糊工具属性栏

模糊工具的工具属性栏中各选项的主要含义如下：

1 "画笔预设"选取器：在"画笔预设"选取器中选择一个合适的画笔，选择的画笔越大，图像被模糊的区域也越大。

2 模式：可在该列表框中选择操作时所需的混合模式选项，它的作用与图层混合模式相同。

3 强度：可以控制模糊工具的强度。

4 对所有图层取样：选中"对所有图层取样"复选框，模糊操作应用在其他图层中，否则，操作效果只作用在当前图层中。

下面详细介绍运用模糊工具模糊移动 UI 图像的操作方法。

	素材文件	光盘 \ 素材 \ 第 6 章 \6.3.4a.psd
	效果文件	光盘 \ 效果 \ 第 6 章 \6.3.4a.psd、6.3.4a.jpg
	视频文件	光盘 \ 视频 \ 第 6 章 \6.3.4 修饰移动 UI 界面图像（1）.mp4

步骤 `01` 单击"文件"|"打开"命令，打开一幅素材图像，如图 6-76 所示。

步骤 `02` 选取工具箱中的模糊工具，如图 6-77 所示。

图 6-76 打开素材图像　　　　　　　　　　　图 6-77 选取模糊工具

步骤 `03` 在模糊工具属性栏中，设置"大小"为 100 像素，如图 6-78 所示。

步骤 `04` 选择"背景"图层，将鼠标指针移至素材图像上，单击鼠标左键在人物周围进行涂抹，即可模糊图像，效果如图 6-79 所示。

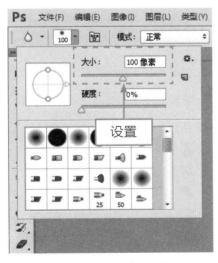

图 6-78 设置相应参数　　　　　　　　　　　图 6-79 最终效果

专家指点

　　许多初学者会认为使用了锐化工具后再来使用模糊工具，或者使用了模糊工具后再使用锐化工具，就可以使图像恢复到原来的状态，而事实上，即使设置相同的参数，涂抹相同的位置，也仍然无法回到原图像的效果。原因就在于，这里的任何一种操作都使图像信息受到一定程度的损失，因此使用相对应的方法或者工具并不能将其还原，也就是说这两种工具并不是可逆的。

2. 锐化工具

在设计移动 UI 界面图像时，运用锐化工具增加相邻像素的对比度，将较软的边缘明显化，使图像聚焦。锐化工具的作用与模糊工具的作用刚好相反，它用于锐化图像的部分像素，使这部分更清晰。选取工具箱中的锐化工具，其工具属性栏如图 6-80 所示。

图 6-80 锐化工具属性栏

锐化工具的工具属性栏中各选项的主要含义如下：

1 "画笔预设"选取器：用于选择合适的画笔，画笔越大，被锐化的区域就越大。

2 模式：用于设置锐化图像时的混合模式。

3 强度：用于控制锐化图像时的压力值，设置的数值越大，锐化的程度就越强。

4 对所有图层取样：选中该复选框，锐化效果将对所有图层中的图像起作用，否则，只作用于当前图层。

5 保护细节：选中该复选框，可以使图像更加清晰。

下面详细介绍运用锐化工具清晰移动 UI 图像的操作方法。

素材文件	光盘 \ 素材 \ 第 6 章 \6.3.4b.jpg	
效果文件	光盘 \ 效果 \ 第 6 章 \6.3.4b.jpg	
视频文件	光盘 \ 视频 \ 第 6 章 \6.3.4 修饰移动 UI 界面图像（2）.mp4	

步骤 **01** 单击"文件"|"打开"命令，打开一幅素材图像，如图 6-81 所示。

步骤 **02** 选取工具箱中的锐化工具，如图 6-82 所示。

图 6-81 打开素材图像

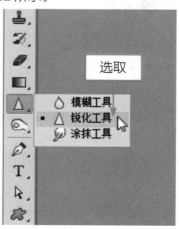

图 6-82 选取锐化工具

步骤 **03** 在锐化工具属性栏中，设置"大小"为 70 像素，如图 6-83 所示。

步骤 **04** 将鼠标指针移至素材图像上，单击鼠标左键在图像上进行涂抹，即可锐化图像，效果如图 6-84 所示。

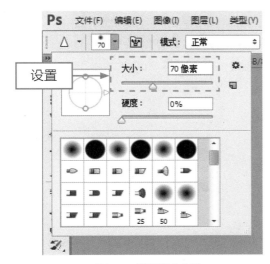

图 6-83 设置相应参数　　　　　　　　　　图 6-84 最终效果

专家指点

锐化工具可增加相邻像素的对比度，将较软的边缘明显化，使图像聚焦。此工具不适合过度使用，否则将会导致图像严重失真。

3. 涂抹工具

在设计移动 UI 界面图像时，运用涂抹工具可以用来混合颜色。选取工具箱中的涂抹工具后，其工具属性栏如图 6-85 所示。

图 6-85 涂抹工具属性栏

涂抹工具的工具属性栏中各选项的主要含义如下：

1 强度：用来控制手指作用在画面上的工作力度。默认的"强度"为 50%，"强度"数值越大，手指拖出的线条就越长，反之则越短。如果"强度"设置为 100% 时，则可拖出无限长的线条来，直至松开鼠标左键。

2 对所有图像取样：选中该工具属性栏中的"对所有图层取样"复选框，可以对所有图层中的颜色进行涂抹，取消选择该复选框，则只对当前图层的颜色进行涂抹。

3 手指绘画：选中"手指绘画"复选框，可以从起点描边处使用前景色进行涂抹；取消选择该复选框，则涂抹工具只会在起点描边处用所指定的颜色进行涂抹。

在 Photoshop CC 中，使用涂抹工具，可以从鼠标单击处开始，将涂抹工具与鼠标指针经过处的颜色混合，效果如图 6-86 所示。

图 6-86 混合颜色效果

6.3.5 清除移动 UI 界面图像

清除图像的工具一共有 3 种，分别是橡皮擦工具、背景橡皮擦工具、魔术橡皮擦工具。在移动 UI 界面图像的设计过程中，运用橡皮擦工具和魔术橡皮擦工具可以将图像区域擦除为透明或用背景色填充；运用背景色橡皮擦工具可以将图层擦除为透明的图层。下面主要向读者介绍使用各种清除图像工具清除移动 UI 界面图像的操作方法。

1. 橡皮擦工具

在设计移动 UI 界面图像时，运用橡皮擦工具可以擦除图像。选取工具箱中的橡皮擦工具后，其工具属性栏如图 6-87 所示。

图 6-87 橡皮擦工具属性栏

橡皮擦工具的工具属性栏中各选项的主要含义如下：

1 模式：在该列表框中选择的橡皮擦类型有画笔、铅笔和块。当选择不同的橡皮擦类型时，工具属性栏也不同。选择"画笔"、"铅笔"选项时，与画笔和铅笔工具的用法相似，只是绘画和擦除的区别；选择"块"选项，就是一个方形的橡皮擦。

2 不透明度：在数值框中输入数值或拖动滑块，可以设置橡皮擦的不透明度。

3 流量：用来控制工具的涂抹速度。

4 "启用喷枪样式的建立效果"按钮：单击"启用喷枪样式的建立效果"按钮，将以喷枪工具的作图模式进行擦除。

5 抹到历史记录：选中此复选框后，将橡皮擦工具移动到图像上时则变成图案，可以将图像恢复到历史面板中任何一个状态或图像的任何一个"快照"。

橡皮擦工具处理"背景"图层或锁定了透明区域的图层，涂抹区域则会显示为背景色，如图 6-88 所示。

图 6-88 擦除图像

处理其他图层时，橡皮擦工具可以擦除涂抹区域的像素，而不影响其他图层，如图 6-89 所示。

图 6-89 擦除涂抹区域的像素

2. 背景橡皮擦工具

在设计移动 UI 界面图像时，运用背景橡皮擦工具可以快速擦除图像的背景区域。背景橡皮擦工具擦除的图像以透明效果进行显示，其擦除功能非常灵活。选取工具箱中的背景橡皮擦工具后，其工具属性栏如图 6-90 所示。

图 6-90 背景橡皮擦工具属性栏

背景橡皮擦工具的工具属性栏中各选项的主要含义如下：

1 取样：主要用于设置清除颜色的方式。若选择"取样：连续"按钮 ，则在擦除图像时，会随着鼠标的移动进行连续的颜色取样，并进行擦除，因此，该按钮可以用于擦除连续区域中的不同颜色；若选择"取样：一次"按钮 ，则只擦除第一次单击取样的颜色区域；若选择"取样：背景色板"按钮 ，则会擦除包含背景颜色的图像区域。

2 限制：主要用于设置擦除颜色的限制方式。

3 容差：主要用于控制擦除颜色的范围区域。数值越大，擦除的颜色范围就越大，反之，则越小。

4 保护前景色：选中该复选框，在擦除图像时可以保护与前景色相同的颜色区域。

下面为读者详细介绍运用背景橡皮擦工具擦除移动 UI 界面背景的操作方法。

素材文件	光盘 \ 素材 \ 第 6 章 \6.3.5.jpg
效果文件	光盘 \ 效果 \ 第 6 章 \6.3.5.psd、6.3.5.jpg
视频文件	光盘 \ 视频 \ 第 6 章 \6.3.5 清除移动 UI 界面图像 .mp4

步骤 01 单击"文件"|"打开"命令，打开一幅素材图像，如图 6-91 所示。

步骤 02 选取工具箱中的背景橡皮擦工具，如图 6-92 所示。

图 6-91 素材图像

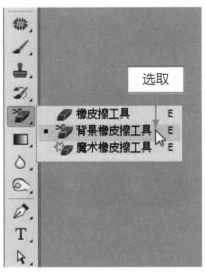

图 6-92 选取背景橡皮擦工具

步骤 03 在背景橡皮擦工具属性栏中，设置"大小"为 50 像素、"硬度"为 100%、"间距"为 1%、"圆度"为 100%，如图 6-93 所示。

步骤 04 在图像编辑窗口中，按【Alt】键的同时单击鼠标左键在黄色区域取样，如图 6-94 所示。

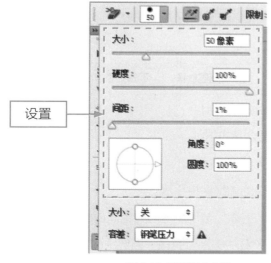

图 6-93 设置相应参数　　　　　　　　图 6-94 取样

步骤 05 运用背景橡皮擦工具涂抹黄色区域，效果如图 6-95 所示。

步骤 06 重复执行操作，即可擦除黄色的背景区域，效果如图 6-96 所示。

图 6-95 涂抹图像　　　　　　　　　图 6-96 最终效果

 专家指点

　　在背景橡皮擦工具的工具属性栏的"限制"列表框中，若选择"不连续"选项，则可以擦除图层中的任何一个位置的颜色；若选择"连续"选项，则可以擦除取样点与取样点相互连接的颜色；若选择"查找边缘"选项，在擦除取样点与取样点相连的颜色的同时，还可以较好地保留与擦除位置颜色反差较大的边缘轮廓。

3. 魔术橡皮擦工具

选取工具箱中的魔术橡皮擦工具后，其工具属性栏如图 6-97 所示。

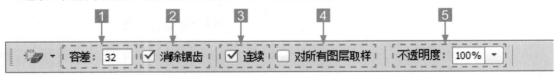

图 6-97 魔术橡皮擦工具属性栏

魔术橡皮擦工具的工具属性栏中各选项的主要含义如下：

1 容差：该文本框中的数值越大代表可擦除范围越广。

2 消除锯齿：选中该复选框可以使擦除后图像的边缘保持平滑。

3 连续：选中该复选框后，可以一次性擦除"容差"数值范围内的相同或相邻的颜色。

4 对所有图层取样：该复选框与 Photoshop CC 中的图层有关，当选中此复选框后，所使用的工具对所有的图层都起作用，而不是只针对当前操作的图层。

5 不透明度：该数值用于指定擦除的强度，数值为 100% 则将完全抹除像素。

6.3.6 调色移动 UI 界面图像

在移动 UI 界面图像的设计过程中，运用调色工具组可以对图像中的局部进行色调操作。调色工具组包括减淡工具、加深工具和海绵工具 3 种，其中减淡工具和加深工具是用于调节图像特定区域的传统工具，海绵工具可以精确地更改选取图像的色彩饱和度。下面主要向读者介绍使用各种调色图像工具调色图像的操作方法。

1. 减淡工具

在设计移动 UI 界面图像时，使用减淡工具可以加亮图像的局部，通过提高图像选区的亮度来校正曝光。在 Photoshop CC 中，减淡工具常用于修饰人物照片与静物照片。选取工具箱中的减淡工具，其工具属性栏如图 6-98 所示。

图 6-98 减淡工具属性栏

减淡工具的工具属性栏中各选项的主要含义如下：

1 范围：用于设置处理不同色调的图像区域，此列表框中包括"暗调"、"中间调"、"高光"3 个选项。选择"暗调"选项，则对图像暗部区域的像素进行颜色减淡；选择"中间调"选项，则对图像的中间色调区域的像素进行颜色减淡；选择"高光"选项，则对图像的亮部区域的像素进行颜色减淡。

2 曝光度：在该文本框中设置值越高，减淡工具的使用效果就越明显。

3 保护色调：如果希望操作后图像的色调不发生变化，选中该复选框即可。

下面详细介绍运用减淡工具加亮移动 UI 图像的操作方法。

	素材文件	光盘 \ 素材 \ 第 6 章 \6.3.6a.jpg
	效果文件	光盘 \ 效果 \ 第 6 章 \6.3.6a.jpg
	视频文件	光盘 \ 视频 \ 第 6 章 \6.3.6 调色移动 UI 界面图像（1）.mp4

步骤 01 单击"文件"|"打开"命令，打开一幅素材图像，如图 6-99 所示。

步骤 02 选取工具箱中的减淡工具，在工具属性栏中，设置"画笔"为"柔边圆"、"大小"为 100 像素，将鼠标指针移至图像编辑窗口中，单击鼠标左键并拖曳，涂抹图像，即可提高图像的亮度，效果如图 6-100 所示。

图 6-99 打开素材图像　　　　　图 6-100 最终效果

2. 加深工具

在 Photoshop CC 中，加深工具与减淡工具恰恰相反。在设计移动 UI 界面图像时，运用加深工具可使图像中被操作的区域变暗，其工具属性栏及操作方法与减淡工具相同。

下面详细介绍运用加深工具调暗移动 UI 图像的操作方法。

	素材文件	光盘 \ 素材 \ 第 6 章 \6.3.6b.psd
	效果文件	光盘 \ 效果 \ 第 6 章 \6.3.6b.psd、6.3.6b.jpg
	视频文件	光盘 \ 视频 \ 第 6 章 \6.3.6 调色移动 UI 界面图像（2）.mp4

步骤 01 单击"文件"|"打开"命令，打开一幅素材图像，如图 6-101 所示。

步骤 02 选取工具箱中的加深工具，设置"曝光度"为 50%，在"范围"列表框中选择"中间调"选项，如图 6-102 所示。

"范围"列表框中各选项的主要含义如下：

1 阴影：选择该选项表示对图像暗部区域的像素加深或减淡。

图 6-101 打开素材图像

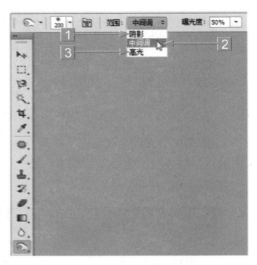
图 6-102 选择"中间调"选项

2 中间调：选择该选项表示对图像中间色调区域加深或减淡。

3 高光：选择该选项表示对图像亮度区域的像素加深或减淡。

步骤 03 在"图层"面板中，选择"背景"图层，如图 6-103 所示。

步骤 04 在图像编辑窗口中涂抹，即可调暗图像，效果如图 6-104 所示。

图 6-103 选择"背景"图层

图 6-104 调暗图像

3. 海绵工具

在设计移动 UI 界面图像时，运用海绵工具可以调整图像的局部色彩饱和度。选取工具箱中的海绵工具后，其工具属性栏如图 6-105 所示。

海绵工具的工具属性栏中各选项的主要含义如下：

1 流量：在数值框中输入数值或直接拖曳滑块，可以用于调整饱和度的更改速率，数值越大，效果越快越明显。

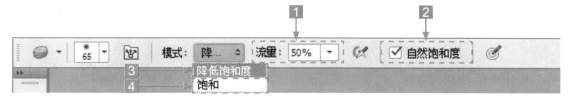

图 6-105 海绵工具属性栏

2 自然饱和度：选中该复选框可增加图像中的饱和度。

3 降低饱和度：选择该选项可减少图像中某部分的饱和度。

4 饱和：选择该选项可增加图像中某部分的饱和度。

选取工具箱中的海绵工具，在工具属性栏中设置相应的选项，在图像编辑窗口中涂抹，即可调整移动 UI 图像的局部色彩饱和度，效果如图 6-106 所示。

图 6-106 调整移动 UI 图像的局部色彩饱和度

移动 UI 的
文字编排设计

07

学习提示

　　在移动 UI 界面 APP 图像设计中，文字的使用是非常广泛的，通过对文字进行编排与设计，不但能够更加有效地突出设计主题，而且可以对图像起到美化的作用。本章主要向读者讲述与文字处理相关的知识，帮助读者掌握文字工具的具体操作。

本章案例导航

- 输入横排移动 UI 图像文字
- 输入直排移动 UI 图像文字
- 输入段落移动 UI 图像文字
- 输入选区移动 UI 图像文字
- 设置移动 UI 文字属性
- 设置移动 UI 段落属性
- 选择和移动 APP 图像文字
- 互换移动 UI 文字的方向

- 输入沿路径排列的移动 UI 文字
- 调整移动 UI 文字排列的位置
- 调整移动 UI 文字的路径形状
- 调整移动 UI 文字与路径距离
- 编辑移动 UI 变形文字效果
- 将移动 UI 文字转换为路径
- 将移动 UI 文字转换为形状
- 将移动 UI 文字转换为图像

7.1 输入移动 UI 界面中的文字

在移动 UI 界面 APP 设计中，文字是多数设计作品尤其是商业作品中不可或缺的重要元素，有时甚至在作品中起着主导作用，Photoshop 除了提供丰富的文字属性设计及版式编排功能外，还允许对文字的形状进行编辑，以便制作出更多、更丰富的文字效果。

本节主要向读者详细介绍在移动 UI 界面中输入文字的操作方法。

7.1.1 移动 UI 界面的文字类型

在移动 UI 界面 APP 设计过程中，对文字进行艺术化处理是 Photoshop 的强项之一。在将文字栅格化之前，Photoshop 会保留基于矢量的文字轮廓，可以任意缩放文字或调整文字大小而不会产生锯齿。

Photoshop 提供了 4 种文字类型，主要包括：横排文字、直排文字、段落文字和选区文字，如图 7-1 所示。

图 7-1 移动 UI 界面的文字类型

7.1.2 了解文字工具属性栏

在移动 UI 界面图像中输入文字之前，首先需要在工具属性栏或"字符"面板中设置字符的属性，包括字体、大小以及文字颜色等。

选取工具箱中的文字工具，其工具属性栏如图 7-2 所示。

文字工具的工具属性栏中各选项的主要含义如下：

1 切换文本取向：如果当前文字为横排文字，单击该按钮，即可将其转换为直排文字；如果文字为直排文字，即可将其转换为横排文字，如图 7-3 所示。

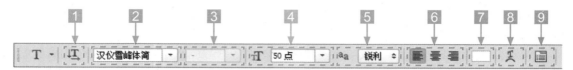

图 7-2 文字工具属性栏

图 7-3 直排与横排的文字效果

2 设置字体：在该选项列表框中，用户可以根据需要选择不同字体。

3 字体样式：为字符设置样式，包括字距调整、Regular（规则的）、Ltalic（斜体）、Bold（粗体）和 Bold Ltalic（粗斜体），该选项只对部分英文字体有效。图 7-4 所示为设置文本字体样式后的效果。

图 7-4 设置文本字体样式

4 字体大小：可以选择字体的大小，或者直接输入数值来进行调整。

5 消除锯齿的方法：可以为文字消除锯齿选择一种方法，Photoshop CC 会通过部分填充边缘像素来产生边缘平滑的文字，使文字的边缘混合到背景中而看不出锯齿。

6 文本对齐：根据输入文字时光标的位置来设置文本的对齐方式，包括左对齐文本、居中对齐文本和右对齐文本。

7 文本颜色：单击颜色块，可以在弹出的"拾色器"对话框中设置文字的颜色。图 7-5 所示为设置文字颜色后的效果。

图 7-5 设置文字的颜色

8 文本变形：单击该按钮，可以在打开的"变形文字"对话框中为文本添加变形样式，创建变形文字。

9 显示 / 隐藏字符和段落面板：单击该按钮，可以显示或隐藏"字符"面板和"段落"面板。

专家指点

用户不仅可以在工具属性栏中设置文字的字体、字号、文字颜色以及文字样式等属性，还可以在"字符"面板中，设置文字的各种属性。

7.1.3 输入横排移动 UI 图像文字

横排文字是一个水平的文本行，每行文本的长度随着文字的输入而不断增加，但是不会换行。在设计移动 UI 界面图像时，输入横排文字的方法很简单，使用工具箱中的横排文字工具或横排文字蒙版工具，即可在图像编辑窗口中输入横排文字。

下面详细介绍运用横排文字工具输入横排移动 UI 图像文字的操作方法。

素材文件	光盘 \ 素材 \ 第 7 章 \7.1.3.jpg
效果文件	光盘 \ 效果 \ 第 7 章 \7.1.3.psd、7.1.3.jpg
视频文件	光盘 \ 视频 \ 第 7 章 \7.1.3 输入横排移动 UI 图像文字 .mp4

步骤 01 单击"文件"|"打开"命令，打开一幅素材图像，如图 7-6 所示。

步骤 02 选取工具箱中的横排文字工具，如图 7-7 所示。

图 7-6 打开素材图像

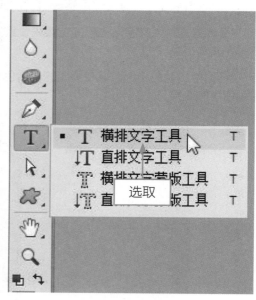

图 7-7 选取横排文字工具

步骤 03 将鼠标指针移至适当位置，在图像上单击鼠标左键，确定文字的插入点，在工具属性栏中设置"字体系列"为"微软雅黑"、"字体大小"为 36 点、"文本颜色"为白色（RGB 参数值分别为 255、255、255），如图 7-8 所示。

步骤 04 在图像上输入相应文字，单击工具属性栏右侧的"提交所有当前编辑"按钮，即可完成横排文字的输入操作，并将文字移至合适位置，效果如图 7-9 所示。

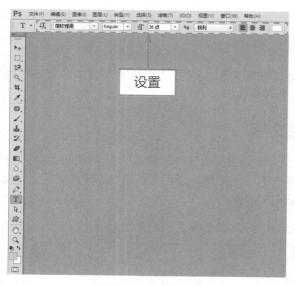

图 7-8 设置字符属性

图 7-9 最终效果

在 Photoshop CC 中，在英文输入法状态下，按【T】键，也可以快速切换至横排文字工具，然后在图像编辑窗口中输入相应文本内容即可，如果输入的文字位置不能满足用户的需求，此时用户可以通过移动工具，将文字移动到相应位置即可。

7.1.4 输入直排移动 UI 图像文字

在设计移动 UI 界面图像时，选取工具箱中的直排文字工具或直排文字蒙版工具，将鼠标指针移动到图像编辑窗口中，单击鼠标左键确定插入点，图像中出现闪烁的光标之后，即可输入直排文字，如图 7-10 所示。

图 7-10 直排文字效果

直排文字是一个垂直的文本行，每行文本的长度随着文字的输入而不断增加，但是不会换行。

用户不仅可以在工具属性栏中设置文字的字体，还可以在"字符"面板中设置文字的字体。

下面详细介绍运用直排文字工具输入直排移动 UI 图像文字的操作方法。

素材文件	光盘 \ 素材 \ 第 7 章 \7.1.4.psd	
效果文件	光盘 \ 效果 \ 第 7 章 \7.1.4.psd、7.1.4.jpg	
视频文件	光盘 \ 视频 \ 第 7 章 \7.1.4 输入直排移动 UI 图像文字 .mp4	

步骤 01 单击"文件"|"打开"命令，打开一幅素材图像，如图 7-11 所示。

步骤 02 选取工具箱中的直排文字工具，如图 7-12 所示。

步骤 03 将鼠标指针移至适当位置，在图像上单击鼠标左键，确定文字的插入点，在工具属性栏中，设置"字体系列"为"微软雅黑"、"字体大小"为 10 点、"文本颜色"为白色（RGB 参数值分别为 255、255、255），如图 7-13 所示。

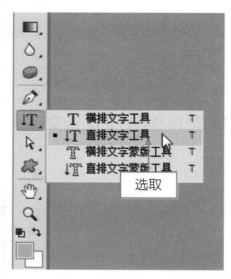

图 7-11 打开素材图像　　　　　　　　　图 7-12 选取直排文字工具

步骤 04 在图像上输入相应文字，单击工具属性栏右侧的"提交所有当前编辑"按钮，即可完成直排文字的输入操作，并将文字移至合适位置，效果如图 7-14 所示。

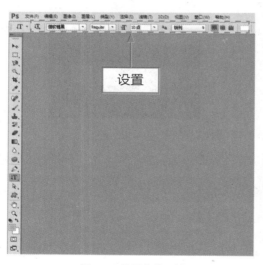

图 7-13 设置字符属性　　　　　　　　　图 7-14 最终效果

7.1.5 输入段落移动 UI 图像文字

在移动 UI 界面图像中，段落文字是一类以段落文字定界框来确定文字的位置与换行情况的文字。图 7-15 所示为段落文字效果。

专家指点

在 Photoshop CC 中，当用户改变段落文字的文本框时，文本框中的文本会根据文本框的位置自动换行。

图 7-15 段落文字效果

下面向读者详细介绍运用横排文字工具制作段落文字效果的操作方法。

	素材文件	光盘 \ 素材 \ 第 7 章 \7.1.5.jpg
	效果文件	光盘 \ 效果 \ 第 7 章 \7.1.5.jpg
	视频文件	光盘 \ 视频 \ 第 7 章 \7.1.5 输入段落移动 UI 图像文字 .mp4

步骤 01 单击"文件"|"打开"命令，打开一幅素材图像，如图 7-16 所示。

步骤 02 选取工具箱中的横排文字工具，在图像窗口中的合适位置，创建一个文本框，如图 7-17 所示。

图 7-16 打开素材图像   图 7-17 创建文本框

步骤 03 在工具属性栏中，设置"字体系列"为"微软雅黑"、"字体大小"为 18 点、"文本颜色"为黑色（RGB 参数值均为 0），如图 7-18 所示。

步骤 **04** 在图像上输入相应文字，单击工具属性栏右侧的"提交所有当前编辑"按钮，即可完成段落文字的输入操作，并将文字移至合适位置，效果如图 **7-19** 所示。

图 7-18 设置字符属性　　　　　　　　　　　　　图 7-19 最终效果

7.1.6 输入选区移动 UI 图像文字

在设计移动 UI 界面图像时，运用工具箱中的横排文字蒙版工具和直排文字蒙版工具，可以在图像编辑窗口中创建文字形状选区。图 7-20 所示为选区文字效果。

图 7-20 选区文字效果

下面向读者详细介绍运用横排文字蒙版工具输入选区移动 UI 图像文字的操作方法。

素材文件	光盘 \ 素材 \ 第 7 章 \7.1.6.jpg
效果文件	光盘 \ 效果 \ 第 7 章 \7.1.6.jpg
视频文件	光盘 \ 视频 \ 第 7 章 \7.1.6 输入选区移动 UI 图像文字 .mp4

步骤 01 单击"文件"|"打开"命令，打开一幅素材图像，如图 7-21 所示。

步骤 02 将鼠标光标移至工具箱，选取工具箱中的横排文字蒙版工具 ，如图 7-22 所示。

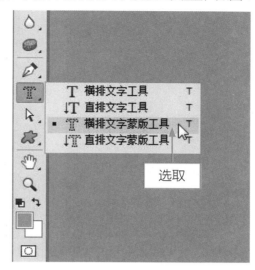

图 7-21 打开素材图像　　　　　　　　　图 7-22 选取横排文字蒙版工具

步骤 03 执行上述操作后，将鼠标指针移至图像编辑窗口中的合适位置，在图像上单击鼠标左键，确认文本输入点，此时，图像背景呈淡红色显示，如图 7-23 所示。

步骤 04 在工具属性栏中，设置"字体"为"方正粗宋简体"、"字体大小"为 40 点，如图 7-24 所示。

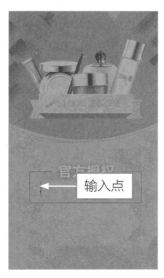

图 7-23 背景呈淡红色显示　　　　　　　图 7-24 设置字符属性

步骤 05 输入"100% 正品保证"，此时输入的文字呈实体显示，如图 7-25 所示。

步骤 06 按【Ctrl + Enter】组合键确认，即可创建文字选区，如图 7-26 所示。

图 7-25 输入文字　　　　　　　　　　图 7-26 创建文字选区

步骤 07　新建"图层 1"图层，设置前景色为浅绿色（RGB 的参数值分别为 178、250、180），如图 7-27 所示。

步骤 08　按【Alt + Delete】组合键，为选区填充前景色，按【Ctrl + D】组合键，取消选区，效果如图 7-28 所示。

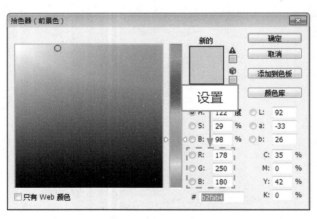

图 7-27 设置前景色　　　　　　　　　　图 7-28 最终效果

7.2 设置与编辑移动 UI 文字属性

在移动 UI 界面 APP 设计中，设置与编辑文字是指对已经创建的文字进行编辑操作，如设置文字属性、设置段落属性、选择文字、移动文字、更改文字排列方向、切换点文字和段落文本、拼写检查文字以及查找和替换文字等，用户可以根据实际情况对文字对象进行相应操作，以完善文字效果。

7.2.1 设置移动 UI 文字属性

在设计移动 UI 界面图像时，设置文字的属性主要是在"字符"面板中进行，在"字符"面板中可以设置字体、字体大小、字符间距以及文字倾斜等属性。

下面详细介绍设置移动 UI 文字属性的操作方法。

素材文件	光盘 \ 素材 \ 第 7 章 \7.2.1.psd
效果文件	光盘 \ 效果 \ 第 7 章 \7.2.1.psd、7.2.1.jpg
视频文件	光盘 \ 视频 \ 第 7 章 \7.2.1 设置移动 UI 文字属性 .mp4

步骤 01 单击"文件"|"打开"命令，打开一幅素材图像，如图 7-29 所示。

步骤 02 在"图层"面板中，选择需要编辑的文字图层，如图 7-30 所示。

图 7-29 打开素材图像　　　　　　图 7-30 选择文字图层

步骤 03 单击"窗口"|"字符"命令，展开"字符"面板，设置"字距调整"为 100，如图 7-31 所示。

步骤 04 即可更改文字属性，按【Enter】键确认，效果如图 7-32 所示。

"字符"属性面板中各选项的主要含义如下：

1 字体系列：在该选项列表框中可以选择字体。

2 字体大小：可以选择字体的大小。

3 行距：行距是指文本中各个字行之间的垂直间距，同一段落的行与行之间可以设置不同的行距，但文字行中的最大行距决定了该行的行距。

4 字距微调：用来调整两个字符之间的距离。

5 字距调整：选择部分字符时，可以调整所选字符的间距。

6 垂直缩放/水平缩放：水平缩放用于调整字符的宽度，垂直缩放用于调整字符的高度。这两个百分比相同时，可以进行等比缩放；不相同时，则可以进行不等比缩放。

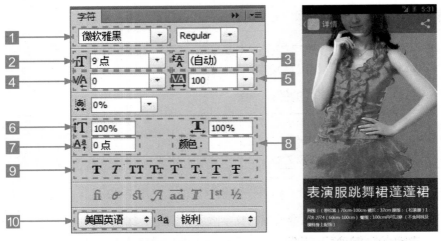

图 7-31 弹出"字符"面板　　　　　　　　图 7-32 最终效果

7 基线偏移：用来控制文字与基线的距离，它可以升高或降低所选文字。

8 颜色：单击颜色块，可以在打开的"拾色器"对话框，设置文字的颜色。

9 T 状按钮：T 状按钮组用来创建仿粗体、斜体等文字样式。

10 语言：可以对所选字符进行有关连字符和拼写规则的语言设置，Photoshop 使用语言词典检查连字符连接。

7.2.2 设置移动 UI 段落属性

在设计移动 UI 界面图像时，设置段落的属性主要是在"段落"面板中进行，使用"段落"面板可以改变或重新定义文字的排列方式、段落缩进及段落间距等。

下面详细介绍设置移动 UI 段落属性的操作方法。

素材文件	光盘 \ 素材 \ 第 7 章 \7.2.2.psd
效果文件	光盘 \ 效果 \ 第 7 章 \7.2.2.psd、7.2.2.jpg
视频文件	光盘 \ 视频 \ 第 7 章 \7.2.2 设置移动 UI 段落属性 .mp4

步骤 01 单击"文件"|"打开"命令，打开一幅素材图像，如图 7-33 所示。

步骤 02 单击"窗口"|"段落"命令，展开"段落"面板，如图 7-34 所示。

"段落"对话框中各选项的主要含义如下：

1 对齐方式：对齐方式包括有左对齐文本、居中对齐文本、右对齐文本、最后一行左对齐、最后一行居中对齐、最后一行右对齐和全部对齐。

2 左缩进：设置段落的左缩进。

3 首行缩进：缩进段落中的首行文字，对于横排文字，首行缩进与左缩进有关；对于直排文字，首行缩进与顶端缩进有关，要创建首行悬挂缩进，必须输入一个负值。

4 段前添加空格：设置段落与上一行的距离，或全选文字的每一段的距离。

5 右缩进：设置段落的右缩进。

6 段后添加空格：可以调整选定的段落的间距。

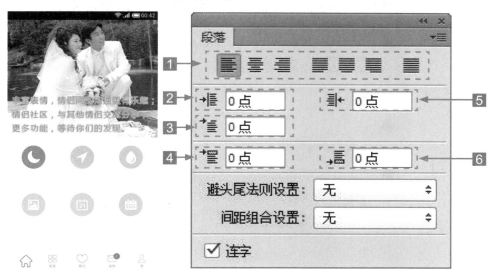

图 7-33 打开素材图像　　　　　　　　　图 7-34 展开"段落"面板

步骤 03 在"段落"面板中，单击"居中对齐文本"按钮，如图 7-35 所示。

步骤 04 执行操作后，即可设置文本的段落属性，效果如图 7-36 所示。

图 7-35 单击"居中对齐文本"按钮

图 7-36 最终效果

7.2.3 选择和移动 APP 图像文字

在设计移动 UI 界面图像时，选择文字是编辑文字过程中的第一步，适当地移动文字，将文字移至图像中的合适位置，可以使整体图像更美观。

在 Photoshop CC 中，用户可以根据需要，选取工具箱中的移动工具，将鼠标移至输入完成的文字上，单击鼠标左键并拖曳鼠标，移动输入完的文字至图像中的合适位置。如图 7-37 所示为移动文字前后的对比效果。

图 7-37 移动文字前后的对比效果

7.2.4 互换移动 UI 文字的方向

在设计移动 UI 界面图像时，虽然使用横排文字工具只能创建水平排列的文字，使用直排文字工具只能创建垂直排列的文字，但在需要的情况下，用户可以相互转换这两种文本的显示方向。在 Photoshop CC 中，用户可以根据需要，单击文字工具属性栏上的"更改文本方向"按钮，将输入完成的文字在水平与垂直间互换。

图 7-38 所示为互换水平和垂直文字前后的对比效果。

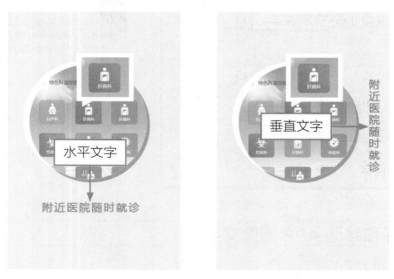

图 7-38 互换水平和垂直文字前后的对比效果

专家指点

除了以上方法可以将直排文字与横排文字之间相互转换外，用户还可以单击"图层"|"文字"|"水平"命令，或单击"图层"|"文字"|"垂直"命令。

7.2.5 切换点文本和段落文本

在设计移动 UI 界面图像时，点文本和段落文本可以相互转换，转换时单击"类型"|"转换为段落文本"或单击"类型"|"转换为点文本"命令即可。

下面详细介绍切换点文本和段落文本的操作方法。

素材文件	光盘 \ 素材 \ 第 7 章 \7.2.5.psd
效果文件	无
视频文件	光盘 \ 视频 \ 第 7 章 \7.2.5 切换点文本和段落文本 .mp4

步骤 01 单击"文件"|"打开"命令，打开一幅素材图像，如图 7-39 所示。

步骤 02 在"图层"面板中，选择相应的文字图层，如图 7-40 所示。

图 7-39 打开素材图像

图 7-40 选择文字图层

专家指点

点文本的文字行是独立的，即文字的长度随文本的增加而变长却不会自动换行，如果在输入点文字时需要换行必须按【Enter】键；输入段落文本时，文字基于文本框的尺寸将自动换行，用户可以输入多个段落，也可以进行段落调整，文本框的大小可以任意调整，以便重新排列文字。

步骤 03 单击"类型"|"转换为段落文本"命令，如图 7-41 所示。

步骤 04 执行上述操作后，即可将点文本转换为段落文本，选取工具箱中的横排文字工具，在文字处单击鼠标左键，即可查看段落文本状态，如图 7-42 所示。

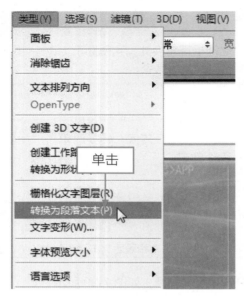

图 7-41 单击"转换为段落文本"命令　　　　图 7-42 将点文本转换为段落文本

步骤 05 按【Ctrl + Enter】组合键确认，单击"类型"|"转换为点文本"命令，如图 7-43 所示。

步骤 06 执行上述操作后，即可将段落文本转换为点文本，选取工具箱中的横排文字工具，在文字处单击鼠标左键，即可查看点文本状态，如图 7-44 所示。

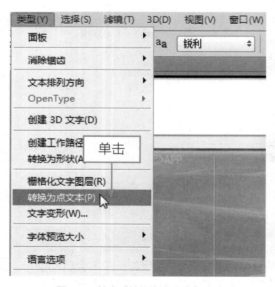

图 7-43 单击"转换为点文本"命令　　　　图 7-44 将段落文本转换为点文本

7.2.6 拼写检查移动 UI 文字

在设计移动 UI 界面图像时，通过"拼写检查"命令检查输入的拼音文字，将对词典中没有的字进行询问，如果被询问的字拼写是正确的，可以将该字添加到拼写检查词典中；如果询问的字的拼写是错误的，可以将其改正。

当移动 UI 界面图像中出现错误的英文单词时，用户可以单击"编辑"|"拼写检查"命令，弹出"拼写检查"对话框，系统会自动查找不在词典中的单词，在"更改为"文本框中输入正确的单词，如图 7-45 所示。

图 7-45 设置"更改为"选项

单击"更改"按钮，弹出信息提示框，如图 7-46 所示。单击"确定"按钮，即可将拼写错误的英文更改正确，效果如图 7-47 所示。

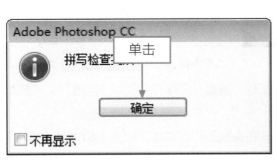

图 7-46 信息提示框　　　　　　　　　　图 7-47 更正错误单词

"拼写检查"选项框中各选项的主要含义如下：

1 忽略：单击此按钮继续进行拼写检查而不更改文字。

2 更改：要改正一个拼写错误，应确保"更改为"文本框中的词语拼写正确，然后单击"确定"按钮。

3 更改全部：要更改正文档中重复的拼写错误，单击此按钮。

4 添加：单击此按钮可以将无法识别的词存储在拼写检查词典中。

5 检查所有图层：选中该复选框，可以对整体图像中的不同图层的拼写进行检查。

7.2.7 查找与替换移动 UI 文字

在设计移动 UI 界面图像时，在图像中输入大量的文字后，如果出现相同错误的文字很多，可以使用"查找和替换文本"功能对文字进行批量更改，以提高工作效率。

下面详细介绍查找与替换文字的操作方法。

	素材文件	光盘 \ 素材 \ 第 7 章 \7.2.7.psd
	效果文件	光盘 \ 效果 \ 第 7 章 \7.2.7.psd、7.2.7.jpg
	视频文件	光盘 \ 视频 \ 第 7 章 \7.2.7 查找与替换移动 UI 文字 .mp4

步骤 01 单击"文件"|"打开"命令，打开一幅素材图像，如图 7-48 所示。

步骤 02 选择所有的文字图层，单击"编辑"|"查找和替换文本"命令，如图 7-49 所示。

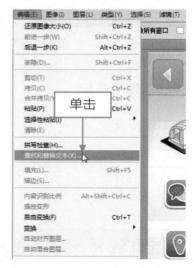

图 7-48 打开素材图像　　　图 7-49 单击"查找和替换文本"命令

步骤 03 弹出"查找和替换文本"对话框，设置"查找内容"为"玖错"、"更改为"为"纠错"，如图 7-50 所示。

步骤 04 单击"查找下一个"按钮，即可查找到相应文本，如图 7-51 所示。

"查找和替换文本"选项框中各选项的主要含义如下：

1 查找内容：在该文本框中输入需要查找的文字内容。

2 更改为：在该文本框中输入需要更改的文字内容。

3 区分大小写：对于英文字体，查找时严格区分大小写。

4 全字匹配：对于英文字体，忽略嵌入在大号字体内的搜索文本。

5 向前：选中该复选框时，只查找光标所在点前面的文字。

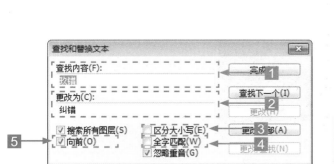

图 7-50 设置各选项

图 7-51 查找到相应文本

步骤 05 单击"更改全部"按钮，弹出信息提示框，如图 7-52 所示。

步骤 06 单击"确定"按钮，即可完成文字的替换，效果如图 7-53 所示。

图 7-52 弹出信息提示框

图 7-53 最终效果

7.3 制作移动 UI 界面路径文字

在许多移动 UI 界面 APP 作品中，设计的文字呈连绵起伏的状态，如图 7-54 所示，这就是路径绕排文字的功劳。

沿路径绕排文字时，可以先使用钢笔工具或形状工具创建直线或曲线路径，再进行文字的输入，本节主要向读者介绍制作路径文字的操作方法。

图 7-54 连绵起伏的文字

7.3.1 输入沿路径排列的移动 UI 文字

在设计移动 UI 界面图像时，用户可以沿路径输入文字，文字将沿着锚点添加到路径方向。如果在路径上输入横排文字，文字方向将与基线垂直；当在路径上输入直排文字时，文字方向将与基线平行。下面详细介绍输入沿路径排列文字的操作方法。

素材文件	光盘 \ 素材 \ 第 7 章 \7.3.1.jpg	
效果文件	光盘 \ 效果 \ 第 7 章 \7.3.1.psd、7.3.1.jpg	
视频文件	光盘 \ 视频 \ 第 7 章 \7.3.1 输入沿路径排列的移动 UI 文字 .mp4	

步骤 01 单击"文件"|"打开"命令，打开一幅素材图像，如图 7-55 所示。

步骤 02 选取钢笔工具，在图像编辑窗口中创建一条曲线路径，如图 7-56 所示。

图 7-55 打开素材图像　　　　图 7-56 创建路径

步骤 03 选取工具箱中的横排文字工具，在工具属性栏中设置"字体系列"为"微软雅黑"、"字体大小"为 25 点、"文本颜色"为黑色，如图 7-57 所示。

步骤 04 移动鼠标至图像编辑窗口中曲线路径上，单击鼠标左键确定插入点并输入文字，如图 7-58 所示。

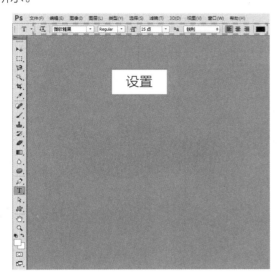

图 7-57 设置字符选项

图 7-58 输入文字

步骤 05 按【Ctrl + Enter】组合键确认，并隐藏路径，效果如图 7-59 所示。

图 7-59 隐藏路径

7.3.2 调整移动 UI 文字排列的位置

在设计移动 UI 界面中的路径文字效果时，选取工具箱中的路径选择工具，移动鼠标指针至输入的文字上，拖动鼠标即可调整文字在路径上的起始位置。

下面详细介绍调整文字排列位置的操作方法。

	素材文件	光盘 \ 素材 \ 第 7 章 \7.3.2.psd
	效果文件	光盘 \ 效果 \ 第 7 章 \7.3.2.psd 、7.3.2.jpg
	视频文件	光盘 \ 视频 \ 第 7 章 \7.3.2 调整移动 UI 文字排列的位置 .mp4

步骤 01 单击"文件"|"打开"命令，打开一幅素材图像，如图 7-60 所示。

步骤 02 选择文字图层，展开"路径"面板，在"路径"面板中，选择文字路径，如图 7-61 所示。

图 7-60 打开素材图像　　　　　　　　　　图 7-61 选择文字路径

步骤 03 选取工具箱中的路径选择工具，如图 7-62 所示。

步骤 04 移动鼠标指针至图像窗口的文字路径上，按住鼠标左键并拖曳，即可调整文字排列的位置，并隐藏路径，效果如图 7-63 所示。

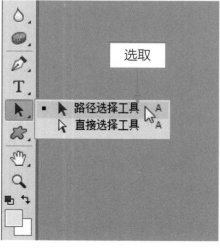

图 7-62 选取路径选择工具

图 7-63 最终效果

7.3.3 调整移动 UI 文字的路径形状

在设计移动 UI 界面中的路径文字效果时，选取工具箱中的直接选择工具，移动鼠标指针至文字路径上，单击鼠标左键并拖曳路径上的节点或控制柄，即可调整文字路径的形状。

下面详细介绍调整移动 UI 文字的路径形状的操作方法。

	素材文件	光盘 \ 素材 \ 第 7 章 \7.3.3.psd
	效果文件	光盘 \ 效果 \ 第 7 章 \7.3.3.psd、7.3.3.jpg
	视频文件	光盘 \ 视频 \ 第 7 章 \7.3.3 调整移动 UI 文字的路径形状 .mp4

步骤 01 单击"文件"|"打开"命令，打开一幅素材图像，如图 7-64 所示。

步骤 02 展开"路径"面板，在"路径"面板中，选择相应文字路径，如图 7-65 所示。

图 7-64 打开素材图像

图 7-65 选择文字路径

步骤 03 选取工具箱中的直接选择工具，如图 7-66 所示。

步骤 04 拖动鼠标指针至图像编辑窗口中的文字路径上，单击鼠标左键并拖曳节点或控制柄，即可调整文字路径的形状，并隐藏路径，效果如图 7-67 所示。

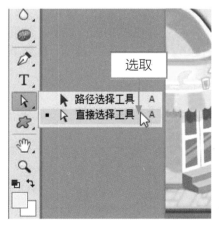

图 7-66 选取直接选择工具

图 7-67 最终效果

7.3.4 调整移动 UI 文字与路径距离

在设计移动 UI 界面中的路径文字效果时，调整路径文字的基线偏移距离，可以在不编辑路径的情况下轻松调整文字的距离。下面详细介绍调整文字与路径距离的操作方法。

素材文件	光盘 \ 素材 \ 第 7 章 \7.3.4.psd	
效果文件	光盘 \ 效果 \ 第 7 章 \7.3.4.psd、7.3.4.jpg	
视频文件	光盘 \ 视频 \ 第 7 章 \7.3.4 调整移动 UI 文字与路径距离 .mp4	

步骤 **01** 单击"文件"|"打开"命令，打开一幅素材图像，如图 7-68 所示。

步骤 **02** 展开"路径"面板，选择"工作路径"路径，如图 7-69 所示。

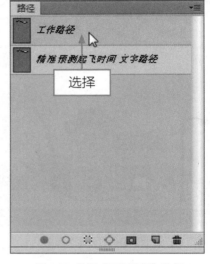

图 7-68 打开素材图像　　　　图 7-69 选择"工作路径"路径

 专家指点

填充路径的操作方法和填充选区一样，可以在路径范围内填充颜色或图案。在 Photoshop CC 中，用户可以根据需要，填充路径，单击"窗口"|"路径"命令，展开"路径"面板，选择"工作路径"路径，显示路径，单击面板右上方的下三角形按钮 ，在弹出的面板菜单中，选择"填充路径"选项，弹出"填充路径"对话框，单击"确定"按钮，即可填充路径。

除了可以运用以上方法填充路径外，还有以下两种方法：

* 按钮：在图像编辑窗口中选择需要填充的路径，单击"路径"面板底部的"用前景色填充路径"按钮 。

* 对话框：选择需要填充的路径，按住【Alt】键的同时，单击"路径"面板底部的"用前景色填充路径"按钮 ，在弹出的"填充路径"对话框中设置相应的选项，单击"确定"按钮，即可完成填充。

步骤 **03** 选取工具箱中的移动工具，移动鼠标指针至图像编辑窗口中的文字上，如图 7-70 所示。

步骤 04 单击鼠标左键并拖曳，即可调整文字与路径间的距离，如图 7-71 所示。

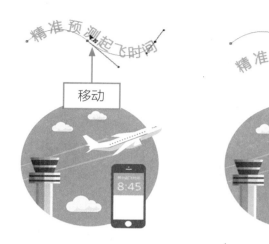

图 7-70 移动鼠标　　　　　　　　　图 7-71 调整文字与路径间的距离

步骤 05 执行上述操作后，在"路径"面板灰色底板处，单击鼠标左键，即可隐藏工作路径，效果如图 7-72 所示。

图 7-72 隐藏工作路径

7.4 制作与编辑变形移动 UI 文字

在 Photoshop CC 中，系统自带了多种变形文字样式，用户可以通过"变形文字"对话框，对选定的移动 UI 界面中的文字进行多种变形操作，使文字更加富有灵动感。本节主要向读者介绍创建与编辑变形文字样式的操作方法。

7.4.1 移动 UI 图像的变形文字样式

平时看到的 APP 界面中的文字广告，很多都采用了变形文字方式来改变文字的显示效果。单击"类型"|"变形文字"命令，弹出"变形文字"对话框，如图 7-73 所示。

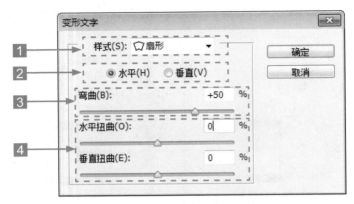

图 7-73 "变形文字"对话框

"变形文字"对话框中各选项的主要含义如下：

1 样式：在该选项的下拉列表中可以选择 15 种变形样式。

2 水平 / 垂直：文本的扭曲方向为水平方向或垂直方向。

3 弯曲：设置文本的弯曲程度。

4 水平扭曲 / 垂直扭曲：拖动滑标，调整水平扭曲和垂直扭曲的参数值，可以对文本应用透视效果。

7.4.2 创建移动 UI 变形文字效果

在设计移动 UI 界面中的文字效果时，可以将文字设置为变形文字样式，包括"扇形"、"上弧"、"下弧"、"拱形"、"凸起"以及"贝壳"等样式，通过更改变形文字样式，使 APP 中的文字显得更美观、引人注目。

下面详细介绍创建移动 UI 变形文字效果的操作方法。

素材文件	光盘 \ 素材 \ 第 7 章 \7.4.2.psd	
效果文件	光盘 \ 效果 \ 第 7 章 \7.4.2.psd、7.4.2.jpg	
视频文件	光盘 \ 视频 \ 第 7 章 \7.3.4 调整移动 UI 文字与路径距离 .mp4	

步骤 **01** 单击"文件"|"打开"命令，打开一幅素材图像，如图 7-74 所示。

步骤 **02** 在"图层"面板中，选择文字图层，如图 7-75 所示。

步骤 **03** 单击"类型"|"文字变形"命令，弹出"变形文字"对话框，在"样式"列表框中选择"扇形"选项，如图 7-76 所示。

步骤 **04** 单击"确定"按钮，即可变形文字，选取工具箱中的移动工具，将文字移至合适位置，效果如图 7-77 所示。

图 7-74 打开素材图像

图 7-75 选择文字图层

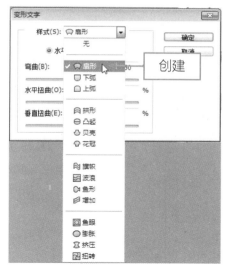

图 7-76 选择"扇形"选项

图 7-77 最终效果

7.4.3 编辑移动 UI 变形文字效果

在设计移动 UI 界面中的文字效果时，用户可以对变形文字进行编辑操作，以得到更好的视觉效果。

下面编辑移动 UI 变形文字效果的操作方法。

素材文件	光盘 \ 素材 \ 第 7 章 \7.4.3.psd	
效果文件	光盘 \ 效果 \ 第 7 章 \7.4.3.psd 、7.4.3.jpg	
视频文件	光盘 \ 视频 \ 第 7 章 \7.4.3 编辑移动 UI 变形文字效果 .mp4	

步骤 01 单击"文件"|"打开"命令，打开一幅素材图像，如图 7-78 所示。

步骤 02 在"图层"面板中，选择文字图层，如图 7-79 所示。

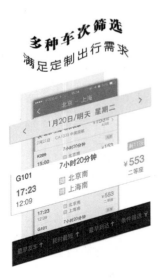

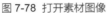

图 7-78 打开素材图像   图 7-79 选择文字图层

步骤 03 单击"类型"|"文字变形"命令，弹出"变形文字"对话框，设置"样式"为"膨胀"、"水平扭曲"为 8%、"垂直扭曲"为 -20%，如图 7-80 所示。

步骤 04 单击"确定"按钮，即可编辑变形文字效果，效果如图 7-81 所示。

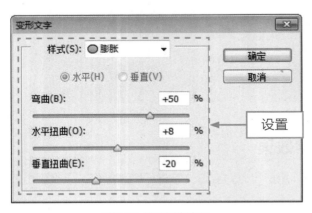

图 7-80 设置相应选项   图 7-81 最终效果

7.5 转换移动 UI 界面的文字效果

在设计移动 UI 界面中的文字效果时，将文字转换为路径、形状、图像、矢量智能对象后，用户可以调整文字的形状、添加描边、使用滤镜、叠加颜色或图案等操作。本节主要向读者介绍将文字转换为路径、将文字转换为形状以及将文字转换为图像的操作。

7.5.1　将移动 UI 文字转换为路径

在设计移动 UI 界面中的文字效果时，可以直接将文字转换为路径，从而可以直接通过此路径进行描边、填充等操作，制作出特殊的文字效果。

下面详细介绍将移动 UI 界面中的文字转换为路径的操作方法。

素材文件	光盘 \ 素材 \ 第 7 章 \7.5.1.psd
效果文件	光盘 \ 效果 \ 第 7 章 \7.5.1.psd、7.5.1.jpg
视频文件	光盘 \ 视频 \ 第 7 章 \ 7.5.1 将移动 UI 文字转换为路径 .mp4

步骤 01 单击"文件"|"打开"命令，打开一幅素材图像，如图 7-82 所示。

步骤 02 选择文字图层，单击"类型"|"创建工作路径"命令，如图 7-83 所示。

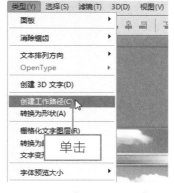

图 7-82 打开素材图像　　　　　图 7-83 单击"创建工作路径"命令

步骤 03 执行上述操作后，即可将文字转换为路径，隐藏文字图层，效果如图 7-84 所示。

图 7-84 最终效果

7.5.2　将移动 UI 文字转换为形状

在设计移动 UI 界面中的文字效果时，选择文字图层，单击"文字"|"转换为形状"命令，即可将文字转换为有矢量蒙版的形状，此时可以使用钢笔工具、添加锚点工具等路径编辑工具对其进行调整，而无法再为其设置文字属性。

下面详细介绍将移动 UI 文字转换为形状的操作方法。

素材文件	光盘 \ 素材 \ 第 7 章 \7.5.2.psd
效果文件	光盘 \ 效果 \ 第 7 章 \7.5.2.psd、7.5.2.jpg
视频文件	光盘 \ 视频 \ 第 7 章 \7.5.2 将移动 UI 文字转换为形状 .mp4

步骤 **01** 单击"文件"|"打开"命令，打开一幅素材图像，如图 7-85 所示。

步骤 **02** 选择文字图层，单击"类型"|"转换为形状"命令，如图 7-86 所示。

图 7-85 打开素材图像   图 7-86 单击"转换为形状"命令

步骤 **03** 执行上述操作后，即可将文字转换为形状，如图 7-87 所示。

步骤 **04** 将文字转换为形状后，原文字图层已经不存在，取而代之的是一个形状图层，如图 7-88 所示。

图 7-87 将文字转换为形状   图 7-88 转换为形状图层

7.5.3 将移动 UI 文字转换为图像

文字图层具有不可编辑的特性，如果需要在文本图层中进行绘画、颜色调整或滤镜等操作，首先需要将文字图层转换为普通图层，以方便移动 UI 界面中的文字图像的编辑和处理。

下面详细介绍将移动 UI 文字转换为图像的操作方法。

素材文件	光盘 \ 素材 \ 第 7 章 \7.5.3.psd
效果文件	光盘 \ 效果 \ 第 7 章 \7.5.3.psd、7.5.3.jpg
视频文件	光盘 \ 视频 \ 第 7 章 \7.5.3 将移动 UI 文字转换为图像 .mp4

步骤 01 单击"文件"|"打开"命令，打开一幅素材图像，如图 7-89 所示。

步骤 02 选择文字图层，单击"类型"|"栅格化文字图层"命令，如图 7-90 所示。

图 7-89 素材图像   图 7-90 单击"栅格化文字图层"命令

步骤 03 执行操作后，即可将文字转换为图像，如图 7-91 所示。

步骤 04 在"图层"面板中，文字图层将被转换为普通图层，如图 7-92 所示。

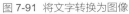

图 7-91 将文字转换为图像   图 7-92 将文字图层转换为普通图层

常用元素 UI 界面设计

学习提示

　　移动 APP UI 界面设计一直被业界称为产品的"脸面"，好的 UI 设计不仅是让软件变得有个性有品味，还要让软件的操作变得舒适、简单、自由，充分体现软件的定位和特点。本章将详细向读者介绍手机移动 APP 常用元素的 UI 设计实战演练。

本章案例导航

- 设计手机搜索框
- 设计手机解锁滑块
- 设计拨号图标
- 设计相册 APP 图标
- 设计旅游 APP 菜单栏
- 设计社交 APP 选项框

8.1 设计手机系统常用元素

前面已经学习了手机 APP 常用元素的理论知识，本节主要向读者介绍手机 APP 常用元素设计实例演练操作。

8.1.1 设计手机搜索框

在很多智能手机系统的主页面上，会有一个智能搜索框插件，用户可以通过这个搜索框进行本地搜索和网络搜索，如网络音乐、视频、地图以及商城中的 APP 等各种资源。

本实例最终效果如图 8-1 所示。

图 8-1 实例效果

下面详细介绍设计手机搜索框的操作方法。

素材文件	光盘\素材\第 8 章\搜索框背景 .psd
效果文件	光盘\效果\第 8 章\手机搜索框 .psd、手机搜索框 .jpg
视频文件	光盘\视频\第 8 章\8.1.1 设计手机搜索框 .mp4

步骤 01 单击"文件"|"打开"命令，打开一幅素材图像，如图 8-2 所示。

步骤 02 新建"图层 1"图层，设置前景色为白色，选取工具箱中的圆角矩形工具，在工具属性栏中设置"选择工具模式"为"像素"、"半径"为 10 像素，绘制一个圆角矩形，如图 8-3 所示。

步骤 03 双击"图层 1"图层，弹出"图层样式"对话框，选中"内发光"复选框，在其中设置"不透明度"为 50%、"阻塞"为 0%、"大小"为 4 像素，如图 8-4 所示。

步骤 04 选中"投影"复选框，在其中设置"角度"为 120 度、选中"使用全局光"复选框、"距离"为 0 像素、"扩展"为 0%、"大小"为 6 像素，如图 8-5 所示。

图 8-2 打开素材图像

图 8-3 绘制圆角矩形

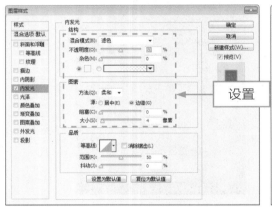

图 8-4 设置"内发光"参数

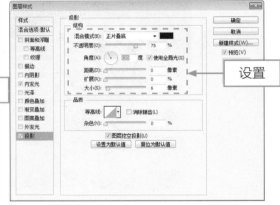

图 8-5 设置"投影"参数

步骤 05 单击"确定"按钮，即可设置图层样式，并设置图层"不透明度"为 75%，效果如图 8-6 所示。

步骤 06 新建"图层 2"图层，选取工具箱中的自定形状工具，在工具属性栏中设置"选择工具模式"为"路径"，单击"形状"右侧的下拉按钮，在弹出的下拉列表框中选择"搜索"选项，如图 8-7 所示。

步骤 07 按住【Alt】键的同时，在圆角矩形上绘制一个搜索图形，如图 8-8 所示。

步骤 08 按【Ctrl + Enter】组合键，将路径转换为选区，按【Alt + Delete】组合键，填充选区为白色，并取消选区，如图 8-9 所示。

步骤 09 双击"图层 2"图层，在弹出的"图层样式"对话框中，选中"投影"复选框，在其中设置"距离"为 3 像素、"扩展"为 0%、"大小"为 3 像素，如图 8-10 所示。

步骤 10 单击"确定"按钮，即可设置图层样式，并调整搜索图形至合适位置，如图 8-11 所示。

图 8-6 设置图层样式与图层不透明度　　　　图 8-7 选择"搜索"选项

图 8-8 绘制一个搜索图形

图 8-9 转换并填充选区

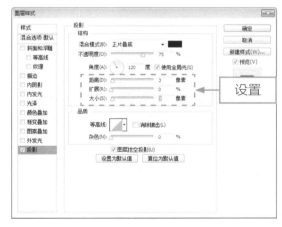

图 8-10 设置"投影"中各选项

图 8-11 应用图层样式效果

步骤 11 选取工具箱中的横排文字工具，在工具属性栏中设置"字体系列"为 Times New Roman、"字体大小"为"36 点"、"文本颜色"为白色，输入文字，如图 8-12 所示。

步骤 12 选择文字图层，设置图层的"不透明度"为 60%，如图 8-13 所示。

图 8-12 输入文字　　　　　　　　　图 8-13 设置图层不透明度

步骤 13 执行操作后，即可完成手机搜索框的设计，效果如图 8-14 所示。

用户可以根据需要，设计出其他背景的效果，如图 8-15 所示。

图 8-14 最终效果　　　　　　　　图 8-15 扩展效果

8.1.2 设计手机解锁滑块

当手机一段时候没有使用的时候，手机系统就会自动进入锁定状态，重新打开屏幕以后，用户需要拖曳滑块进行解锁才能进入手机系统。

本实例最终效果如图 8-16 所示。

下面详细介绍设计手机解锁滑块的操作方法。

素材文件	光盘 \ 素材 \ 第 8 章 \ 锁屏界面 .jpg、解锁滑块背景 .jpg
效果文件	光盘 \ 效果 \ 第 8 章 \ 手机解锁滑块 .psd、手机解锁滑块 .jpg
视频文件	光盘 \ 视频 \ 第 8 章 \8.1.2 设计手机解锁滑块 .mp4

图 8-16　实例效果

步骤　01　单击"文件"|"打开"命令，打开一幅素材图像，如图 8-17 所示。

步骤　02　单击"文件"|"打开"命令，打开"解锁滑块背景 .jpg"素材图像，运用移动工具
将其拖曳至"锁屏界面"图像编辑窗口中的合适位置处，如图 8-18 所示。

图 8-17　打开素材图像　　　　　　　　图 8-18　添加背景素材

步骤　03　在"图层"面板中，新建"图层 2"图层，如图 8-19 所示。

步骤　04　选取工具箱中的圆角矩形工具，在工具属性栏中设置"选择工具模式"为"路径"、
"半径"为 5 像素，绘制一个圆角矩形路径，如图 8-20 所示。

步骤　05　按【Ctrl + Enter】组合键，即可将路径转换为选区，选取工具箱中的渐变工具，为
选区填充黑色（RGB 参数值均为 0）到灰色（RGB 参数值均为 184）的线性渐变，如图 8-21 所示。

图 8-19 新建"图层 2"图层

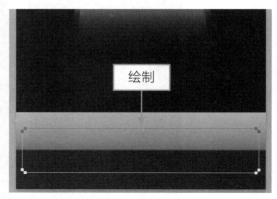

图 8-20 绘制圆角矩形路径

步骤 06 按【Ctrl + D】组合键，取消选区，双击"图层 2"图层，在弹出的"图层样式"对话框中，选中"内发光"复选框，在其中设置"方法"为"精确"、"阻塞"为 0%、"大小"为 2 像素，如图 8-22 所示。

图 8-21 填充线性渐变

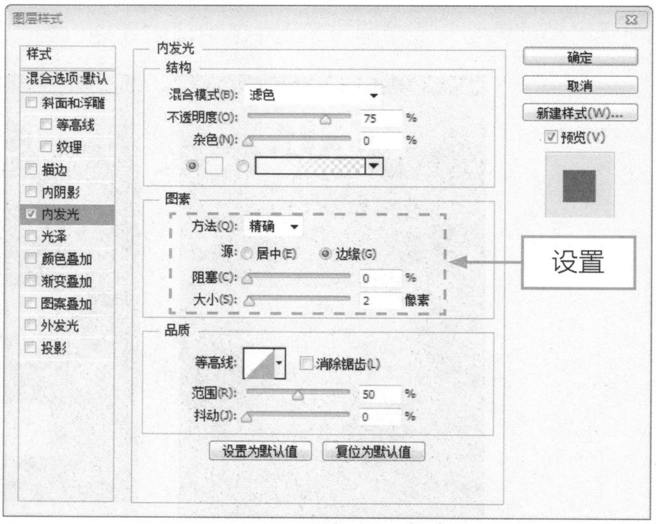

图 8-22 设置"内发光"中各选项

步骤 07 单击"确定"按钮，即可设置图层样式，效果如图 8-23 所示。

步骤 08 新建"图层 3"图层，选取工具箱中的圆角矩形工具，在工具属性栏中设置"选择工具模式"为"路径"、"半径"为 8 像素，绘制一个圆角矩形路径，如图 8-24 所示。

步骤 09 按【Ctrl + Enter】组合键，将路径转换为选区，选取工具箱中的渐变工具，为选区填充浅绿色（RGB 参数值为 161、227、147）到绿色（RGB 参数值为 63、166、40）到深绿色（RGB 参数值为 30、121、9）再到浅绿色（RGB 参数值为 165、224、152）的线性渐变，并取消选区，如图 8-25 所示。

图 8-23 应用图层样式效果

图 8-24 绘制圆角矩形路径

步骤 **10** 双击"图层 3"图层，弹出"图层样式"对话框，选中"内阴影"复选框，取消选中"使用全局光"复选框，在其中设置"角度"为 -90 度、"距离"为 1 像素、"阻塞"为 5%、"大小"为 4 像素，如图 8-26 所示。

图 8-25 填充线性渐变

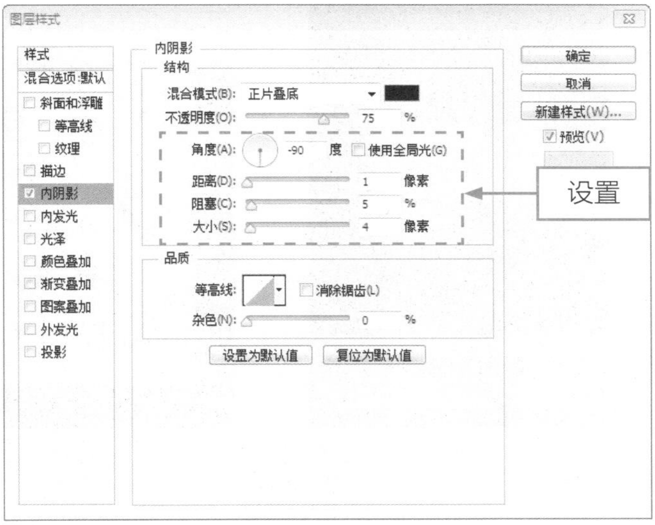

图 8-26 设置"内阴影"中各选项

步骤 **11** 选中"内发光"复选框，在其中设置"阻塞"为 0%、"大小"为 5 像素，如图 8-27 所示。

步骤 **12** 选中"投影"复选框，在其中设置"混合模式"为"正片叠底"、"不透明度"为 75%、"距离"为 1 像素、"扩展"为 0%、"大小"为 5 像素，如图 8-28 所示。

步骤 **13** 单击"确定"按钮，即可设置图层样式，效果如图 8-29 所示。

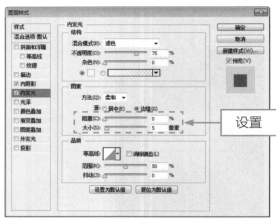

图 8-27 设置"内发光"中各选项

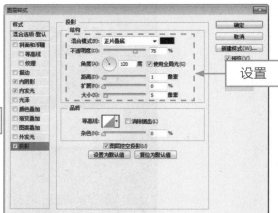

图 8-28 设置"投影"中各选项

步骤 **14** 新建"图层 4"图层，设置前景色为白色，选取工具箱中的自定形状工具，在工具属性栏中设置"选择工具模式"为"像素"，单击"形状"右侧的下拉按钮，在弹出的下拉列表框中选择"箭头 9"选项，如图 8-30 所示。

图 8-29 应用图层样式效果

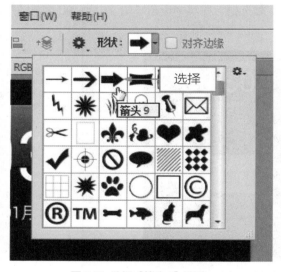

图 8-30 选择"箭头 9"选项

步骤 **15** 绘制一个白色箭头图形，双击"图层 4"图层，在弹出的"图层样式"对话框中，选中"投影"复选框，在其中设置"距离"为 2 像素、"扩展"为 0%、"大小"为 3 像素，如图 8-31 所示。

步骤 **16** 单击"确定"按钮，即可为箭头图形添加投影样式，效果如图 8-32 所示。

步骤 **17** 选取工具箱中的横排文字工具，确认插入点，在工具属性栏中设置"字体系列"为"华文细黑"、"字体大小"为 8 点、"文本颜色"为白色，输入文本，并适当调整文本间距，如图 8-33 所示。

步骤 **18** 按【Ctrl + J】组合键，拷贝文字图层，并隐藏原拷贝图层，在拷贝的文字图层上，单击鼠标右键，在弹出的快捷菜单中选择"栅格化文字"选项，如图 8-34 所示。

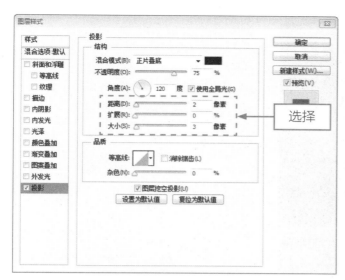

图 8-31 设置"投影"中各选项

图 8-32 添加投影样式效果

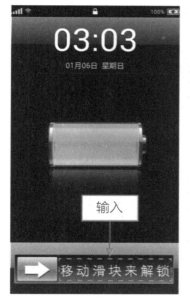

图 8-33 输入文本

图 8-34 选择"栅格化文字"选项

步骤 19 执行操作后，栅格化文字图层，按住【Ctrl】键的同时，单击"移动滑块来解锁拷贝"图层的图层缩览图，建立选区，如图 8-35 所示。

步骤 20 为拷贝的文字图层添加图层蒙版，如图 8-36 所示。

步骤 21 选中图层蒙版，选取工具箱中的渐变工具，为选区从右至左填充黑色（RGB 参数值均为 0）到白色（RGB 参数值均为 255）的线性渐变，隐藏部分图像，完成解锁滑块的设计，效果如图 8-37 所示。

用户可以根据需要，设计出其他颜色的效果，如图 8-38 所示。

图 8-35 建立选区   图 8-36 添加图层蒙版

图 8-37 最终效果   图 8-38 扩展效果

8.1.3 设计拨号图标

拨号图标是手机用户经常接触的一个重要系统功能，通过它可以快速调出拨号键盘进行拨号操作。

本实例最终效果如图 8-39 所示。

下面详细介绍设计拨号图标的操作方法。

素材文件	光盘 \ 素材 \ 第 8 章 \ 拨号 .psd
效果文件	光盘 \ 效果 \ 第 8 章 \ 拨号图标 .psd、拨号图标 .jpg
视频文件	光盘 \ 视频 \ 第 8 章 \8.1.3 设计拨号图标 .mp4

图 8-39 实例效果

步骤 01 新建一幅"名称"为"拨号图标"、"宽度"为 500 像素、"高度"为 400 像素、"分辨率"为 72 像素/英寸的空白文件，新建"图层 1"图层，如图 8-40 所示。

步骤 02 设置前景色为黑色，按【Alt + Delete】组合键，填充前景色，如图 8-41 所示。

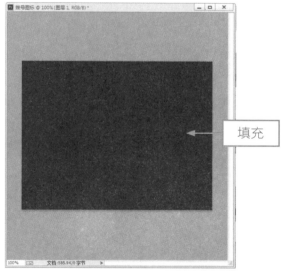

图 8-40 新建"图层 1"图层   图 8-41 填充前景色

专家指点

　　Photoshop CC 工具箱底部有一组前景色和背景色设置图标，在 Photoshop CC 中，所有被用到的图像中的颜色都会在前景色或背景色中表现出来。可以使用前景色来绘画、填充和描边，使用背景色来进行渐变填充和在空白区域中填充。此外，在应用一些具有特殊效果的滤镜时，也会用到前景色和背景色。设置前景色和背景色时利用的是工具箱下方的两个色块，默认情况下，前景色为黑色，背景色为白色。

步骤 **03** 新建"图层 2"图层，选取工具箱中的圆角矩形工具，在工具属性栏中，设置"选择工具模式"为"像素"、"半径"为"10 像素"，绘制一个蓝色（RGB 参数值分别为 87、156、211）的圆角矩形，如图 8-42 所示。

步骤 **04** 复制"图层 2"图层，按【Ctrl + T】组合键，缩放图像，如图 8-43 所示。

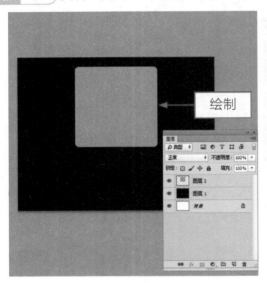

图 8-42 绘制圆角矩形

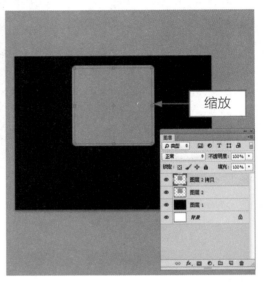

图 8-43 缩放图像

步骤 **05** 双击"图层 2 拷贝"图层，在弹出的"图层样式"对话框中，选中"内阴影"复选框，如图 8-44 所示。

步骤 **06** 取消选中"使用全局光"复选框，设置"角度"为 90 度、"距离"为 0 像素、"阻塞"为 0%、"大小"为 15 像素，如图 8-45 所示。

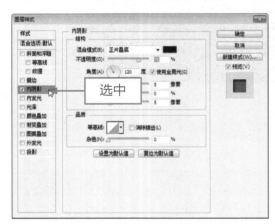

图 8-44 设置图层样式

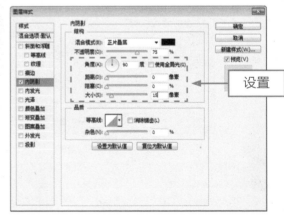

图 8-45 设置各选项

步骤 **07** 选中"外发光"复选框，设置"扩展"为 50%、"大小"为 5 像素，如图 8-46 所示。

步骤 **08** 单击"确定"按钮，即可设置图层样式，效果如图 8-47 所示。

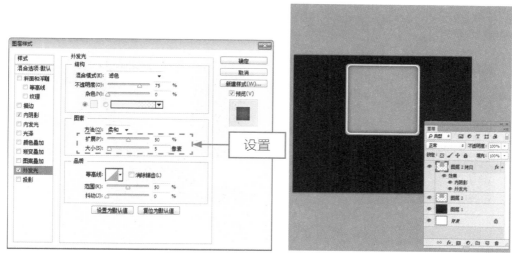

图 8-46 设置各选项　　　　　　　　　　　图 8-47 应用图层样式效果

步骤 09 在"图层"面板中，复制"图层 2"图层，得到"图层 2 拷贝 2"图层，并将其调整至最上方，如图 8-48 所示。

步骤 10 按【Ctrl + T】组合键调出变换控制框，适当调整图像大小，如图 8-49 所示。

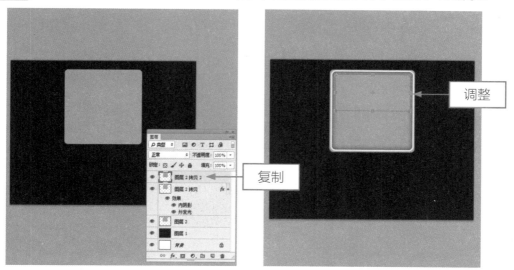

图 8-48 复制图层　　　　　　　　　　　　图 8-49 调整图像大小

步骤 11 按【Ctrl】键的同时单击"图层 2 拷贝 2"图层的图层缩览图，载入选区，如图 8-50 所示。

步骤 12 为选区填充浅蓝色（RGB 参数值分别为 103、172、229），并取消选区，设置"图层 2 拷贝 2"图层的"不透明度"为 80%，效果如图 8-51 所示。

步骤 13 隐藏"背景"图层和"图层 1"图层，按【Alt + Ctrl + Shift + E】组合键，盖印图层，得到"图层 3"图层，如图 8-52 所示。

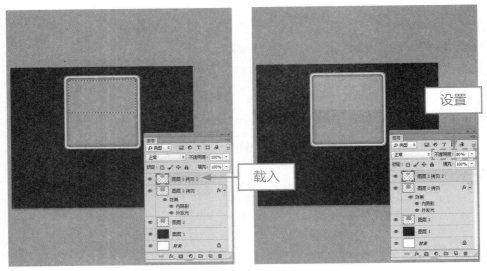

图 8-50 载入选区　　　　　　　　　　图 8-51 图像效果

步骤 14 显示隐藏的图层，选择盖印的图像，按【Ctrl + T】组合键，调出变换控制框，单击鼠标右键，在弹出的快捷菜单中，选择"垂直翻转"选项，并将翻转的图像调整至合适位置，按【Enter】键确认，如图 8-53 所示。

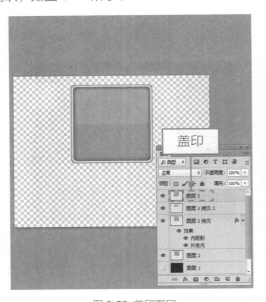

图 8-52 盖印图层

图 8-53 调整图像

步骤 15 为"图层 3"图层添加图层蒙版，选取工具箱中的渐变工具，为图层蒙版添加白色到黑色的线性渐变，重复使用渐变，设置"图层 3"图层的"不透明度"为 80%，制作倒影效果，如图 8-54 所示。

步骤 16 打开"拨号 .psd"素材图像，将其拖曳至"拨号图标"图像编辑窗口中的合适位置处，效果如图 8-55 所示。

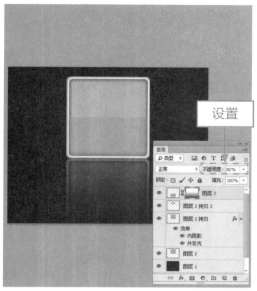

图 8-54 制作倒影效果

图 8-55 最终效果

用户可以根据需要，设计出其他颜色的效果，如图 8-56 所示。

图 8-56 扩展效果

8.2 设计移动 APP 常用元素

本节主要向读者介绍相册 APP 图标、旅游 APP 菜单栏、社交 APP 选项框等移动 APP 常用元素的 UI 设计方法。

8.2.1 设计相册 APP 图标

由于现在手机像素越来越高，可以说人们已经把手机当作相机使用，在上面存满了大量的照片，这时如何管理这些照片成了一个难题。手机相册 APP 则可以帮助解决这些烦恼，让我们更好地管理手机上的照片。

本实例最终效果如图 8-57 所示。

图 8-57 实例效果

	素材文件	光盘 \ 素材 \ 第 8 章 \ 底边 .psd
	效果文件	光盘 \ 效果 \ 第 8 章 \ 相册 APP 图标 .psd、相册 APP 图标 .jpg
	视频文件	光盘 \ 视频 \ 第 8 章 \8.2.1 设计相册 APP 图标 .mp4

步骤 01 新建一幅"名称"为"相册 APP 图标"、"宽度"为 350 像素、"高度"为 350 像素、"分辨率"为 300 像素 / 英寸的空白文件，如图 8-58 所示。

步骤 02 选取工具箱中的圆角矩形工具，在工具属性栏中设置"选择工具模式"为"路径"、"半径"为"16 像素"，绘制一个圆角矩形路径，如图 8-59 所示。

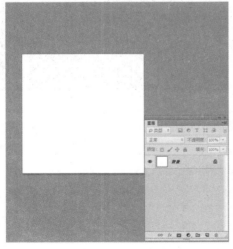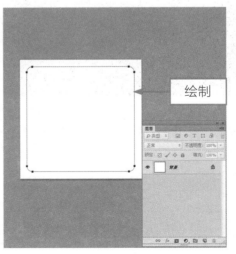

图 8-58 新建空白文件　　　　　　图 8-59 绘制一个圆角矩形路径

步骤 03 单击"路径"面板中的"用画笔描边路径"按钮，对路径进行描边，按【Ctrl + Enter】组合键，将路径转换为选区，新建"图层 1"图层，选取工具箱中的渐变工具，为选区填充浅黄色（RGB 参数值为 255、238、161）到黄色（RGB 参数值为 212、180、30）的线性渐变，如图 8-60 所示。

步骤 04 按【Ctrl + D】组合键，取消选区，如图 8-61 所示。

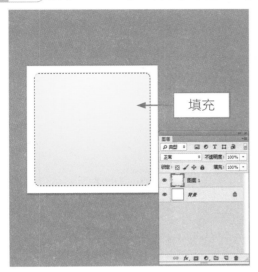

图 8-60 填充线性渐变

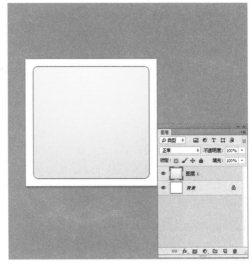

图 8-61 取消选区

步骤 05 双击"图层 1"图层，在弹出的"图层样式"对话框中，选中"投影"复选框，在其中设置"距离"为 0 像素、"扩展"为 6%、"大小"为 15 像素，如图 8-62 所示。

步骤 06 单击"确定"按钮，即可设置图层样式，效果如图 8-63 所示。

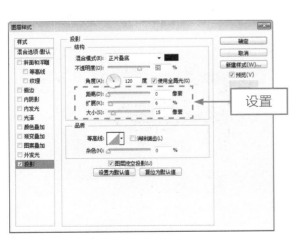

图 8-62 设置"投影"选项

图 8-63 应用图层样式效果

步骤 07 打开"底边 .psd"素材图像，运用移动工具将其拖曳至"相册 APP 图标"图像编辑窗口中的合适位置处，效果如图 8-64 所示。

步骤 08 双击"底边"图层，在弹出的"图层样式"对话框中选中"投影"复选框，在其中设置"距离"为 0 像素、"扩展"为 4%、"大小"为 15 像素，如图 8-65 所示。

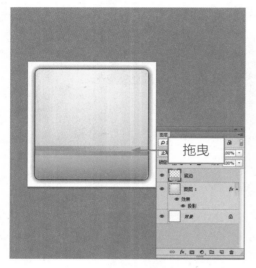

图 8-64 添加素材

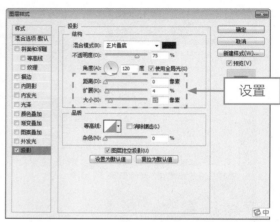

图 8-65 设置图层样式参数

步骤 09 单击"确定"按钮，即可设置图层样式，效果如图 8-66 所示。

步骤 10 打开"照片 .jpg"素材图像，运用矩形选框工具在图像上创建选区，如图 8-67 所示，按【Ctrl + C】组合键复制图像。

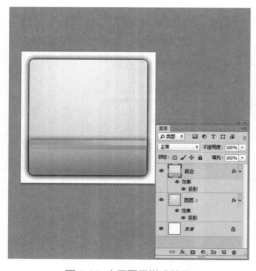

图 8-66 应用图层样式效果

图 8-67 框选图片

步骤 11 切换至"相册 APP 图标"图像编辑窗口，选择"图层 1"图层，按【Ctrl + V】组合键粘贴图像，并对图片进行调整，如图 8-68 所示。

步骤 12 按住【Ctrl】键的同时,单击"图层2"图层的图层缩览图,载入选区,单击"选择"|"修改"|"扩展"命令,在弹出的对话框中设置"扩展量"为10像素,如图8-69所示,单击"确定"按钮。

图 8-68 调整图片

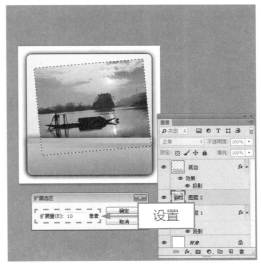

图 8-69 设置参数

步骤 13 在"图层2"图层下方新建"图层3"图层,设置背景色为白色,按【Ctrl + Delete】组合键,为选区填充颜色,如图8-70所示。

步骤 14 取消选区,将"图层2"和"图层3"合并为"图层2"图层,复制"图层2"图层,并调整"图层2"图层的图像形状,如图8-71所示。

图 8-70 填充选区颜色

图 8-71 调整图片

步骤 15 双击"图层2拷贝"图层,在弹出的"图层样式"对话框中,选中"投影"复选框,在其中设置"距离"为5像素、"扩展"为5%、"大小"为10像素,如图8-72所示。

步骤 16 单击"确定"按钮，即可设置图层样式，效果如图 8-73 所示。

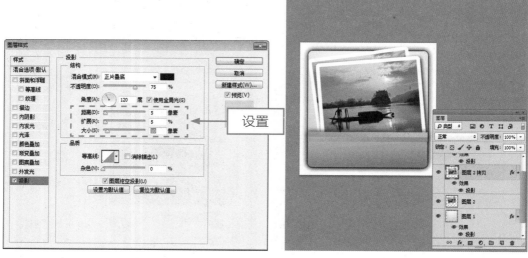

图 8-72 设置各选项　　　　　　　　　　　　图 8-73 应用图层样式效果

步骤 17 双击"图层 2"图层，在弹出的"图层样式"对话框中选中"投影"复选框，在其中设置"距离"为 5 像素、"扩展"为 5%、"大小"为 10 像素，如图 8-74 所示。

步骤 18 单击"确定"按钮，即可设置图层样式，效果如图 8-75 所示。

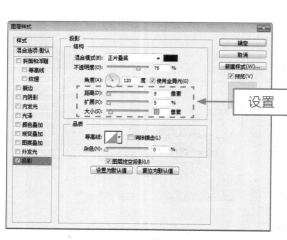

图 8-74 设置各选项　　　　　　　　　　　　图 8-75 应用图层样式效果

专家指点

　　可以直接在键盘上按【D】键快速将前景色和背景色调整到默认状态；按【X】键，可以快速切换前景色和背景色的颜色。

步骤 19 选取工具箱中的横排文字工具，确认插入点，如图 8-76 所示。

步骤 20 在工具属性栏中设置"字体系列"为华文楷体、"字体大小"为"12 点"、"文本颜色"为黑色，输入文本，如图 8-77 所示。

图 8-76 应用图层样式效果

输入

图 8-77 输入文字

步骤 21 双击"文本"图层，在弹出的"图层样式"对话框中，选中"外发光"复选框，在其中设置"扩展"为 10%、"大小"为 10 像素，如图 8-78 所示。

步骤 22 选中"投影"复选框，在其中设置"距离"为 5 像素、"扩展"为 5%、"大小"为10 像素，如图 8-79 所示。

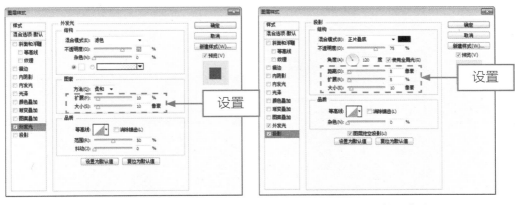

设置

设置

图 8-78 设置"外发光"选项   图 8-79 设置"投影"选项

专家指点

填充指的是在被编辑的图像文件中，可以对整体或局部使用单色、多色或复杂的图案进行覆盖，Photoshop CC 中的"填充"命令功能非常强大。通常情况下，在运用该命令进行填充操作前，需要创建一个合适的选区，若当前图像中不存在选区，则填充效果将作用于整幅图像内，此外该命令对"背景"图层无效。

步骤 23 单击"确定"按钮，即可设置图层样式，效果如图 8-80 所示。

用户可以根据需要，设计出其他颜色的效果，如图 8-81 所示。

图 8-80　最终效果　　　　　　　　　　　　　　图 8-81　扩展效果

8.2.2　设计旅游 APP 菜单栏

随着人们的生活水平的提高，旅游出行已经在越来越多人的年中计划里。随着智能终端设备、移动互联网的高度发展，加快了传统旅游行业与移动互联网产业的融合速度。如今，用户只需动动手指，在手机上打开各类旅游 APP，即可随时了解最新的旅游资讯、旅游攻略、景点，还可以实时查机票、订酒店、订门票。移动旅游成为了当下旅游业的关键词，而旅游出行类 APP 则已经成为用户装机的必备应用。

本实例最终效果如图 8-82 所示。

图 8-82　实例效果

素材文件	光盘\素材\第8章\旅游 APP.jpg、图标 .psd
效果文件	光盘\效果\第8章\旅游 APP 菜单栏 .psd、旅游 APP 菜单栏 .jpg
视频文件	光盘\视频\第8章\8.2.2 设计旅游 APP 菜单栏 .mp4

步骤 01 单击"文件"|"打开"命令，打开一幅素材图像，如图 8-83 所示。

步骤 02 展开"图层"面板，新建"图层 1"图层，如图 8-84 所示。

图 8-83 打开素材图像

图 8-84 新建"图层 1"图层

步骤 03 运用矩形选框工具在图像下方创建一个矩形选区，如图 8-85 所示。

步骤 04 单击"编辑"|"描边"命令，如图 8-86 所示。

图 8-85 创建矩形选区

图 8-86 单击"描边"命令

步骤 05 弹出"描边"对话框，设置"宽度"为 1 像素、"颜色"为黑色，如图 8-87 所示。

步骤 06 单击"确定"按钮，即可为选区描边，如图 8-88 所示。

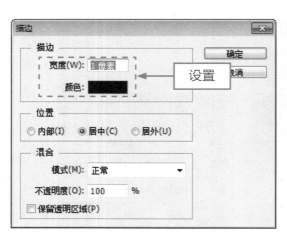

图 8-87 "描边"对话框

图 8-88 为选区描边

步骤 07 按【Ctrl + D】组合键，取消选区，如图 8-89 所示。

步骤 08 复制 3 个矩形框图像，并适当调整其位置，如图 8-90 所示。

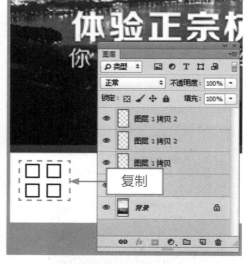

图 8-89 取消选区

图 8-90 复制并调整图像

专家指点

　　在 Photoshop CC 中，运用油漆桶工具 可以快速、便捷地为图像填充颜色，填充的颜色以前景色为准。选择油漆桶工具并按住【Shift】键单击画布边缘，即可设置画布底色为当前选择的前景色。如果还要还原到默认的颜色，设置前景色为 25% 灰度（R192、G192、B192）再次按住【Shift】单击画布边缘即可。油漆桶工具与"填充"命令非常相似，主要用于在图像或选区中填充颜色或图案，但油漆桶工具在填充前会对鼠标单击位置的颜色进行取样，从而常用于填充颜色相同或相似的图像区域。

步骤 09 在"图层"面板中新建"图层 2"图层，如图 8-91 所示。

步骤 10 选取工具箱中的直线工具，在工具属性栏中设置"选择工具模式"为"像素"、"粗细"为 1 像素，绘制一条直线段，如图 8-92 所示。

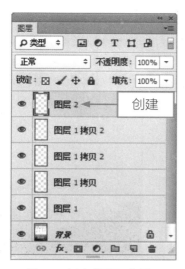

图 8-91 新建"图层 2"图层

图 8-92 绘制直线

步骤 11 复制 2 个直线图像，并适当调整其位置，如图 8-93 所示。

步骤 12 在"图层"面板中新建"图层 3"图层，如图 8-94 所示。

图 8-93 复制直线图像

图 8-94 新建"图层 3"图层

专家指点

　　在手机 APP 的制作过程中，图形、控件、图标等作为手机常用元素被广泛应用。手机 APP 中的常用图形包括圆形、方形、圆角、Squircle、组合图形以及虚线等。图形的应用范围很广，如图标、自定义控件的制作、界面边框制作等都能运用得到。

步骤 13 选取工具箱中的自定形状工具，在工具属性栏中设置"选择工具模式"为"像素"，单击"形状"右侧的下拉按钮，在弹出的下拉列表框中选择"全球互联网搜索"选项，如图 8-95 所示。

步骤 14 在图像窗口中绘制一个黑色的自定形状，效果如图 8-96 所示。

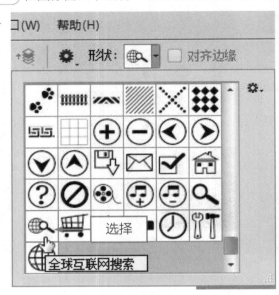

图 8-95 选择"全球互联网搜索"选项　　图 8-96 绘制自定形状

步骤 15 选取自定形状工具，在工具属性栏中设置"选择工具模式"为"路径"，单击"形状"右侧的下拉按钮，在弹出的下拉列表框中选择"红心形卡"选项，如图 8-97 所示。

步骤 16 新建"图层 4"图层，在图像窗口中绘制一个心形路径，效果如图 8-98 所示。

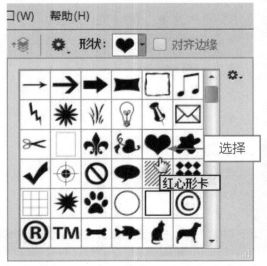

图 8-97 选择"红心形卡"选项　　图 8-98 绘制心形路径

步骤 17 按【Ctrl + Enter】组合键，将路径转换为选区，如图 8-99 所示。

步骤 18 单击"编辑"|"描边"命令，弹出"描边"对话框，设置"宽度"为 1 像素、"颜色"为红色，如图 8-100 所示。

图 8-99 将路径转换为选区　　　　图 8-100 "描边"对话框

步骤 19 单击"确定"按钮，为选区描边，如图 8-101 所示。

步骤 20 按【Ctrl + D】组合键，取消选区，效果如图 8-102 所示。

图 8-101 为选区描边　　　　图 8-102 取消选区

专家指点

在 APP 菜单栏中，平行按钮常用于各种子功能之间的切换，位置一般在页面主体偏上区域，但最近也常被放在页面底部。

步骤 21 打开"图标 .psd"素材图像，运用移动工具将其拖曳至"旅游 APP"图像编辑窗口中的合适位置处，效果如图 8-103 所示。

步骤 22 选取工具箱中的横排文字工具，在"字符"面板中设置"字体系列"为"微软雅黑"、"字体大小"为 12 点、"字距调整"为 20、"颜色"为黑色，如图 8-104 所示。

图 8-103 拖入素材图像　　　　　　　　图 8-104 "字符"面板

步骤 23 在图像下方输入相应文字，并适当调整其位置，即可完成菜单栏的制作，效果如图 8-105 所示。

用户可以根据需要更换背景调整颜色，设计出团购 APP 的菜单栏效果，如图 8-106 所示。

图 8-105 最终效果（1）　　　　　　　图 8-106 最终效果（2）

8.2.3 设计社交 APP 选项框

选项框可分为 3 个部分：框体、选项头和选项主体。为了让简易的选项框能够更具有吸引力，本实例为选项头设置了绿色到浅蓝色的线性渐变。

本实例最终效果如图 8-107 所示。

图 8-107 实例效果

下面详细介绍设计社交 APP 选项框的操作方法。

素材文件	光盘 \ 素材 \ 第 8 章 \ 社交 APP.jpg、线条与图标 .psd、下拉按钮 .psd
效果文件	光盘 \ 效果 \ 第 8 章 \ 社交 APP 选项框 .psd、社交 APP 选项框 .jpg
视频文件	光盘 \ 视频 \ 第 8 章 \8.2.3 设计社交 APP 选项框 .mp4

步骤 01 单击"文件"|"打开"命令，打开一幅素材图像，如图 8-108 所示。

步骤 02 展开"图层"面板，新建"图层 1"图层，如图 8-109 所示。

图 8-108 打开素材图像　　　图 8-109 新建"图层 1"图层

步骤 **03** 设置前景色为黑色，按【Alt + Delete】组合键，填充前景色，如图 8-110 所示。

步骤 **04** 设置"图层 1"图层的"不透明度"为 50%，效果如图 8-111 所示。

图 8-110 填充前景色

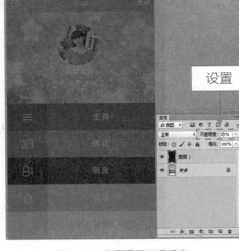

图 8-111 设置图层不透明度

步骤 **05** 在"图层"面板中，新建"图层 2"图层，如图 8-112 所示。

步骤 **06** 选取工具箱中的圆角矩形工具，在工具属性栏中设置"选择工具模式"为"像素"、"半径"为"10 像素"，在编辑区中绘制一个白色圆角矩形，按【Ctrl + T】组合键，调出变换控制框，调整矩形大小和位置，按【Enter】键确认，如图 8-113 所示。

图 8-112 新建"图层 2"图层

图 8-113 绘制白色圆角矩形

步骤 **07** 双击"图层 2"图层，在弹出的"图层样式"对话框中，选中"描边"复选框，在其中设置"大小"为 3 像素、"位置"为"外部"、"颜色"为白色，如图 8-114 所示。

步骤 08 选中"投影"复选框,在其中设置"混合模式"为"正片叠底"、"阴影颜色"为蓝色(RGB 参数值为 52、162、187)、"不透明度"为 75%、"角度"为 120 度、"距离"为 0 像素、"扩展"为 50%、"大小"为 20 像素,如图 8-115 所示。

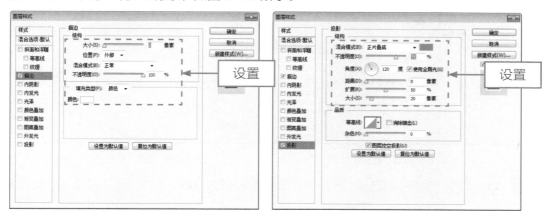

图 8-114 设置"描边"参数　　　　　　　　图 8-115 设置"投影"参数

步骤 09 单击"确定"按钮,即可设置图层样式,效果如图 8-116 所示。

步骤 10 新建"图层 3"图层,选取工具箱中的矩形工具,在编辑区中绘制一个蓝色(RGB 参数值为 82、167、221)矩形像素图形,如图 8-117 所示。

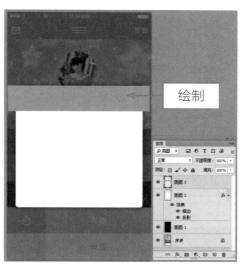

图 8-116 应用图层样式效果　　　　　　　　图 8-117 绘制矩形

步骤 11 双击"图层 3"图层,选中"描边"复选框,在其中设置"大小"为 2 像素、"位置"为"内部"、"颜色"为蓝色(RGB 参数值为 0、156、255),如图 8-118 所示。

步骤 12 选中"渐变叠加"复选框,在其中设置"混合模式"为"正常"、"不透明度"为 100%、渐变为蓝色(RGB 参数值为 82、167、221)到蓝色(RGB 参数值为 52、162、187)再到浅蓝色(RGB 参数值为 81、229、255)、"样式"为"线性"、"角度"为 90 度、"缩放"为 100%,如图 8-119 所示。

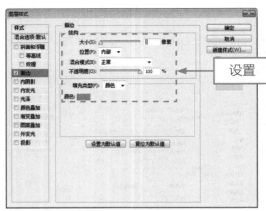

图 8-118 设置"描边"参数

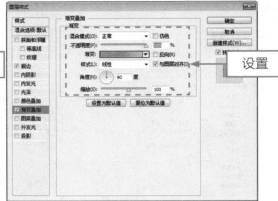

图 8-119 设置"渐变叠加"参数

步骤 13 选中"投影"复选框,在右侧设置"距离"为 2 像素、"大小"为 2 像素,如图 8-120 所示。

步骤 14 单击"确定"按钮,即可设置图层样式,效果如图 8-121 所示。

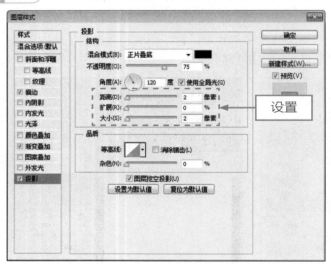

图 8-120 设置"投影"参数

图 8-121 应用图层样式效果

专家指点

在操作过程中,根据图像的需要将图层样式转换为普通图层,有助于用户更加便捷地编辑图层样式。在本实例的"图层"面板中,选中"图层 3"图层,在"效果"图层上单击鼠标右键,在弹出的快捷菜单中选择"创建图层"选项,即可将图层的图层样式转换为普通图层。

步骤 15 选中"图层 3"图层,单击"图层"|"创建剪贴蒙版"命令,创建图层剪贴蒙版,选取工具箱中的移动工具,移动图层 3 中的图像至合适位置,如图 8-122 所示。

步骤 16 打开"线条与图标 .psd"素材图像,运用移动工具将其拖曳至"社交 APP"图像编辑窗口中的合适位置处,效果如图 8-123 所示。

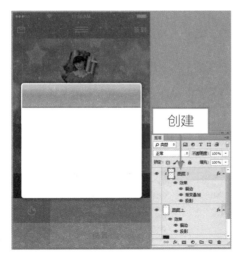

图 8-122 创建图层剪贴蒙版效果

图 8-123 添加图标素材

步骤 17 打开"下拉按钮 .psd"素材图像，运用移动工具将其拖曳至"社交 APP"图像编辑窗口中的合适位置处，效果如图 8-124 所示。

步骤 18 选取工具箱中的横排文字工具，单击"窗口"|"字符"命令，展开"字符"面板，设置"字体系列"为"微软雅黑"、"字体大小"为"36 点"、"字距调整"为 200、"颜色"为白色，如图 8-125 所示。

图 8-124 拖入下拉按钮素材

图 8-125 设置字符参数

专家指点

　　用户在使用 Photoshop CC 处理图像的过程中，有时需要对许多图像进行相同的效果处理，若是重复操作，将会浪费大量的时间，为了提高操作效率，用户可以通过 Photoshop CC 提供的自动化功能，将编辑图像的许多步骤简化为一个动作，极大地提高设计师们的工作效率。

步骤 19 在图像编辑窗口中，输入相应的文本，如图 8-126 所示。

步骤 20 双击文本图层，在弹出的"图层样式"对话框中，选中"投影"复选框，设置"混合模式"为"正片叠底"、"不透明度"为 75%、"距离"为 1 像素、"大小"为 1 像素，如如图 8-127 所示。

图 8-126 输入相应的文本

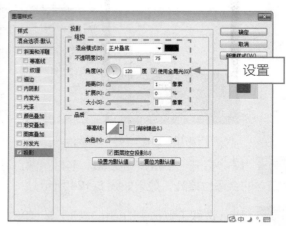

图 8-127 设置"外发光"参数

步骤 21 单击"确定"按钮，即可为文本添加"投影"图层样式，效果如图 8-128 所示。

步骤 22 复制文本图层，将文本调整至合适位置，输入修改的文本，隐藏图层样式效果，并调整文本大小和颜色，如图 8-129 所示。

图 8-128 为文本添加投影效果

图 8-129 输入修改的文本

步骤 23 用与上同样的方法添加其他的文本，并适当调整文本大小，效果如图 8-130 所示。

用户可以根据需要，设计出其他颜色的效果，如图 8-131 所示。

图 8-130 最终效果

图 8-131 扩展效果

专家指点

用户在 Photoshop CC 中处理图像时，经常需要从图像中获取颜色，例如需要修补图像中的某个区域的颜色，通常要从该区域附近找出相近的颜色，然后再用该颜色处理需要修补的区域，此时就需要用到吸管工具 ✎。另外，按【I】快捷键也可以快速选取吸管工具。

手机登录
UI 界面设计

学习提示

　　登录界面指的是需要提供帐号密码验证的界面，有控制用户权限、记录用户行为、保护操作安全的作用。如果你已经设计了一款手机应用程序，那么，下一步你要思考的就应该是怎样才能让更多的人看到并乐于使用它。一个有创意的登录界面绝对能够保证这款应用程序的成功。

本章案例导航

- 设计免费 WiFi 应用登录界面
- 设计社交通讯应用登录界面

9.1 设计免费 WiFi 应用登录界面

据悉，中国目前整体网民规模为 6.88 亿，增长率为 5%；移动网民达到 6.2 亿，占比提升至 90.1%。个人上网设备进一步向手机端集中，2015 年手机端 WiFi 流量占比高达 41.2%，这意味着近 40% 的移动智能设备用户使用 WiFi 上网。

如今，无论是在何时何处，免费 WiFi 都处于供不应求的状态。本实例中的手机免费 WiFi 应用是专门为手机用户打造的一款方便手机上网的软件，本节主要向读者介绍免费 WiFi 应用登录界面的设计方法。

本实例最终效果如图 9-1 所示。

图 9-1 实例效果

	素材文件	光盘 \ 素材 \ 第 9 章 \ 手机状态栏 .psd、登录框图标 .psd、WiFi 图标 .psd、WiFi 登录界面文字 .psd
	效果文件	光盘 \ 效果 \ 第 9 章 \ 免费 WiFi 应用登录界面 .psd、免费 WiFi 应用登录界面 .jpg
	视频文件	光盘 \ 视频 \ 第 9 章 \9.1.1 设计界面背景效果 .mp4、9.1.2 设计界面按钮效果 .mp4、9.1.3 设计界面复选框效果 .mp4、9.1.4 设计界面细节效果 .mp4、9.1.5 设计界面文字效果 .mp4

9.1.1 设计界面背景效果

下面主要运用矩形选框工具、渐变工具以及圆角矩形工具等，制作免费 WiFi 应用登录界面的背景效果。

步骤 01 单击"文件"|"新建"命令，弹出"新建"对话框，设置"名称"为"免费 WiFi 应用登录界面"、"宽度"为 1080 像素、"高度"为 1920 像素、"分辨率"为 72 像素 / 英寸、"颜色模式"为"RGB 颜色"、"背景内容"为"白色"，如图 9-2 所示。

步骤 02 单击"确定"按钮，新建一幅空白图像，展开"图层"面板，新建"图层 1"图层，如图 9-3 所示。

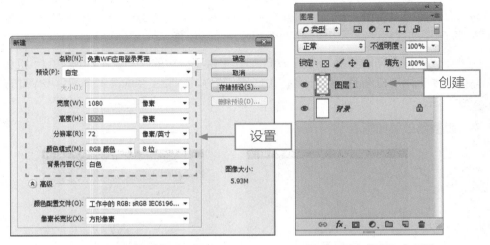

图 9-2 "新建"对话框　　　　　　　　图 9-3 新建"图层 1"图层

步骤 03 设置前景色为黑色，按【Alt + Delete】组合键，为"图层 1"图层填充黑色，如图 9-4 所示。

步骤 04 选取工具箱中的矩形选框工具，绘制一个矩形选区，如图 9-5 所示。

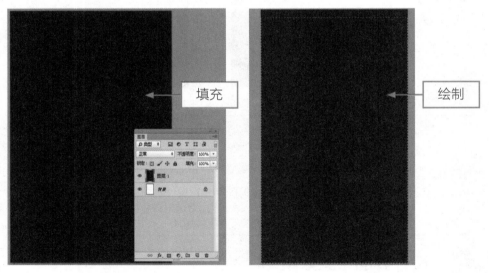

图 9-4 填充背景　　　　　　　　　图 9-5 绘制一个矩形选区

步骤 05 新建"图层 2"图层，选取工具箱中的渐变工具，在工具属性栏中，单击"点按可编辑渐变"按钮，弹出"渐变编辑器"对话框，设置渐变色条上的色标，RGB 参数值分别为（161、212、236）、（18、125、236），如图 9-6 所示。

步骤 06 单击"确定"按钮，从上至下为选区填充线性渐变，如图 9-7 所示。

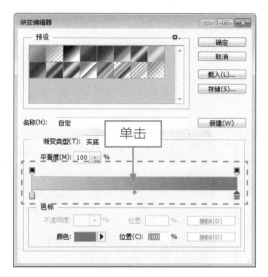

图 9-6 设置各选项

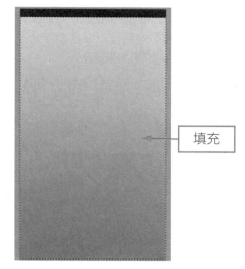

图 9-7 填充选区

步骤 **07** 按【Ctrl + D】组合键，取消选区，如图 9-8 所示。

步骤 **08** 选取工具箱中的矩形选框工具，绘制一个矩形选区，如图 9-9 所示。

图 9-8 取消选区

图 9-9 新建选区

 专家指点

　　移动选区内图像除了可以调整选区图像的位置外，还可以用于在图像编辑窗口之间复制图层或选区图像。当在背景图层中移动选区图像时，移动后留下的空白区域将以背景色填充，当在普通图层中移动选区内图像时，移动后留下的空白区域将变为透明。

　　在移动选区内图像的过程中，按住【Ctrl】键和方向键来移动选区，可以使图像向相应方向移动一个像素；按住【Alt】键移动图像，可以在移动过程中复制图像；按住【Shift】键拖曳，可以限制移动方向为水平或垂直移动。

步骤 09 选取工具箱中的渐变工具，在工具属性栏中，单击"点按可编辑渐变"按钮，弹出"渐变编辑器"对话框，设置渐变色条上的色标，RGB 参数值分别为（31、136、217）、（4、147、215），如图 9-10 所示。

步骤 10 单击"确定"按钮，新建"图层 3"图层，从上至下为选区填充线性渐变，如图 9-11 所示。

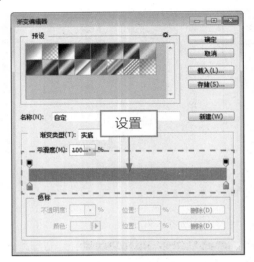

图 9-10 设置颜色参数

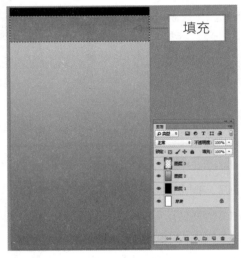

图 9-11 填充渐变颜色

步骤 11 按【Ctrl + D】组合键，取消选区，如图 9-12 所示。

步骤 12 双击"图层 3"图层，弹出"图层样式"对话框，选中"投影"复选框，在右侧设置"角度"为 90 度、"距离"为 1 像素、"大小"为 5 像素，如图 9-13 所示。

图 9-12 取消选区

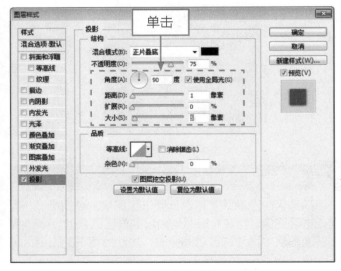

图 9-13 设置"投影"参数

步骤 13 单击"确定"按钮，即可添加"投影"图层样式，效果如图 9-14 所示。

步骤 14 新建"图层 4"图层，设置前景色为白色，选取工具箱中的圆角矩形工具，在工具属性栏中，设置"选择工具模式"为"像素"、"半径"为 8 像素，绘制一个圆角矩形，如图 9-15 所示。

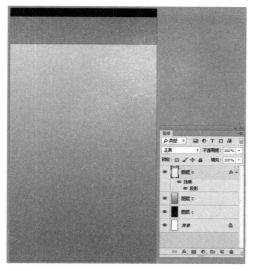

图 9-14 添加"投影"图层样式效果

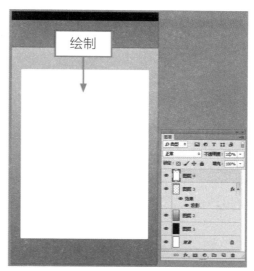

图 9-15 绘制圆角矩形

步骤 15 设置"图层 4"图层的"不透明度"为 60%，效果如图 9-16 所示。

步骤 16 执行操作后，即可改变图像效果，如图 9-17 所示。

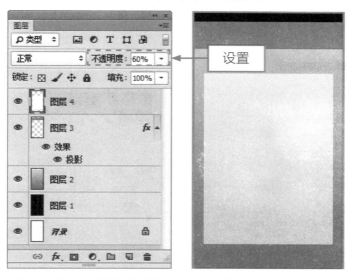

图 9-16 设置"不透明度"选项　　　图 9-17 图像效果

9.1.2 设计界面按钮效果

下面主要运用圆角矩形工具、渐变工具、图层样式以及矩形选框工具等，制作免费 WiFi 应用登录界面的按钮效果。

步骤 **01** 新建"图层5"图层,选取工具箱中的圆角矩形工具,在工具属性栏中,选择"工具模式"为"路径"、"半径"为20像素,绘制一个圆角矩形路径,如图9-18所示。

步骤 **02** 展开"属性"面板,设置W为758像素、H为100像素,如图9-19所示。

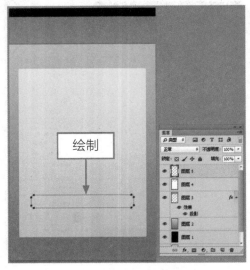

图9-18 绘制圆角矩形

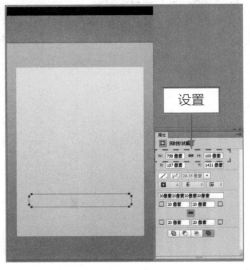

图9-19 设置路径属性

步骤 **03** 按【Ctrl + Enter】组合键,将路径转变为选区,如图9-20所示。

步骤 **04** 选取工具箱中的渐变工具,在工具属性栏中,单击"点按可编辑渐变"按钮,弹出"渐变编辑器"对话框,在渐变色条中从左至右设置两个色标RGB参数值分别为(54、169、242)、(49、134、213),如图9-21所示。

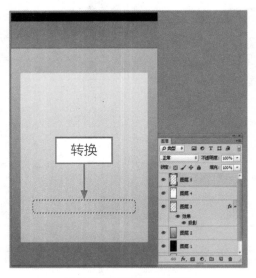

图9-20 将路径转变为选区

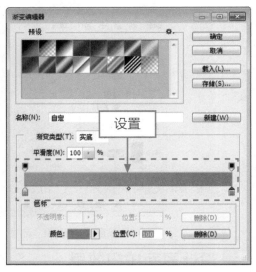

图9-21 "渐变编辑器"对话框

步骤 **05** 单击"确定"按钮,为选区填充线性渐变,效果如图9-22所示。

步骤 06 按【Ctrl + D】组合键，取消选区，如图 9-23 所示。

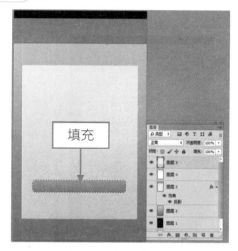
图 9-22 填充线性渐变

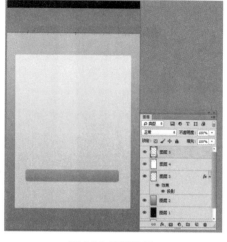
图 9-23 取消选区

专家指点

　　在选区的运用中，第一次创建的选区一般很难完成理想的选择范围，因此要进行第二次，或者第三次的选择，此时用户可以使用选区范围加减运算功能，这些功能都可直接通过工具属性栏中的按钮来实现："新选区" ，单击该按钮可以创建新的选区，替换原有的选区；"添加到选区" ，单击该按钮可以在原有的基础上添加新的选区；"从选区减去" ，单击该按钮可以在原有的选区中减去新的创建的选区；"与选区交叉" ，单击该按钮可以新建选区是只保留原有选区与新选区的相交的部分。

步骤 07 复制"图层 5"图层为"图层 5 拷贝"图层，如图 9-24 所示。

步骤 08 将复制的图像移动至合适位置，效果如图 9-25 所示。

图 9-24 复制图层

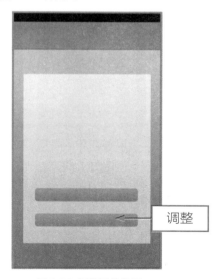
图 9-25 调整图像位置

步骤 09 按【Ctrl + T】组合键，调出变换控制框，如图 9-26 所示。

步骤 10 适当调整按钮图像的大小和位置，效果如图 9-27 所示。

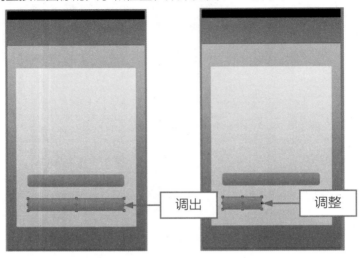

图 9-26 调出变换控制框　　　　　　　图 9-27 调整图像

步骤 11 按【Enter】键，确认变换操作，效果如图 9-28 所示。

步骤 12 按住【Ctrl】键，单击"图层 5 拷贝"图层缩览图，新建选区，如图 9-29 所示。

图 9-28 确认变换操作　　　　　　　图 9-29 新建选区

 专家指点

在 Photoshop CC 中，当用户要创建新选区时，可以单击"新选区"按钮，即可在图像中创建不重复的选区。

步骤 13 选取工具箱中的渐变工具，在工具属性栏中，单击"点按可编辑渐变"按钮，弹出"渐变编辑器"对话框，在渐变色条中从左至右设置两个色标 RGB 参数值分别为（177、177、177）、（123、123、123），如图 9-30 所示。

步骤 14 单击"确定"按钮，为选区填充线性渐变，效果如图 9-31 所示。

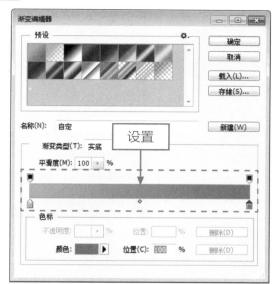

图 9-30 设置渐变色

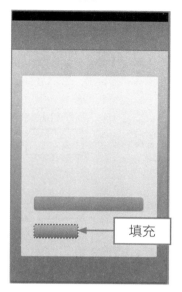

图 9-31 填充线性渐变

步骤 15 按【Ctrl + D】组合键，取消选区，如图 9-32 所示。

步骤 16 双击"图层 5 拷贝"图层，弹出"图层样式"对话框，选中"描边"复选框，在右侧设置"大小"为 3 像素、"颜色"为灰色（RGB 参数值均为 208），如图 9-33 所示。

图 9-32 取消选区

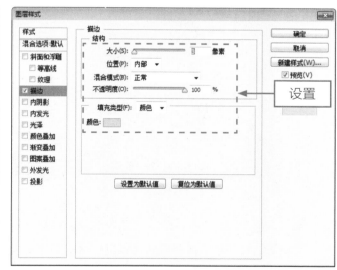

图 9-33 设置"描边"参数

步骤 17 在"图层样式"对话框的"样式"列表框中选中"投影"复选框，保持默认设置即可，如图 9-34 所示。

步骤 18 单击"确定"按钮，即可应用图层样式，效果如图 9-35 所示。

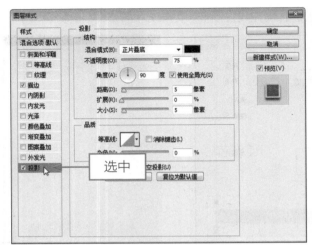

图 9-34 选中"投影"复选框　　　　　　　　图 9-35 应用图层样式

步骤 19 复制"图层 5 拷贝"图层为"图层 5 拷贝 2"图层，如图 9-36 所示。

步骤 20 将复制的图像移动至合适位置，效果如图 9-37 所示。

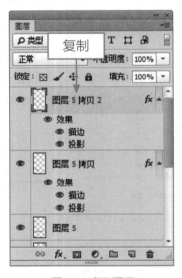

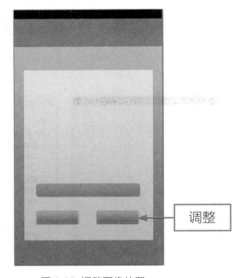

图 9-36 复制图层　　　　　　　　　图 9-37 调整图像位置

专家指点

　　选区具有灵活操作性，可多次对选区进行编辑操作，以便得到满意的选区形状。用户在创建选区时，可以对选区进行多项修改，如移动选区、取消选区、重选选区、储存选区以及载入选区等。

　　在移动选区的过程中，按住【Shift】键的同时，可沿水平、垂直或 45 度角方向进行移动，若使用键盘上的 4 个方向键来移动选区，按一次键移动一个像素，若按【Shift + 方向键】组合键，按一次键可以移动 10 个像素的位置，若按住【Ctrl】键的同时并拖曳选区，则移动选区内的图像。"取消选择"命令相对应的快捷键为【Ctrl + D】组合键。

步骤 21 按住【Ctrl】键，单击"图层 5 拷贝 2"图层缩览图，将其载入选区，如图 9-38 所示。

步骤 22 选取工具箱中的渐变工具，在工具属性栏中，单击"点按可编辑渐变"按钮，弹出"渐变编辑器"对话框，在渐变色条中从左至右设置两个色标 RGB 参数值分别为（240、240、240）、（219、223、226），如图 9-39 所示。

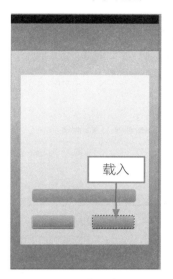
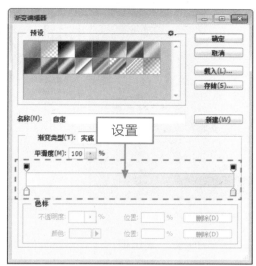

图 9-38 载入选区　　　　　　图 9-39 设置渐变色

步骤 23 单击"确定"按钮，为选区填充线性渐变，效果如图 9-40 所示。

步骤 24 按【Ctrl + D】组合键，取消选区，如图 9-41 所示。

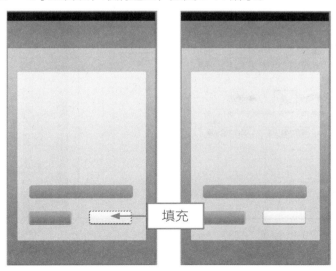

图 9-40 填充线性渐变　　　　　图 9-41 取消选区

步骤 25 新建"图层 6"图层，设置前景色为白色，选取工具箱中的圆角矩形工具，在工具属性栏中设置"选择工具模式"为"像素"、"半径"为 8 像素，绘制一个圆角矩形，如图 9-42 所示。

步骤 26 双击"图层 6"图层，弹出"图层样式"对话框，选中"描边"复选框，在其中设置"大小"为 3 像素、"颜色"为灰色（RGB 参数值均为 198），如图 9-43 所示。

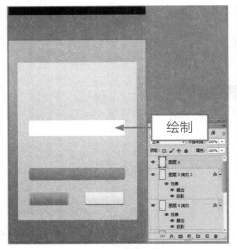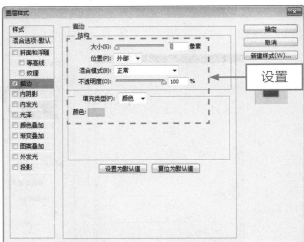

图 9-42 绘制圆角矩形　　　　　　　　　　图 9-43 设置"描边"参数

步骤 27 选中"内阴影"复选框，设置"距离"为 1 像素，如图 9-44 所示。

步骤 28 单击"确定"按钮，即可应用图层样式，效果如图 9-45 所示。

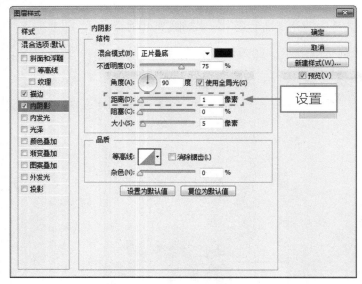

图 9-44 设置"内阴影"参数　　　　　　　　图 9-45 应用图层样式

步骤 29 复制"图层 6"图层，得到"图层 6 拷贝"图层，如图 9-46 所示。

步骤 30 将复制的图像移动至合适位置，效果如图 9-47 所示。

步骤 31 选择"图层 5 拷贝"图层，单击鼠标右键，在弹出的快捷菜单中选择"拷贝图层样式"选项，如图 9-48 所示。

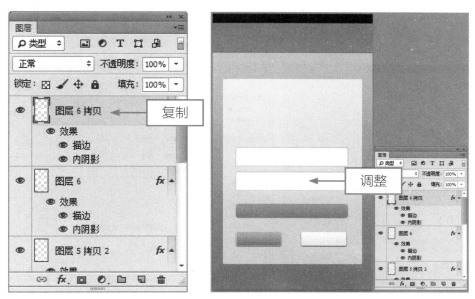

图 9-46 复制图层　　　　　　　　　　　　　图 9-47 调整图像位置

步骤 32 选择"图层 5"图层，单击鼠标右键，在弹出的快捷菜单中选择"粘贴图层样式"选项，粘贴图层样式，效果如图 9-49 所示。

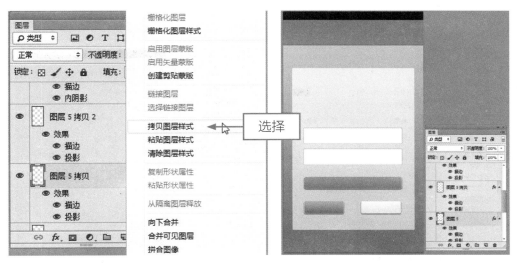

图 9-48 选择"拷贝图层样式"选项　　　　　　图 9-49 粘贴图层样式

9.1.3 设计界面复选框效果

　　下面主要运用圆角矩形工具、设置图层样式、自定形状工具等，制作免费 WiFi 应用登录界面的复选框效果。

步骤 01 新建"图层 7"图层，设置前景色为灰色（RGB 参数值均为 214），选择圆角矩形工具，在工具属性栏中设置"选择工具模式"为"像素"、"半径"为 8 像素，绘制一个圆角矩形，如图 9-50 所示。

步骤 **02** 双击"图层 7"图层，弹出"图层样式"对话框，选中"描边"复选框，在其中设置"大小"为 1 像素、"颜色"为灰色（RGB 参数值均为 100），如图 9-51 所示。

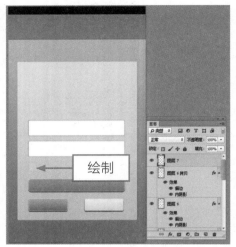

图 9-50 绘制形状

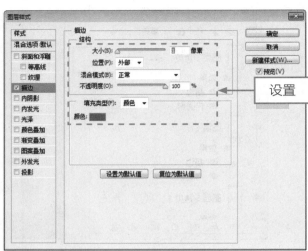

图 9-51 设置"描边"参数

步骤 **03** 选中"投影"复选框，取消选中"使用全局光"复选框，在其中设置"角度"为 120 度、"距离"为 2 像素、"扩展"为 0%、"大小"为 10 像素，如图 9-52 所示。

步骤 **04** 单击"确定"按钮，即可应用图层样式，效果如图 9-53 所示。

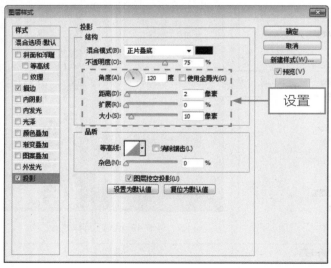

图 9-52 设置"投影"参数

图 9-53 应用图层样式效果

步骤 **05** 选择自定形状工具，设置"工具模式"为"像素"，单击"形状"右侧的三角形下拉按钮，在弹出的列表中选择"复选标记"选项，如图 9-54 所示。

步骤 **06** 设置前景色为蓝色（RGB 参数值为 38、156、235），新建"图层 8"图层，在合适位置绘制一个蓝色复选标记图形，如图 9-55 所示。

图 9-54 选择"复选标记"选项

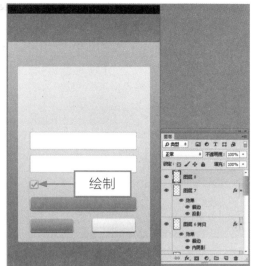

图 9-55 绘制图形

步骤 07 分别复制"图层 7"、"图层 8"图层,得到"图层 7 拷贝"、"图层 8 拷贝"图层,如图 9-56 所示。

步骤 08 运用移动工具适当移动至合适位置,效果如图 9-57 所示。

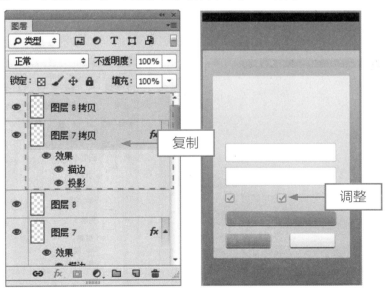

图 9-56 复制图层   图 9-57 移动至合适位置

步骤 09 选择"图层 8 拷贝"图层,按住【Ctrl】键,单击图层缩览图,将其载入选区,如图 9-58 所示。

步骤 10 设置前景色为灰色(RGB 参数值均为 202),按【Alt + Delete】组合键填充前景色,并取消选区,如图 9-59 所示。

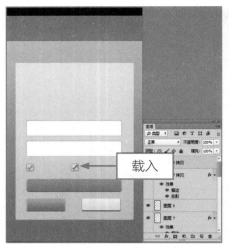
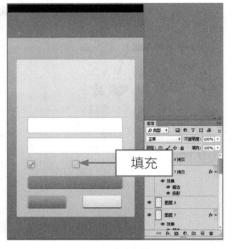

图 9-58 载入选区　　　　　　　　　　　　　　　图 9-59 填充颜色

9.1.4 设计界面细节效果

下面主要运用复制图像等操作，以及为登录界面添加手机状态栏、登录框图标、WiFi 图标等，制作免费 WiFi 应用登录界面的细节效果。

步骤 01 打开"手机状态栏 .psd"素材图像，将其拖曳至"免费 WiFi 应用登录界面"图像编辑窗口中的合适位置处，效果如图 9-60 所示。

步骤 02 复制"图层 5"图层，得到"图层 5 拷贝 3"图层，如图 9-61 所示。

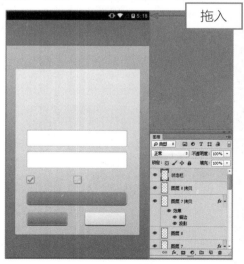

图 9-60 打开并拖曳素材图像　　　　　　　　　图 9-61 复制图层

步骤 03 适当调整复制图像的大小和位置，效果如图 9-62 所示。

步骤 04 在"图层 5 拷贝 3"图层的图层样式列表中，隐藏"投影"图层样式，效果如图 9-63 所示。

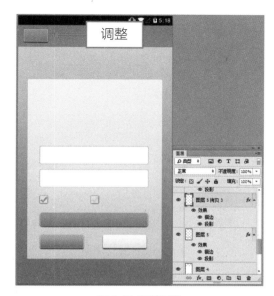

图 9-62 调整图像

图 9-63 隐藏"投影"图层样式

步骤 05 打开"登录框图标 .psd"素材图像，将其拖曳至"免费 WiFi 应用登录界面"图像编辑窗口中的合适位置处，效果如图 9-64 所示。

步骤 06 打开"WiFi 图标 .psd"素材图像，将其拖曳至"免费 WiFi 应用登录界面"图像编辑窗口中的合适位置处，效果如图 9-65 所示。

图 9-64 添加登录框图标

图 9-65 添加 WiFi 图标

9.1.5 设计界面文字效果

下面主要运用横排文字工具、"字符"面板以及添加素材等操作，制作免费 WiFi 应用登录界面的文字效果。

步骤 01　运用横排文字工具输入相应的文本，在"字符"面板中设置"字体"为"方正粗宋简体"、"字体大小"为 100 点、"字距调整"为 100、"颜色"为黑色，效果如图 9-66 所示。

步骤 02　双击文字图层，弹出"图层样式"对话框，选中"描边"复选框，在其中设置"大小"为 1 像素、"颜色"为红色（RGB 参数值为 255、0、0），如图 9-67 所示。

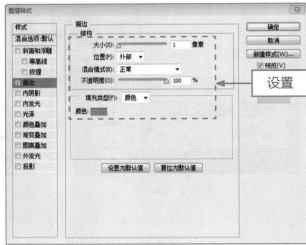

图 9-66　输入文本　　　　　　　　　　　　　　　图 9-67　设置"描边"参数

步骤 03　选中"渐变叠加"复选框，设置"渐变"颜色为"橙、黄、橙渐变"，如图 9-68 所示。

步骤 04　单击"确定"按钮，应用图层样式，效果如图 9-69 所示。

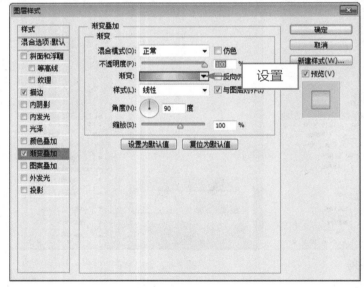

图 9-68　设置"渐变叠加"参数　　　　　　　　　　图 9-69　应用图层样式效果

步骤 05　打开"WiFi 登录界面文字 .psd"素材图像，将其拖曳至"免费 WiFi 应用登录界面"图像编辑窗口中的合适位置处，效果如图 9-70 所示。

用户可以根据需要，设计出其他颜色的效果，如图 9-71 所示。

图 9-70 最终效果

图 9-71 扩展效果

9.2 设计社交通讯应用登录界面

本实例主要介绍社交通讯应用登录界面的设计方法。在移动互联网时代，社交通讯类应用主要提供基于移动网络的客户端进行实时语音、文字传输，在国内最流行的莫过于腾讯手机 QQ、微信、陌陌等 APP。

本实例最终效果如图 9-72 所示。

图 9-72 实例效果

	素材文件	光盘 \ 素材 \ 第 9 章 \ 背景 .jpg、社交通讯应用状态栏 .psd、LOGO.psd、矩形框 .psd、社交应用登录界面文字 .psd
	效果文件	光盘 \ 效果 \ 第 9 章 \ 社交通讯应用登录界面 .psd、社交通讯应用登录界面 .jpg
	视频文件	光盘 \ 视频 \ 第 9 章 \9.2.1 设计登录界面背景效果 .mp4、9.2.2 设计登录界面复选框效果 .mp4、9.2.3 设计登录界面按钮效果 .mp4、9.2.4 设计登录界面倒影效果 .mp4、9.2.5 设计登录界面整体效果 .mp4

9.2.1 设计登录界面背景效果

下面主要运用"自然饱和度"调整图层、圆角矩形工具、图层样式、渐变工具等，制作社交通讯应用登录界面的背景效果。

步骤 01 单击"文件"|"新建"命令，弹出"新建"对话框，设置"名称"为"社交通讯应用登录界面"、"宽度"为 1080 像素、"高度"为 1920 像素、"分辨率"为 72 像素 / 英寸，如图 9-73 所示，单击"确定"按钮，新建一幅空白图像。

步骤 02 打开"背景 .jpg"素材图像，将其拖曳至"社交通讯应用登录界面"图像编辑窗口中的合适位置处，效果如图 9-74 所示。

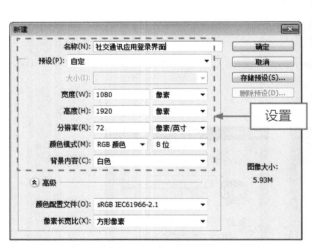
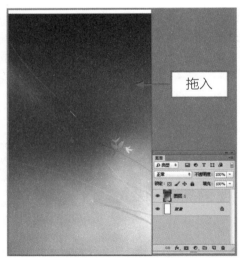

图 9-73 "新建"对话框　　　　图 9-74 添加背景素材图像

专家指点

在 Photoshop CC 中，用户可以重新改变形状的尺寸，并且可重复编辑，无论是在创建前还是创建后，甚至可以随时改变圆角矩形的圆角半径，可以通过选择多条路径、形状或矢量蒙版来批量修改它们。即使有许多路径的多层文档中，也可以使用新的滤镜模式，直接在画布上锁定路径和任何图层。

步骤 03 新建"自然饱和度 1"调整图层，展开"自然饱和度"属性面板，设置"自然饱和度"为 61、"饱和度"为 25，效果如图 9-75 所示。

步骤 04 执行操作后，即可调整画面的整体饱和度，效果如图 9-76 所示。

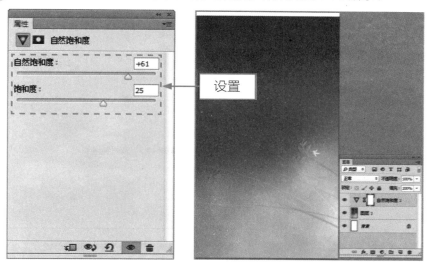

图 9-75 "自然饱和度"属性面板　　　　　图 9-76 调整画面的整体饱和度

步骤 05 打开"社交通讯应用状态栏 .psd"素材，将其拖曳至"社交通讯应用登录界面"图像编辑窗口中的合适位置处，效果如图 9-77 所示。

步骤 06 展开"图层"面板，新建"图层 2"图层，如图 9-78 所示。

图 9-77 拖入状态栏素材　　　　　图 9-78 新建"图层 2"图层

步骤 07 设置"前景色"为白色，选取工具箱中的圆角矩形工具，在工具属性栏中设置"选择工具模式"为"像素"、"半径"为 10 像素，绘制一个白色圆角矩形，如图 9-79 所示。

步骤 08 双击"图层 2"图层，在弹出的"图层样式"对话框中，选中"描边"复选框，在其中设置"大小"为 2 像素、"位置"为"外部"、"描边颜色"为深蓝（RGB 参数值为 16、93、198），如图 9-80 所示。

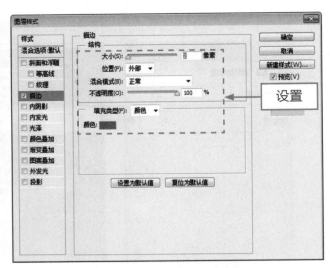

图 9-79 绘制一个白色圆角矩形　　　　　图 9-80 设置"描边"参数

步骤 **09** 选中"投影"复选框，在其中设置"阴影颜色"为深蓝色（RGB 参数值为 11、91、159）、"距离"为 5 像素、"大小"为 5 像素，如图 9-81 所示。

步骤 **10** 单击"确定"按钮，即可应用图层样式，效果如图 9-82 所示。

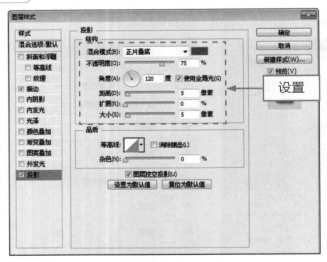

图 9-81 设置"投影"参数　　　　　图 9-82 应用图层样式效果

专家指点

在 Photoshop CC 中，用户使用"外发光"图层样式，可以为所选图层中的图像外边缘增添发光效果。虽然该图层样式的名称为"外发光"，但并不代表它只能向外发出白色或亮色的光，在适当的参数设置下，利用该图层样式一样可以使图像发出深色的光。

步骤 **11** 新建"图层 3"图层，选取工具箱中的圆角矩形工具，设置"选择工具模式"为"路径"、"半径"为 10 像素，绘制路径，如图 9-83 所示。

步骤 12 按【Ctrl + Enter】组合键，将路径转换为选区，如图 9-84 所示。

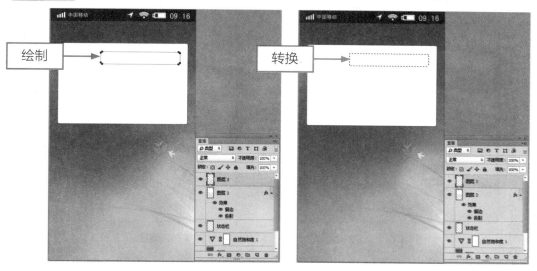

图 9-83 绘制圆角矩形路径   图 9-84 将路径转换为选区

步骤 13 选取工具箱中的渐变工具，从上至下为选区填充蓝色（RGB 参数值为 75、160、231）到深蓝色（RGB 参数值为 16、90、153）的线性渐变，如图 9-85 所示。

步骤 14 单击"选择"|"变换选区"命令，调出变换控制框，适当缩小选区，如图 9-86 所示。

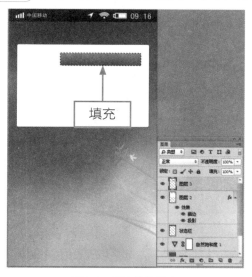 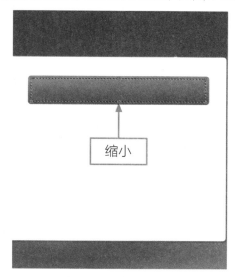

图 9-85 填充线性渐变   图 9-86 适当缩小选区

步骤 15 按【Enter】键，确认变换选区操作，如图 9-87 所示。

步骤 16 按【D】键设置默认的前景色和背景色，按【Ctrl + Delete】组合键，为选区填充白色，如图 9-88 所示。

步骤 17 按【Ctrl + D】组合键，取消选区，如图 9-89 所示。

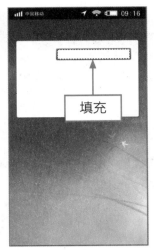

图 9-87 确认变换选区操作   图 9-88 为选区填充白色

步骤 18 按住【Ctrl】键的同时，单击"图层 3"图层的图层缩览图，将其载入选区，如图 9-90 所示。

图 9-89 取消选区   图 9-90 建立选区

步骤 19 新建"图层 4"图层，按【Ctrl + Delete】组合键，为选区填充白色，效果如图 9-91 所示。

步骤 20 按【Ctrl + D】组合键，取消选区，双击"图层 4"图层，弹出"图层样式"对话框，选中"描边"复选框，在其中设置"大小"为 2 像素、"描边颜色"为灰色（RGB 参数值均为 192），如图 9-92 所示。

步骤 21 选中"内阴影"复选框，在其中设置"阴影颜色"为灰色（RGB 参数值均为 213）、"距离"为 1 像素、"大小"为 1 像素，如图 9-93 所示。

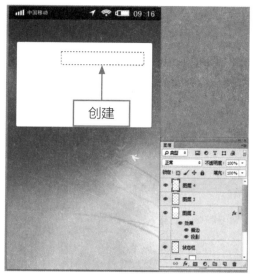

图 9-91 填充白色选区

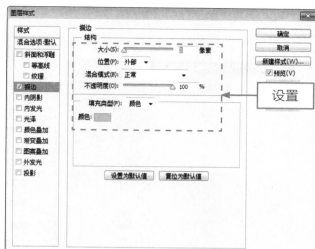

图 9-92 设置"描边"参数

步骤 22 单击"确定"按钮,即可设置图层样式,并调整图像至合适位置,效果如图 9-94 所示。

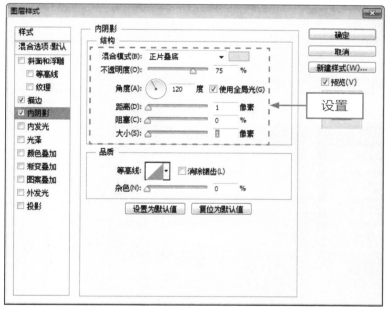

图 9-93 设置"内阴影"参数

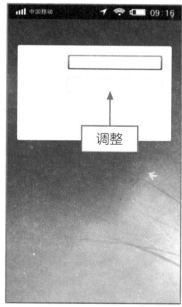

图 9-94 应用图层样式效果

9.2.2 设计登录界面复选框效果

下面主要运用圆角矩形工具、"描边"命令、自定形状工具等,制作社交通讯应用登录界面的复选框效果。

步骤 01 新建"图层 5"图层,选取工具箱中的圆角矩形工具,在工具属性栏中设置"选择工具模式"为"路径"、"半径"为 8 像素,绘制路径,如图 9-95 所示。

步骤 02 按【Ctrl + Enter】组合键，将路径转换为选区，单击"编辑"|"描边"命令，在弹出的"描边"对话框中，设置"宽度"为"2 像素"、"颜色"为深蓝色（RGB 参数值为 26、104、177），如图 9-96 所示。

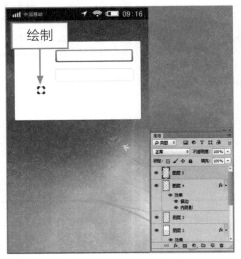

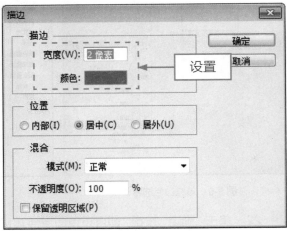

图 9-95 绘制路径　　　　　　　　　　　图 9-96 "描边"对话框

步骤 03 单击"确定"按钮，描边选区，并按【Ctrl + D】组合键，取消选区，如图 9-97 所示。

步骤 04 新建"图层 6"图层，设置前景色为绿色（RGB 参数值为 21、204、81），选取工具箱中的自定形状工具，在工具属性栏中设置"选择工具模式"为"像素"、"形状"为"复选标记"，绘制形状，如图 9-98 所示。

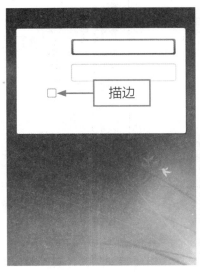

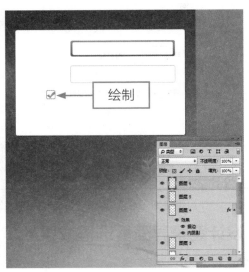

图 9-97 描边选区　　　　　　　　　　　图 9-98 绘制形状

步骤 05 复制"图层 5"图层和"图层 6"图层，得到"图层 5 拷贝"图层和"图层 6 拷贝"图层，如图 9-99 所示。

步骤 06 将复制的图像调整至合适位置，如图 9-100 所示。

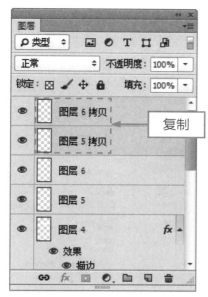

图 9-99 复制图层

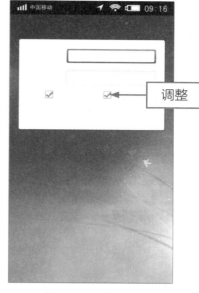

图 9-100 调整图像

9.2.3 设计登录界面按钮效果

下面主要运用圆角矩形工具以及各种图层样式等，制作社交通讯应用登录界面的按钮效果。

步骤 01 打开"LOGO.psd"素材图像，将其拖曳至"社交通讯应用登录界面"图像编辑窗口中，并调整至合适位置，如图 9-101 所示。

步骤 02 新建"图层 7"图层，选取圆角矩形工具，设置"选择工具模式"为"像素"、"半径"为 10 像素，绘制一个任意颜色的圆角矩形，效果如图 9-102 所示。

图 9-101 拖入 LOGO 图像素材

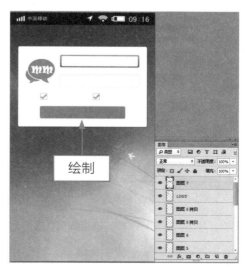

图 9-102 绘制图形

步骤 03 双击"图层7"图层,弹出"图层样式"对话框,选中"内阴影"复选框,在其中设置"距离"为2像素、"大小"为22像素,如图9-103所示。

步骤 04 选中"内发光"复选框,在其中设置"阻塞"为0%、"大小"为5像素,如图9-104所示。

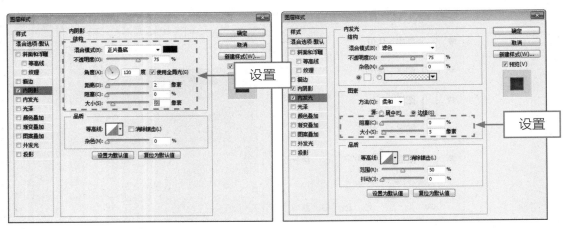

图 9-103 设置"内阴影"参数　　　　　图 9-104 设置"内发光"参数

步骤 05 选中"渐变叠加"复选框,在其中设置"渐变"为深蓝色(RGB参数值为17、102、175)到蓝色(RGB参数值为103、180、244)、"样式"为"线性"、"角度"为90度,如图9-105所示。

步骤 06 选中"投影"复选框,在其中设置"阴影颜色"为灰色(RGB参数值均为167)、"角度"为120度、"距离"为0像素、"扩展"为20%、"大小"为10像素,如图9-106所示。

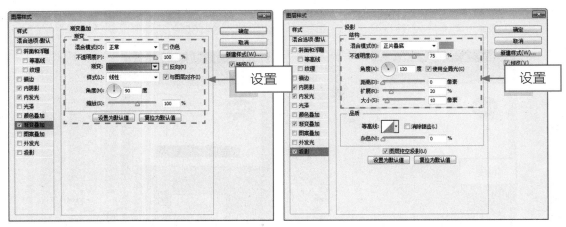

图 9-105 设置"渐变叠加"参数　　　　　图 9-106 设置"投影"参数

步骤 07 单击"确定"按钮,即可设置图层样式,效果如图9-107所示。

步骤 08 在"图层"面板中,隐藏"背景"图层、"图层1"图层、"自然饱和度1"调整图层和"状态栏"图层,如图9-108所示。

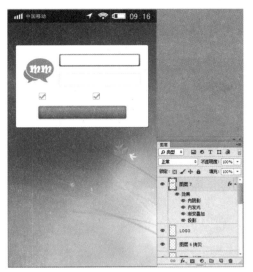

图 9-107 应用图层样式效果

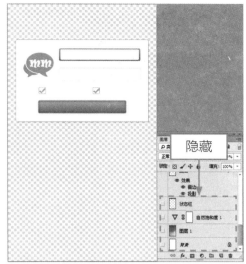

图 9-108 隐藏相应图层

9.2.4 设计登录界面倒影效果

　　下面主要运用盖印图层、变换控制框、图层蒙版、渐变工具等，制作社交通讯应用登录界面中登录框的倒影效果。

步骤 01 按【Alt + Ctrl + Shift + E】组合键，盖印图层，得到"图层 8"图层，如图 9-109 所示。

步骤 02 在"图层"面板中显示隐藏的图层，如图 9-110 所示。

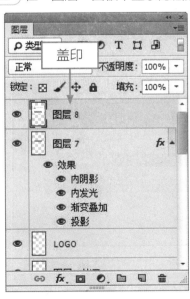

图 9-109 盖印图层

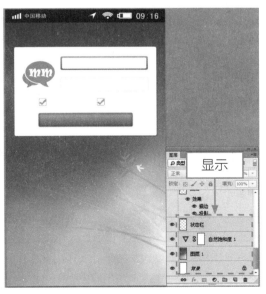

图 9-110 显示隐藏的图层

步骤 03 选中盖印的图像，按【Ctrl + T】组合键，调出变换控制框，在其中单击鼠标右键，在弹出的快捷菜单中选择"垂直翻转"选项，如图 9-111 所示。

步骤 **04** 执行操作后，即可翻转盖印图像，调整至合适位置，按【Enter】键确认，如图 9-112 所示。

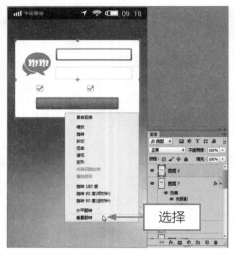

图 9-111 选择"垂直翻转"选项

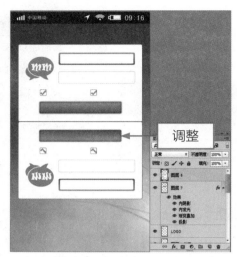

图 9-112 翻转并调整盖印图像

步骤 **05** 在"图层"面板中选择"图层 8"图层，单击底部的"添加图层蒙版"按钮，添加图层蒙版，如图 9-113 所示。

步骤 **06** 选取工具箱中的渐变工具，设置黑色到白色的线性渐变，如图 9-114 所示。

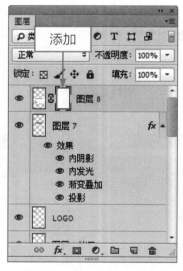

图 9-113 添加图层蒙版

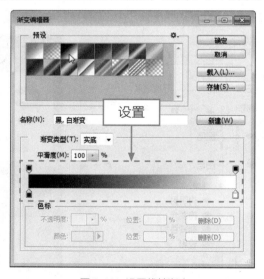

图 9-114 设置线性渐变

步骤 **07** 在图像编辑窗口中由下往上填充渐变，隐藏部分图像，重复实行渐变，直到满意为止，并设置"图层 8"图层的"不透明度"为 30%，制作倒影效果，如图 9-115 所示。

步骤 **08** 打开"矩形框 .psd"素材图像，将其拖曳至"社交通讯应用登录界面"图像编辑窗口中，调整至合适位置，如图 9-116 所示。

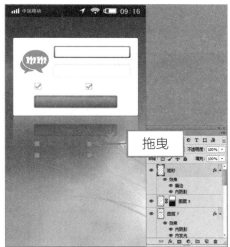

图 9-115 制作倒影效果   图 9-116 拖入素材图像

9.2.5 设计登录界面整体效果

运用横排文字工具为聊天工具登录界面添加文本效果，完成界面的整体效果。下面详细介绍社交通讯应用登录界面整体效果的制作方法。

步骤 01 选取工具箱中的横排文字工具，在编辑区中单击鼠标左键，确认插入点，如图 9-117 所示。

步骤 02 单击"窗口"|"字符"命令，展开"字符"面板，在其中设置"字体系列"为"微软雅黑"、"字体大小"为 40 点、"颜色"为灰色（RGB 参数值均为 161），如图 9-118 所示。

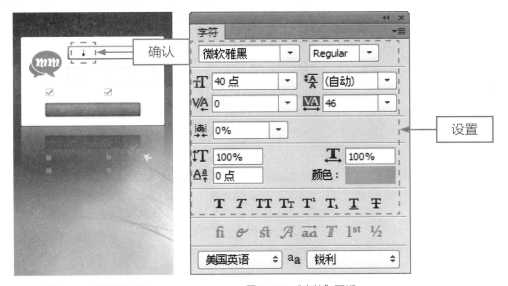

图 9-117 确认插入点   图 9-118 "字符"面板

步骤 03 在图像编辑窗口中输入相应文本，如图 9-119 所示。

步骤 04 双击文字图层，弹出"图层样式"对话框，选中"内阴影"复选框，在其中设置"距离"为 5 像素、"阻塞"为 0%、"大小"为 5 像素，如图 9-120 所示。

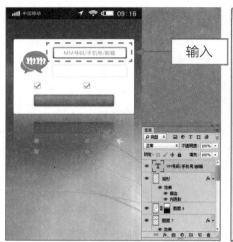

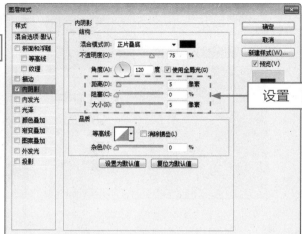

图 9-119 输入相应文本　　　　　　　　　　图 9-120 设置"内阴影"参数

步骤 05 单击"确定"按钮，应用"内阴影"图层样式，效果如图 9-121 所示。

步骤 06 在"图层"面板中，设置文字图层的"不透明度"为 60%，如图 9-122 所示。

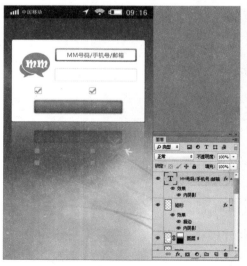

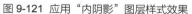

图 9-121 应用"内阴影"图层样式效果　　　　图 9-122 设置文字图层的"不透明度"

步骤 07 执行操作后，即可改变文字效果，如图 9-123 所示。

步骤 08 复制文本图层，将其拖曳至下方的圆角矩形框中，并更改文本内容为"密码"，如图 9-124 所示。

步骤 09 打开"社交应用登录界面文字 .psd"素材图像，将其拖曳至"社交通讯应用登录界面"图像编辑窗口中的合适位置处，效果如图 9-125 所示。

图 9-123 图像效果

图 9-124 复制并更改文本内容

用户可以根据需要，设计出其他背景的社交通讯应用登录界面效果，如图 9-126 所示。

图 9-125 最终效果

图 9-126 扩展效果

程序软件 UI 界面设计

学习提示

　　随着智能手机在中国的快速发展，APP 类软件被越来越多的人青睐。智能手机 APP UI 的设计尚处于刚开始不久的阶段，与互联网不同的是，智能手机 UI 设计人员的需求很大，但熟悉这套设计方法的人却相对较少。本章主要介绍一些常见的程序软件类 APP UI 界面设计的方法。

本章案例导航

- 设计微购 APP 主界面
- 设计秀美图 APP 主界面

10.1 设计微购 APP 主界面

目前，已经有很多创业者开始"触微"，着手经营"微店"。这是一种全新的网购模式，只需一部小小的手机，便可以通过虚拟店铺赚得盆满钵溢。

所谓"微店"，本质上就是提供让微商玩家入驻的平台，有点类似 PC 端建站的工具，其不同于移动电商的 APP，主要利用 HTML5 技术生成店铺页面，更加轻便，商家可以直接装修店铺、上传商品信息，还可通过自主分发链接的方式与微信、微博等社交应用结合进行引流，完成交易。

本节主要介绍这种热门的商业 APP——"微购"主界面的设计方法，本实例最终效果如图 10-1 所示。

图 10-1 实例效果

素材文件	光盘 \ 素材 \ 第 10 章 \ 微购 APP 背景 .jpg、微购图标 .psd、微购文字 .psd、状态栏 .psd	
效果文件	光盘 \ 效果 \ 第 10 章 \ 微购 APP 主界面 .psd、微购 APP 主界面 .jpg	
视频文件	光盘 \ 视频 \ 第 10 章 \10.1.1 设计界面背景效果 .mp4、10.1.2 设计界面主体效果 .mp4、10.1.3 设计界面文字效果 .mp4	

10.1.1 设计界面背景效果

下面主要运用圆角矩形工具、渐变工具、"描边"图层样式、"渐变叠加"图层样式等，制作微购 APP 主界面的背景效果。

步骤 01 单击"文件"|"打开"命令，打开一幅素材图像，如图 10-2 所示。

步骤 02 在"图层"面板中，新建"图层 1"图层，如图 10-3 所示。

图 10-2 打开素材图像　　　　　　图 10-3 新建 "图层 1" 图层

步骤 03 选取工具箱的圆角矩形工具,在工具属性栏中设置 "选择工具模式" 为 "路径"、"半径" 为 20 像素,绘制一个圆角矩形路径,如图 10-4 所示。

步骤 04 按【Ctrl + Enter】组合键将路径转变为选区,如图 10-5 所示。

图 10-4 绘制路径　　　　　　　图 10-5 将路径转变为选区

专家指点

　　在 Photoshop CC 中,用户绘制路径后,若需要绘制同样的路径,可以选择需要复制的路径后对其进行复制操作。用户绘制路径后,若需要对已绘制的路径进行调整,则可以通过变换路径改变路径。选取工具箱中的路径选择工具,移动鼠标至图像编辑窗口中,选择相应路径,按住【Ctrl + T】组合键调出变换控制框,单击鼠标左键并拖曳控制柄,按【Enter】键确认,即可变换路径。

步骤 **05** 选取工具箱中的渐变工具，在工具属性栏中，单击"点按可编辑渐变"按钮，弹出"渐变编辑器"对话框，在渐变色条中，从左至右分别设置两个色标（色标 RGB 参数值分别为（91、210、22）、（73、160、24）），如图 10-6 所示。

步骤 **06** 单击"确定"按钮，从上至下为选区填充线性渐变，如图 10-7 所示。

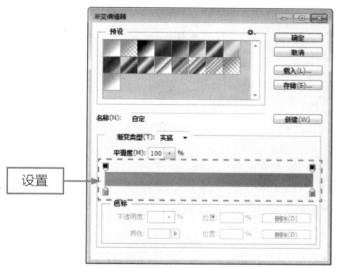

图 10-6 设置渐变颜色

图 10-7 填充线性渐变

步骤 **07** 按【Ctrl + D】组合键，取消选区，如图 10-8 所示。

步骤 **08** 双击"图层 1"图层，弹出"图层样式"对话框，选中"描边"复选框，在其中设置"大小"为 2 像素、颜色为棕色（RGB 参数值分别为 143、65、12），如图 10-9 所示。

图 10-8 取消选区

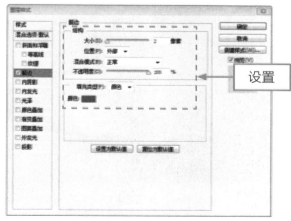

图 10-9 设置各项参数

步骤 **09** 单击"确定"按钮，应用"描边"图层样式，效果如图 10-10 所示。

步骤 **10** 复制"图层 1"图层，得到"图层 1 拷贝"图层，如图 10-11 所示。

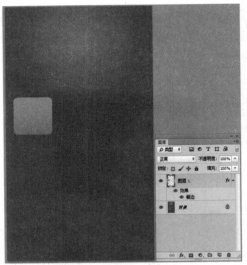

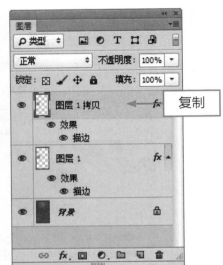

图 10-10 应用图层样式效果 　　　　图 10-11 复制图层

步骤 11 运用移动工具调整图像至合适位置，效果如图 10-12 所示。

步骤 12 双击"图层 1 拷贝"图层，弹出"图层样式"对话框，选中"渐变叠加"复选框，在其中设置"混合模式"为"正常"、"渐变"颜色为深红（RGB 参数值为 211、20、20）到大红色（RGB 参数值为 254、54、53），如图 10-13 所示。

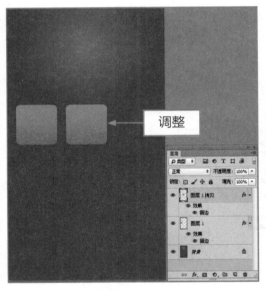

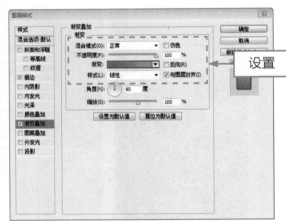

图 10-12 移动图像 　　　　　　图 10-13 设置各项参数

专家指点

　　选取工具箱中的直接选择工具，按住【Alt】键的同时单击路径的任意一段或任意一点拖曳，即可复制路径。单击"编辑"|"变换路径"命令，在弹出的子菜单中选择变换选项，可以调出变换控制框，通过调整变换路径。

步骤 13 单击"确定"按钮，应用"渐变叠加"图层样式，效果如图 10-14 所示。

步骤 14 复制"图层 1 拷贝"图层为"图层 1 拷贝 2"图层，并移动至合适位置，如图 10-15 所示。

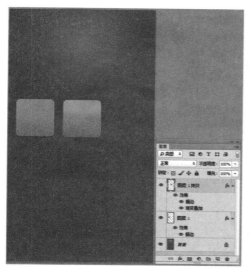

图 10-14 应用图层样式效果

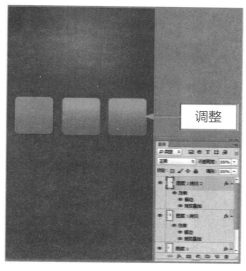

图 10-15 复制并调整图像位置

步骤 15 双击"图层 1 拷贝 2"图层，弹出"图层样式"对话框，切换至"渐变叠加"参数选项区，在其中设置"渐变"颜色为深黄（RGB 参数值为 242、142、0）到黄色（RGB 参数值为 255、179、3），如图 10-16 所示。

步骤 16 单击"确定"按钮，应用"渐变叠加"图层样式，效果如图 10-17 所示。

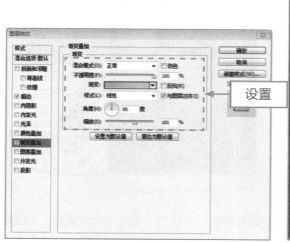

图 10-16 设置各项参数

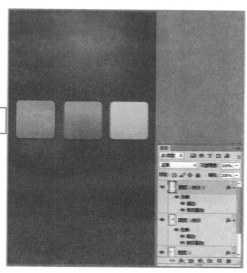

图 10-17 应用图层样式效果

步骤 17 复制"图层 1"图层得到"图层 1 拷贝 3"图层，并移动至合适位置，如图 10-18 所示。

步骤 18 双击"图层 1 拷贝 3"图层，弹出"图层样式"对话框，选中"渐变叠加"复选框，在其中设置"渐变"颜色为深紫色（RGB 参数值为 143、39、251）到紫色（RGB 参数值为 184、116、255），如图 10-19 所示。

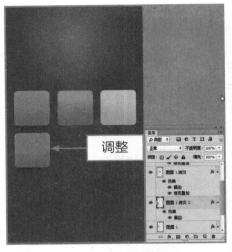

图 10-18 复制并调整图像位置

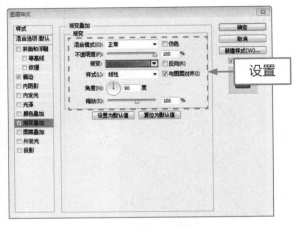

图 10-19 设置各项参数

步骤 19 单击"确定"按钮，应用"渐变叠加"图层样式，效果如图 10-20 所示。

步骤 20 将"图层 1 拷贝 3"图层复制两次，并移动至合适位置，如图 10-21 所示。

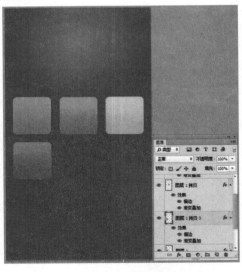

图 10-20 应用图层样式效果

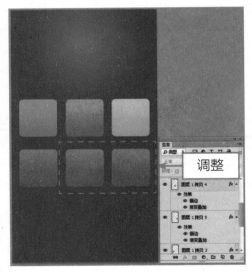

图 10-21 复制并调整图像位置

步骤 21 双击"图层 1 拷贝 4"图层，弹出"图层样式"对话框，选中"渐变叠加"复选框，在其中设置"渐变"颜色为深蓝色（RGB 参数值为 9、135、207）到蓝色（RGB 参数值为 76、190、247），如图 10-22 所示。

步骤 22 单击"确定"按钮，应用"渐变叠加"图层样式，效果如图 10-23 所示。

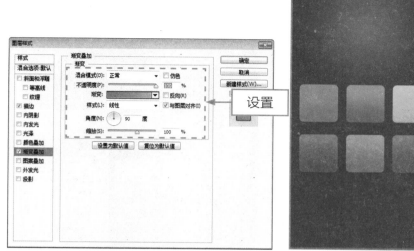

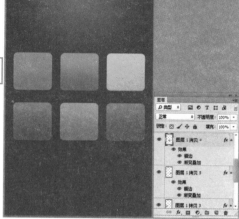

图 10-22 设置各项参数　　　　　　　　　　　　　图 10-23 应用图层样式效果

步骤 **23** 双击"图层 1 拷贝 5"图层，弹出"图层样式"对话框，选中"渐变叠加"复选框，在其中设置"渐变"颜色为深红色（RGB 参数值为 223、42、87）到紫红色（RGB 参数值为 255、66、112），效果如图 10-24 所示。

步骤 **24** 单击"确定"按钮，应用"渐变叠加"图层样式，效果如图 10-25 所示。

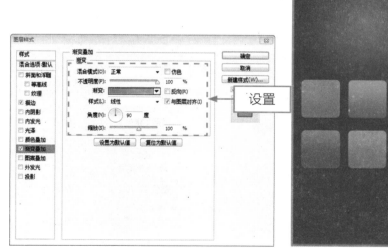

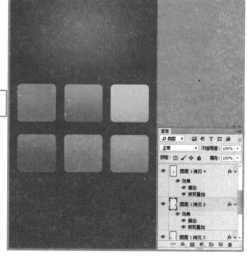

图 10-24 设置各项参数　　　　　　　　　　　　　图 10-25 应用图层样式效果

10.1.2 设计界面主体效果

下面主要运用移动工具、矩形工具、"内发光"图层样式等，制作微购 APP 主界面的主体效果。

步骤 **01** 打开"微购图标 .psd"素材图像，运用移动工具将其拖曳至"微购 APP 背景"图像编辑窗口中的合适位置处，效果如图 10-26 所示。

步骤 02 运用移动工具适当调整各按钮图像的位置，如图 10-27 所示。

图 10-26 拖曳素材图像　　　　　　　　　图 10-27 调整图像位置

步骤 03 设置前景色为深绿色（RGB 参数值分别为 121、191、43），如图 10-28 所示。

步骤 04 在"图层"面板中，新建"图层 2"图层，如图 10-29 所示。

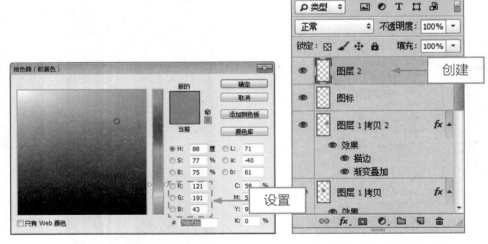

图 10-28 设置前景色　　　　　　　　　图 10-29 新建"图层 2"图层

 专家指点

　　Photoshop 提供了许多现成的动作以提高用户的工作效率，但在大多数情况下，用户仍然需要自己录制大量新的动作，以适应不同的工作情况。

　　* 将常用操作录制成为动作：用户根据自己的习惯将常用操作的动作记录下来，使设计工作变得更加方便快捷。

> * 与"批处理"结合使用：单独使用动作不足以充分显示动作的优点，如果将动作与"批处理"命令结合起来，则能够成倍放大动作的作用。

步骤 05 在工具箱中选取矩形工具，在工具属性栏中设置"选择工具模式"为"像素"，绘制一个矩形图形，如图 10-30 所示。

步骤 06 双击"图层 2"图层，弹出"图层样式"对话框，选中"内发光"复选框，在其中设置"大小"为 3 像素，如图 10-31 所示。

图 10-30 绘制矩形图形

图 10-31 设置参数值

步骤 07 单击"确定"按钮，应用"内发光"图层样式，效果如图 10-32 所示。

步骤 08 复制"图层 2"图层为"图层 2 拷贝"图层，并移动至合适位置处，如图 10-33 所示。

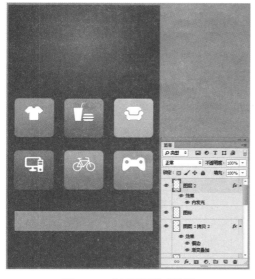

图 10-32 应用图层样式效果

图 10-33 复制并移动图像

10.1.3 设计界面文字效果

下面主要运用横排文字工具、"字符"面板、"描边"图层样式等，制作微购 APP 主界面的文字效果。

步骤 01 选取工具箱中的横排文字工具，确认插入点，如图 10-34 所示。

步骤 02 在"字符"面板中设置"字体系列"为"微软雅黑"、"字体大小"为 72 点、"字距调整"为 200、"颜色"为白色，如图 10-35 所示。

图 10-34 确认插入点   图 10-35 设置各项参数

步骤 03 在图像窗口中输入相应文本，如图 10-36 所示。

步骤 04 双击文字图层，弹出"图层样式"对话框，选中"描边"复选框，在其中设置"大小"为 1 像素、"颜色"为深绿色（RGB 参数值分别为 121、191、43），如图 10-37 所示。

 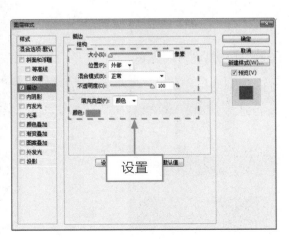

图 10-36 输入文本   图 10-37 设置各项参数

步骤 05 单击"确定"按钮，应用"描边"图层样式，效果如图 10-38 所示。

步骤 06 选取工具箱中的横排文字工具，确认插入点，在"字符"面板中设置"字体系列"为 Times New Roman、"字体大小"为 30 点、"颜色"为白色，并激活"仿粗体"图标 **T**，如图 10-39 所示。

图 10-38 应用图层样式效果　　　　　　　图 10-39 设置各项参数

步骤 07 在图像窗口中输入相应文本，如图 10-40 所示。

步骤 08 选取工具箱中的横排文字工具，确认插入点，在"字符"面板中设置"字体系列"为"微软雅黑"、"字体大小"为 36 点、"颜色"为白色，如图 10-41 所示。

图 10-40 输入其他文本　　　　　　　图 10-41 设置各项参数

步骤 09 在图像窗口中输入相应文本，如图 10-42 所示。

步骤 10 用同样的方法输入其他文本，效果如图 10-43 所示。

图 10-42 输入文本   图 10-43 输入其他文本

步骤 11 分别打开"微购文字 .psd"和"状态栏 .psd"素材图像，运用移动工具将其拖曳至"微购 APP 背景"图像编辑窗口中的合适位置处，效果如图 10-44 所示。

用户可以根据需要，设计出其他颜色的效果，如图 10-45 所示。

图 10-44 最终效果   图 10-45 扩展效果

专家指点

在 Photoshop CC 中，运用渐变工具█可以对所选定的图像进行多种颜色的混合填充，从而达到增强移动 UI 界面图像的视觉效果。在"渐变编辑器"对话框中的"位置"文本框中显示标记点在渐变效果预览条的位置，用户可以输入数字来改变颜色标记点的位置，也可以直接拖曳渐变颜色带下端的颜色标记点。单击【Delete】键可将此颜色标记点删除。

10.2 设计秀美图 APP 主界面

如今手机已经不再只是一种简单的通讯工具，各种各样的 APP 出现在人们的手机里，为我们的工作和生活带来了种种便利，同时强大的 APP 让手机也变得更加有乐趣。手机用户足不出户，就能通过 APP 完成一切，而在五花八门的 APP 中，摄像类 APP 通常备受人们"宠爱"，毕竟"爱美之心，人皆有之"，如美颜相机、美图秀秀、魔漫相机、Camera360、POCO 相机、美咖相机、魅拍、布丁相机、天天 P 图、柚子相机等。有了这些 APP，人人都能用手机拍出大片，成为摄影艺术家。

本节主要介绍这种热门的摄影类 APP——"秀美图"主界面的设计方法，本实例最终效果如图 10-46 所示。

图 10-46 实例效果

	素材文件	光盘\素材\第 10 章\秀美图 APP 背景 .jpg、秀美图图标 .psd、按钮图标 .psd、翻页与设置按钮 .psd
	效果文件	光盘\效果\第 10 章\秀美图 APP 主界面 .psd、秀美图 APP 主界面 .jpg
	视频文件	光盘\视频\第 10 章\10.2.1 设计界面背景效果 .mp4、10.2.2 设计界面主体效果 .mp4、10.2.3 设计界面文字效果 .mp4

10.2.1 设计界面背景效果

下面主要运用裁剪工具制作"秀美图"APP 主界面的背景效果。

步骤 01 单击"文件"|"打开"命令，打开一幅素材图像，如图 10-47 所示。

步骤 02 选取工具箱中的裁剪工具，如图 10-48 所示。

图 10-47 打开素材图像

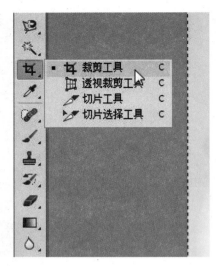

图 10-48 选取裁剪工具

步骤 03 执行上述操作后，即可调出裁剪控制框，如图 10-49 所示。

步骤 04 在工具属性栏中设置裁剪控制框的长宽比为 450：800，如图 10-50 所示。

图 10-49 调出裁剪控制框

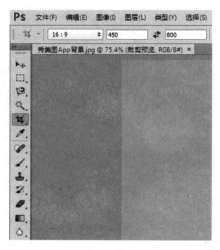

图 10-50 设置裁剪框的长宽比

专家指点

　　裁剪工具是我们经常使用的工具，在修改图片大小的时候我们首先会选择的就是裁剪工具。裁剪区域是选择裁剪之后未选择部分的保留方式，可以选择删除或是隐藏，裁剪参考线指的是我们可以使用一些辅助线来帮助辅助裁剪。

步骤 05 执行操作后，即可调整裁剪控制框的长宽比，将鼠标指针移至裁剪控制框内，单击鼠标左键的同时并拖曳图像至合适位置，如图 10-51 所示。

步骤 06 执行上述操作后，按【Enter】键确认裁剪操作，即可按固定的长宽比来裁剪图像，效果如图 10-52 所示。

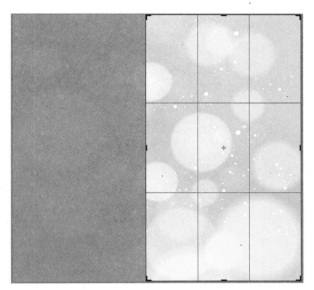

图 10-51 调整裁剪位置

图 10-52 裁剪图像效果

10.2.2 设计界面主体效果

下面主要运用移动工具、矩形工具、"内发光"图层样式等，制作"秀美图"APP 主界面的主体效果。

步骤 01 打开"秀美图图标 .psd"素材图像，将其拖曳至"秀美图 APP 背景"图像编辑窗口中，调整其大小和位置，如图 10-53 所示。

步骤 02 双击"图标"图层，在弹出的"图层样式"对话框中选中"投影"复选框，取消选中"使用全局光"复选框，在其中设置"角度"为 90 度、"距离"为 1 像素、"扩展"为 0%、"大小"为 1 像素，如图 10-54 所示。

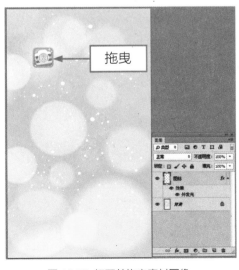

图 10-53 打开并拖曳素材图像

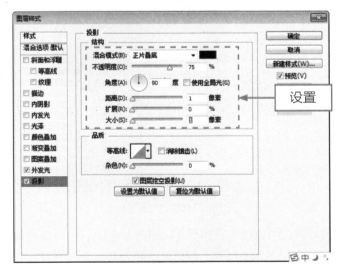

图 10-54 设置各选项

步骤 03 单击"确定"按钮，即可设置图层样式，效果如图 10-55 所示。

步骤 04 新建"图层 1"图层，选取圆角矩形工具，在工具属性栏中设置"选择工具模式"为"路径"、"半径"为 35 像素，绘制一个圆角矩形路径，如图 10-56 所示。

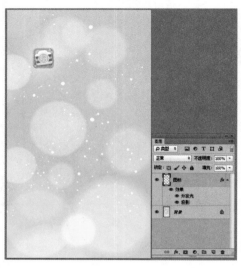

图 10-55 应用图层样式效果

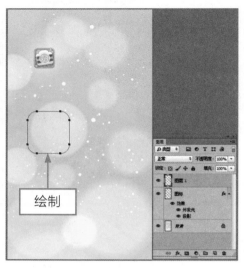

图 10-56 绘制圆角矩形路径

步骤 05 按【Ctrl + Enter】组合键将路径转变为选区，如图 10-57 所示。

步骤 06 选取工具箱中的渐变工具，为选区填充浅红色（RGB 参数值为 255、63、146）到红色（RGB 参数值为 255、48、108）的线性渐变，并取消选区，如图 10-58 所示。

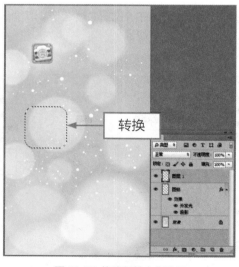

图 10-57 将路径转变为选区

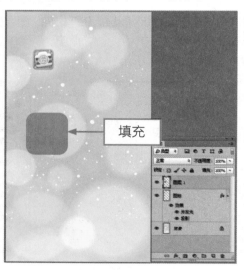

图 10-58 填充线性渐变

步骤 07 双击"图层 1"图层，在弹出的"图层样式"对话框中选中"内阴影"复选框，取消选中"使用全局光"复选框，在其中设置"角度"为 120 度、"距离"为 0 像素、"阻塞"为 22%、"大小"为 10 像素，如图 10-59 所示。

步骤 08 选中"外发光"复选框，在其中设置"扩展"为 0%、"大小"为 7 像素，如图 10-60 所示。

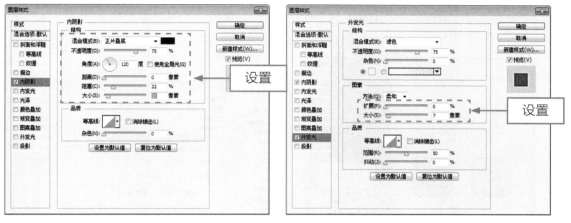

图 10-59 设置"内阴影"复选框　　　　　图 10-60 设置"外发光"复选框

步骤 09 单击"确定"按钮，即可设置图层样式，效果如图 10-61 所示。

步骤 10 复制"图层 1"图层，得到"图层 1 拷贝"图层，如图 10-62 所示。

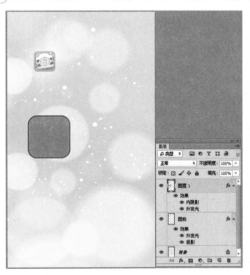

图 10-61 应用图层样式效果

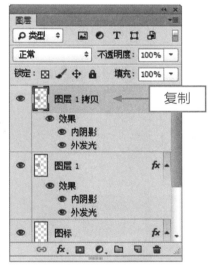

图 10-62 复制图层

专家指点

　　在设计移动 UI 界面图像的图层样式效果时，"外发光"是一个很实用的图层样式效果。当需要为界面元素添加高光效果时，可以试着为其添加"外发光"图层样式来模拟出高光效果。

　　"外发光"图层样式可以处理外部光照效果，对于移动 UI 界面图像中的文本效果非常有效。"外发光"图层样式与"投影"、"内阴影"等类似，都有"不透明度"以及"杂色"选项，但是"外发光"还有另外的特质，那便是"图素"、"范围"与"抖动"。"范围"选项可设置发光区域的大小，"抖动"选项则决定了渐变与不透明度的复合程度。

步骤 11 运用移动工具调整图像至合适位置，效果如图 10-63 所示。

步骤 12 双击"图层 1 拷贝"图层，弹出"图层样式"对话框，选中"渐变叠加"复选框，在其中设置"混合模式"为"正常"、"渐变"颜色为深黄色（RGB 参数值为 255、146、71）到浅黄色（RGB 参数值为 253、175、100），如图 10-64 所示。

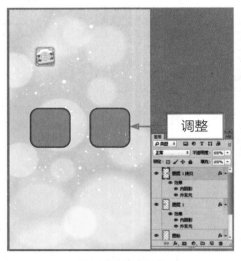

图 10-63 移动图像

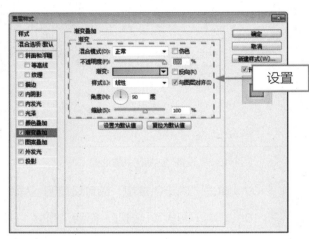

图 10-64 设置各项参数

步骤 13 单击"确定"按钮，应用"渐变叠加"图层样式，效果如图 10-65 所示。

步骤 14 复制"图层 1"图层得到"图层 1 拷贝 2"图层，并移动至合适位置，如图 10-66 所示。

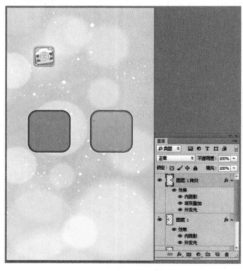

图 10-65 应用图层样式效果

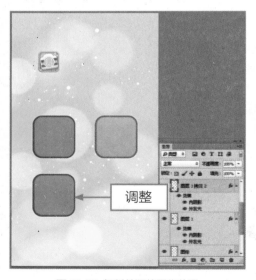

图 10-66 复制并调整图像位置

步骤 15 双击"图层 1 拷贝 2"图层，弹出"图层样式"对话框，切换至"渐变叠加"参数选项区，在其中设置"渐变"颜色为深紫色（RGB 参数值为 188、58、208）到紫色（RGB 参数值为 229、95、255），如图 10-67 所示。

步骤 16 单击"确定"按钮，应用"渐变叠加"图层样式，效果如图 10-68 所示。

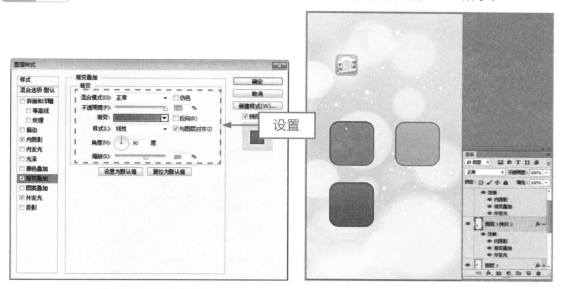

图 10-67 设置各项参数　　　图 10-68 应用图层样式效果

步骤 17 复制"图层 1 拷贝 2"图层得到"图层 1 拷贝 3"图层，并移动至合适位置，如图 10-69 所示。

步骤 18 双击"图层 1 拷贝 3"图层，弹出"图层样式"对话框，选中"渐变叠加"复选框，在其中设置"渐变"颜色为深蓝色（RGB 参数值为 135、88、255）到蓝色（RGB 参数值为 166、32、255），如图 10-70 所示。

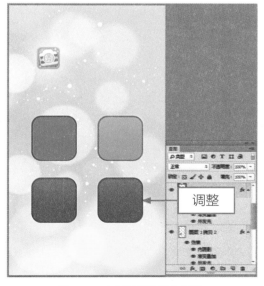

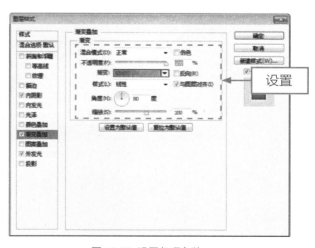

图 10-69 复制并调整图像位置　　　图 10-70 设置各项参数

步骤 19 单击"确定"按钮，应用"渐变叠加"图层样式，效果如图 10-71 所示。

步骤 20 打开"按钮图标 .psd"素材图像，将其拖曳至"秀美图 APP 背景"图像编辑窗口中，调整图像的大小和位置，如图 10-72 所示。

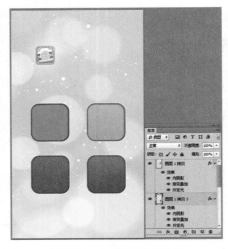

图 10-71 应用图层样式效果　　　　　　图 10-72 打开并拖曳素材图像

步骤 21 在"图层"面板中，新建"图层 2"图层，如图 10-73 所示。

步骤 22 选取工具箱中的钢笔工具，绘制一个多边形路径，如图 10-74 所示。

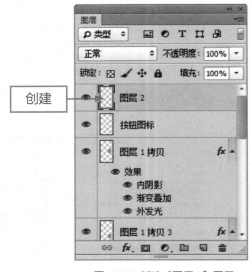

图 10-73 新建"图层 2"图层　　　　　　图 10-74 绘制多边形路径

步骤 23 按【Ctrl + Enter】组合键将路径转变为选区，如图 10-75 所示。

步骤 24 设置前景色为红色（RGB 参数值为 222、50、50），为选区填充前景色，如图 10-76 所示。

步骤 25 单击"选择"|"变换选区"命令，弹出变换控制框，如图 10-77 所示。

步骤 26 缩放控制框，变换选区，按【Enter】键，确认变换，如图 10-78 所示。

图 10-75 将路径转变为选区

图 10-76 填充前景色

图 10-77 弹出变换控制框

图 10-78 变换选区

专家指点

　　在 Photoshop CC 中，用户可以快速将设计好的移动 UI 界面发布为 JPEG 格式的图像。JPEG 是用于压缩连续色调图像（如照片）的标准格式。将图像优化为 JPEG 格式的过程依赖于有损压缩，它会有选择地扔掉数据。

　　由于以 JPEG 格式存储文件时会丢失图像数据，因此，如果准备对文件进行进一步编辑或创建额外的 JPEG 版本，最好以原始格式（例如 .psd）存储源文件。减少颜色数量通常可以减小图像的文件大小，同时保持图像品质。可以在颜色表中添加和删除颜色，将所选颜色转换为 Web 安全颜色，并锁定所选颜色以防从调板中删除。

步骤 27 单击"编辑"|"描边"命令，在弹出的"描边"对话框中，设置"宽度"为 2 像素、"颜色"为深红色（RGB 参数值为 164、38、37），如图 10-79 所示。

步骤 28 单击"确定"按钮，并取消选区，效果如图 10-80 所示。

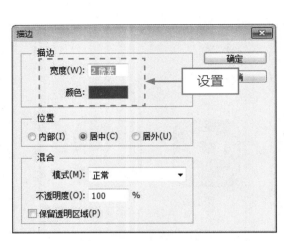

图 10-79 "描边"对话框

图 10-80 描边选区

步骤 29 双击"图层 2"图层，在弹出的"图层样式"对话框中，选中"描边"复选框，在其中设置"大小"为 4 像素、"颜色"为深红色（RGB 参数值为 175、15、12），如图 10-81 所示。

步骤 30 选中"投影"复选框，取消选中"使用全局光"复选框，在其中设置"混合模式"为"正片叠底"、"角度"为 120 度、"距离"为 10 像素、"扩展"为 0%、"大小"为 25 像素，如图 10-82 所示。

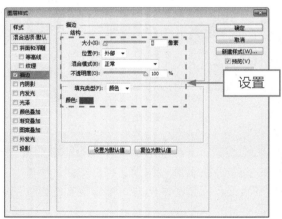

图 10-81 设置各选项

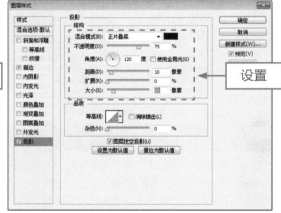

图 10-82 设置各选项

步骤 31 单击"确定"按钮，即可设置图层样式，效果如图 10-83 所示。

步骤 32 在"图层"面板中，新建"图层 3"图层，如图 10-84 所示。

步骤 33 选取工具箱中的自定形状工具，在工具属性栏中设置"选择工具模式"为"像素"，单击"形状"右侧的下拉按钮，在弹出的下拉列表框中选择"箭头 2"选项，如图 10-85 所示。

图 10-83 应用图层样式效果　　　　　　图 10-84 新建"图层 3"图层

步骤 34 在图像窗口中绘制一个白色的箭头形状，如图 10-86 所示。

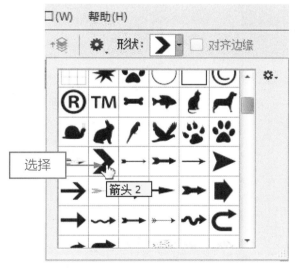

图 10-85 选择"箭头 2"选项　　　　　　图 10-86 绘制白色箭头形状

 专家指点

作品制作完成后，根据需要将图像存储为相应的格式。

* 如用于观看的图像，可将其存储为 JPGE 格式。

* 用于印刷的图像，则可将其存储为 TIFF 格式。

单击"文件"|"存储为"命令，弹出"存储为"对话框，并设置存储路径，单击"格式"右侧的下拉按钮，在弹出的格式菜单中选择相应的格式，单击"保存"按钮，即可保存文件。

步骤 35 双击"图层 3"图层,在弹出的"图层样式"对话框中,选中"描边"复选框,在其中设置"大小"为 2 像素、"颜色"为棕色(RGB 参数值为 205、105、70),如图 10-87 所示。

步骤 36 选中"内阴影"复选框,取消选中"使用全局光"复选框,在其中设置"角度"为 120 度、"距离"为 2 像素、"阻塞"为 0%、"大小"为 3 像素,如图 10-88 所示。

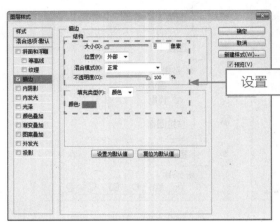

图 10-87 设置"描边"参数

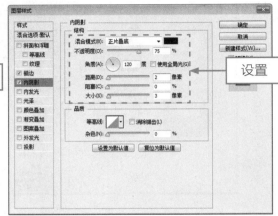

图 10-88 设置"内阴影"参数

步骤 37 选中"外发光"复选框,在其中设置"扩展"为 21%、"大小"为 32 像素,如图 10-89 所示。

步骤 38 单击"确定"按钮,即可设置图层样式,效果如图 10-90 所示。

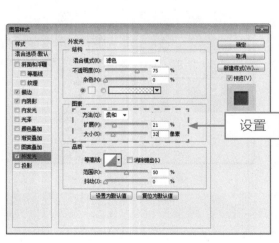

图 10-89 设置"外发光"参数

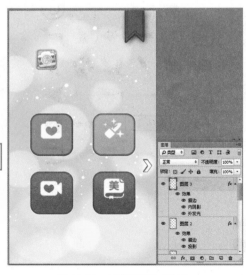

图 10-90 应用图层样式效果

步骤 39 单击"文件"|"打开"命令,打开"翻页与设置按钮 .psd"素材图像,如图 10-91 所示。

步骤 40 将其拖曳至"秀美图 APP 背景"图像编辑窗口中,适当调整图像的位置,效果如图 10-92 所示。

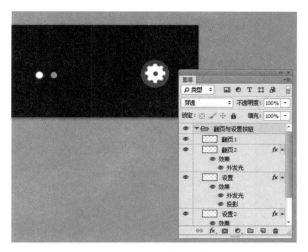

图 10-91 打开素材图像   图 10-92 添加素材图像

10.2.3 设计界面文字效果

下面主要运用横排文字工具、"字符"面板等，制作"秀美图"APP 主界面的文字效果。

步骤 01 选取工具箱中的横排文字工具，确认插入点，如图 10-93 所示。

步骤 02 单击"窗口"|"字符"命令，在弹出的"字符"面板中，设置"字体系列"为"幼圆"、"字体大小"为 72 点、"字距调整"为 100、"颜色"为白色（RGB 参数值均为 255），并激活"仿粗体"图标 **T**，如图 10-94 所示。

图 10-93 确认插入点   图 10-94 设置字符属性

步骤 03 在图像中输入相应文本，效果如图 10-95 所示。

步骤 04 双击文本图层，在弹出的"图层样式"对话框中选中"投影"复选框，在其中设置"距离"为 1 像素、"大小"为 5 像素，如图 10-96 所示。

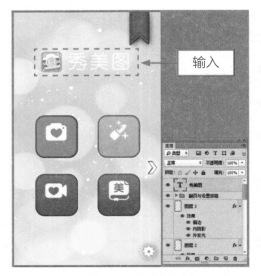

图 10-95 输入文本

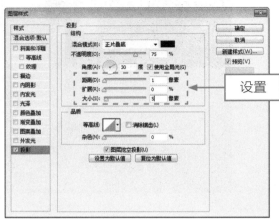

图 10-96 设置参数值

步骤 05 单击"确定"按钮，为文本添加投影样式，如图 10-97 所示。

步骤 06 选取工具箱中的横排文字工具，确认插入点，在"字符"面板中设置"字体系列"为"微软雅黑"、"字体大小"为 30 点、"字距调整"为 100、"颜色"为白色（RGB 参数值均为 255），如图 10-98 所示。

图 10-97 添加投影样式效果

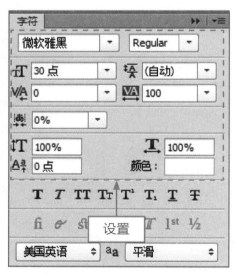

图 10-98 设置字符属性

步骤 07 在图像中输入相应文本，效果如图 10-99 所示。

步骤 08 用同样的方法输入其他的文字，完成"秀美图"APP 主界面的设计，效果如图 10-100 所示。

　　用户可以根据需要，设计出其他颜色的效果，如图 10-101 所示。

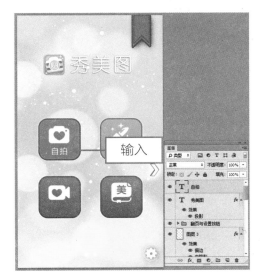

图 10-99 输入文本　　　　　　　　　　图 10-100 最终效果

图 10-101 扩展效果

播放应用
UI 界面设计

学习提示

　　衡量一款手机播放器 APP 的好坏可以从内核、交互界面和播放模式 3 方面入手。其中，交互界面主要指用户与软件交互的外部接口，好的交互界面能够带给用户更好的使用体验。本章主要介绍音乐 APP 播放界面与视频 APP 播放界面的设计方法。

本章案例导航

● 设计音乐 APP 播放界面　　　　　　● 设计视频 APP 播放界面

11.1 设计音乐 APP 播放界面

　　手机 APP 音乐播放器是一种在手机上用于播放各种音乐文件的多媒体播放软件，涵盖了各种音乐格式的播放工具。在手机中运行的音乐播放器，不仅界面美观，而且操作简单，带领用户进入一个完美的音乐空间。

　　本实例的最终效果如图 11-1 所示。

图 11-1　实例效果

素材文件	光盘 \ 素材 \ 第 11 章 \ 音乐 APP 背景 .jpg、音乐 APP 状态栏 .psd、音乐播放器按钮 .psd、音符 .psd、音乐文字 .psd	
效果文件	光盘 \ 效果 \ 第 11 章 \ 音乐 APP 播放界面 .psd、音乐 APP 播放界面 .jpg	
视频文件	光盘 \ 视频 \ 第 11 章 \11.1.1　设计 APP 界面背景效果 .mp4、11.1.2　设计 APP 界面整体效果 .mp4	

11.1.1　设计 APP 界面背景效果

　　下面主要运用"新建"命令、变换控制框、"内发光"图层样式、"亮度 / 对比度"调整图层、"自然饱和度"调整图层、"照片滤镜"调整图层、矩形选框工具、"描边"图层样式等，设计音乐 APP 播放界面的背景效果。

步骤 01　单击"文件" | "新建"命令，弹出"新建"对话框，设置"名称"为"音乐 APP 播放界面"、"宽度"为 450 像素、"高度"为 800 像素、"分辨率"为 72 像素 / 英寸，如图 11-2 所示，单击"确定"按钮，新建一幅空白图像。

步骤 02　在工具箱中，设置默认前景色和背景色，按【Alt + Delete】组合键，填充"背景"图层为黑色，如图 11-3 所示。

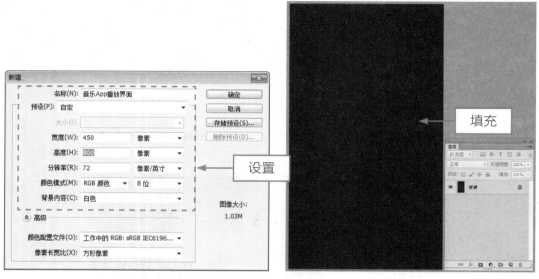

图 11-2 "新建"对话框　　　　　　　　　　图 11-3 填充前景色

步骤 03 打开"音乐 APP 背景 .jpg"素材图像，将其拖曳至"音乐 APP 播放界面"图像编辑窗口中的合适位置处，如图 11-4 所示。

步骤 04 按【Ctrl + T】组合键，调出变换控制框，适当调整图像大小，如图 11-5 所示。

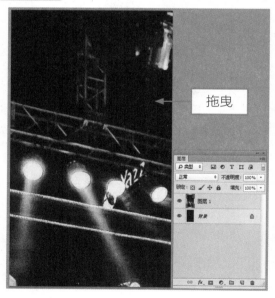

图 11-4 拖入背景素材　　　　　　　　　　图 11-5 调整图像大小

专家指点

在 Photoshop CC 中，运用"自由变换"命令可用于在一个连续的操作中应用变换（旋转、缩放、斜切、扭曲和透视），也可以应用变形变换。不必选取其他命令，用户只需通过快捷键即可在各种变换类型之间进行切换。

步骤 05 按【Enter】键确认变换操作，如图 11-6 所示。

步骤 06 双击"图层 1"图层，弹出"图层样式"对话框，选中"内发光"复选框，设置"大小"为 25 像素，如图 11-7 所示。

图 11-6 确认变换操作

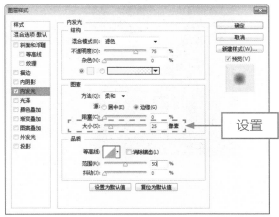

图 11-7 设置"内发光"参数

步骤 07 单击"确定"按钮，应用"内发光"图层样式，效果如图 11-8 所示。

步骤 08 新建"亮度 / 对比度 1"调整图层，展开"属性"面板，设置"亮度"为 8、"对比度"为 18，如图 11-9 所示。

图 11-8 应用"内发光"图层样式效果

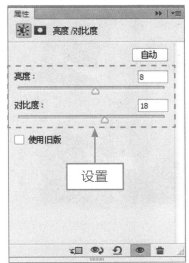

图 11-9 设置亮度 / 对比度参数

步骤 09 执行操作后，即可调整图像的亮度和对比度，效果如图 11-10 所示。

步骤 10 新建"自然饱和度 1"调整图层，展开"属性"面板，设置"自然饱和度"为 18、"饱和度"为 5，如图 11-11 所示。

图 11-10 调整图像的亮度和对比度

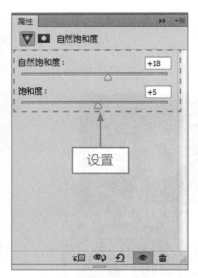

图 11-11 设置 / 饱和度参数

步骤 11 执行操作后，即可调整图像的饱和度，效果如图 11-12 所示。

步骤 12 新建"照片滤镜 1"调整图层，展开"属性"面板，设置"滤镜"为"深褐"，如图 11-13 所示。

图 11-12 调整图像的饱和度

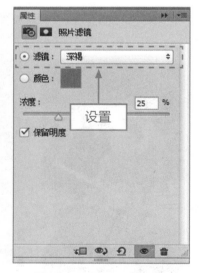

图 11-13 设置照片滤镜选项

 专家指点

　　滤镜是一种插件模块，能够对图像中的像素进行操作，也可以模拟一些特殊的光照效果或带有装饰性的纹理效果。Photoshop CC 提供了多种滤镜，使用这些滤镜，用户无需耗费大量的时间和精力就可以快速地制作出云彩、马赛克、模糊、素描、光照以及各种扭曲效果。

滤镜是 Photoshop 的重要组成部分，它就像是一个魔术师，如果没有滤镜，Photoshop 就不会成为图像处理领域的领先软件。因此，滤镜对于每一个使用 Photoshop 的用户而言，都具有很重要的意义。在移动 UI 界面图像的设计过程中，滤镜可能是作品的润色剂，也可能是作品的腐蚀剂，到底扮演的是什么角色，取决于操作者如何正确使用滤镜。

步骤 13 执行操作后，即可调整图像的色调，效果如图 11-14 所示。

步骤 14 在"图层"面板中，新建"图层 2"图层，如图 11-15 所示。

图 11-14 调整图像的色调

图 11-15 新建"图层 2"图层

步骤 15 选取工具箱中的矩形选框工具，如图 11-16 所示。

步骤 16 在图像下方绘制一个矩形选区，如图 11-17 所示。

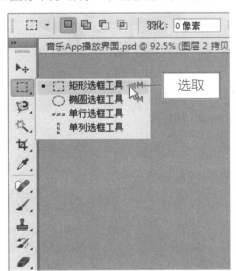

图 11-16 选取矩形选框工具

图 11-17 绘制矩形选区

步骤 17 设置前景色为灰色（RGB 参数值均为 212），如图 11-18 所示。

步骤 18 按【Alt + Delete】组合键，为"图层 2"图层填充前景色，如图 11-19 所示。

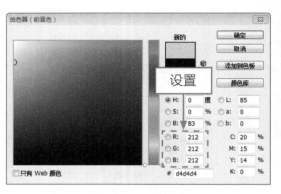

图 11-18 设置前景色   图 11-19 填充前景色

步骤 19 在"图层"面板中设置"图层 2"图层的"不透明度"为 50%，如图 11-20 所示。

步骤 20 执行操作后，即可改变选区内图像的透明度，效果如图 11-21 所示。

图 11-20 设置图层不透明度参数   图 11-21 设置图层不透明度效果

 专家指点

选区在图像编辑过程中有着非常重要的位置，它限制着图像编辑的范围和区域。在 Photoshop CC 中，创建选区是为了限制图像编辑的范围，从而得到精确的效果。

在选区建立之后，选区的边界就会显现出不断交替闪烁的虚线，此虚线框表示选区的范围。当图像中的一部分被选中，此时可以对图像选定的部分进行移动、复制、填充以及滤镜、颜色校正等操作，选区外的图像不受影响。

步骤 21 按【Ctrl + D】组合键，取消选区，如图 11-22 所示。

步骤 22 双击"图层 2"图层，在弹出的"图层样式"对话框中，选中"描边"复选框，在其中设置"大小"为 3 像素、"位置"为"外部"、"颜色"为白色（RGB 参数值均为 255），如图 11-23 所示。

图 11-22 取消选区

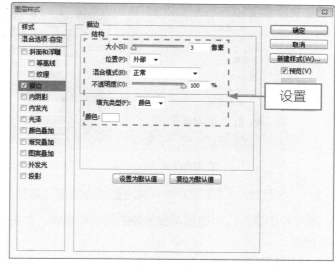

图 11-23 设置"描边"参数

步骤 23 选中"内发光"复选框，在其中设置"大小"为 80 像素、"颜色"为白色，如图 11-24 所示。

步骤 24 单击"确定"按钮，即可设置图层样式，效果如图 11-25 所示。

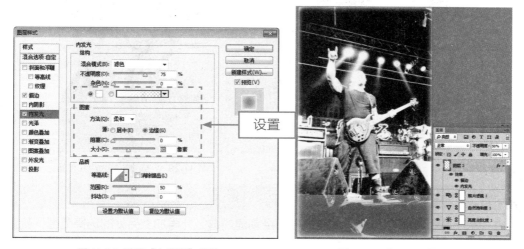

图 11-24 设置"内发光"参数

图 11-25 应用图层样式效果

步骤 25 复制"图层 2"图层，得到"图层 2 拷贝"图层，如图 11-26 所示。

步骤 26 将对应的图像移至合适位置处，如图 11-27 所示。

图 11-26 复制图层　　　　　　图 11-27 移动图像

步骤 27 按【Ctrl + T】组合键，调出变换控制框，如图 11-28 所示。

步骤 28 在图像窗口中适当调整图像的大小和位置，并按【Enter】键确认变换操作，效果如图 11-29 所示。

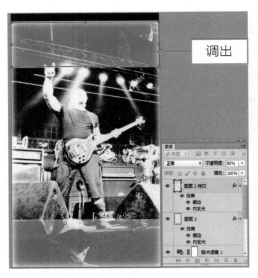

图 11-28 调出变换控制框　　　　　　图 11-29 调整图像的大小和位置

专家指点

在 Photoshop CC 中，如果用户要在已经创建的选区外再加上另外的选择范围，就要用到选框工具，在图像中创建一个选区后，单击"添加到选区"按钮，即可得到两个选区范围的并集。

步骤 29 在"图层"面板中，设置"图层 2 拷贝"图层的"不透明度"为 80%，效果如图 11-30 所示。

步骤 30 打开 "音乐 APP 状态栏 .psd" 素材图像，将其拖曳至 "音乐 APP 播放界面" 图像编辑窗口中的合适位置处，效果如图 11-31 所示。

图 11-30 图像效果

图 11-31 拖入状态栏素材

11.1.2 设计 APP 界面整体效果

下面主要运用圆角矩形工具、渐变工具、"变换选区" 命令、椭圆选框工具、"描边" 图层样式、"渐变叠加" 图层样式、"外发光" 图层样式等，设计音乐 APP 播放界面的整体效果。

步骤 01 在 "图层" 面板中，新建 "图层 3" 图层，如图 11-32 所示。

步骤 02 选取工具箱中的圆角矩形工具，如图 11-33 所示。

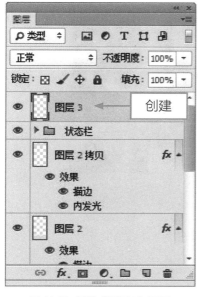
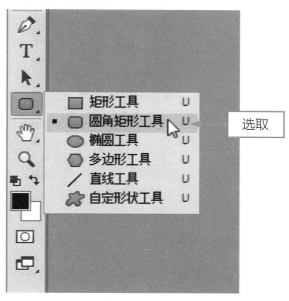

图 11-32 新建 "图层 3" 图层

图 11-33 选取圆角矩形工具

步骤 03 在工具属性栏中，设置"选择工具模式"为"路径"、"半径"为 20 像素，绘制一个圆角矩形路径，如图 11-34 所示。

步骤 04 按【Ctrl + Enter】组合键，将路径转换为选区，如图 11-35 所示。

图 11-34 绘制圆角矩形路径　　图 11-35 将路径转换为选区

步骤 05 选取工具箱中的渐变工具，为选区填充灰色（RGB 参数值均为 170）到白色（RGB 参数值均为 255）再到白色（RGB 参数值均为 255）的线性渐变，如图 11-36 所示。

步骤 06 单击"选择"|"变换选区"命令，调出变换控制框，适当缩放选区，如图 11-37 所示。

图 11-36 填充线性渐变　　图 11-37 适当缩放选区

步骤 07 按【Enter】键确认变换操作，如图 11-38 所示。

步骤 08 在"图层"面板中，新建"图层 4"图层，如图 11-39 所示。

图 11-38 确认变换操作　　　　图 11-39 新建"图层 4"图层

步骤 09 运用渐变工具为选区填充淡黄色（RGB 参数值为 249、234、160）到橘黄色（RGB 参数值为 235、188、0）再到橘黄色（RGB 参数值为 235、188、0）的线性渐变，如图 11-40 所示。

步骤 10 按【Ctrl + D】组合键，取消选区，如图 11-41 所示。

图 11-40 填充线性渐变　　　　图 11-41 取消选区

专家指点

在 Photoshop CC 中建立选区的方法非常广泛，用户可以根据不同选择对象的形状、颜色等特征决定创建选区采用的工具和方法。

﹡创建规则形状选区：规则选区中包括矩形、圆形等规则形态的图像，运用选框工具可以框选出选择的区域范围，这是 Photoshop CC 创建选区最基本的方法。

　　* 创建不规则选区：当图片的背景颜色比较单一，且与选择对象的颜色存在较大的反差时，就可以运用快速选择工具、魔棒工具、多边形套索工具等创建选区。用户在使用过程中，只需要注意在拐角及边缘不明显处手动添加一些节点，即可快速将图像选中。

　　* 通过通道或蒙版创建选区：运用通道和蒙版创建选区是所有选择方法中功能最为强大的一种，因为它表现选区不是用虚线选框，而是用灰阶图像，这样就可以像编辑图像一样来编辑选区。画笔、橡皮擦工具、色调调整工具以及滤镜都可以自由使用。

　　* 通过图层或路径创建选区：图层和路径都可以转换为选区，只需按住【Ctrl】键的同时单击图层左侧的缩览图，即可得到该图层非透明区域的选区。运用路径工具创建的路径是非常光滑的，而且还可以反复调节各锚点的位置和曲线的弯曲弧度，因而常用来建立复杂和边界较为光滑的选区，可将路径转换为选区。

　　在 Photoshop CC 中运用"从选区减去"按钮 ▣，是对已存在的选区利用选框工具将原有选区减去一部分。交集运算是两个选择范围重叠的部分，在创建一个选区后，单击"与选区交叉"按钮 ▣，再创建一个选区，此时就会得到两个选区的交集。

步骤 **11** 在"图层"面板中，新建"图层 5"图层，如图 11-42 所示。

步骤 **12** 设置前景色为淡黄色（RGB 参数值为 240、204、56），如图 11-43 所示。

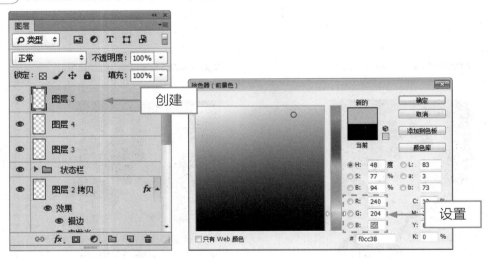

图 11-42 新建"图层 5"图层　　　　　图 11-43 设置前景色

 专家指点

　　简单地说，填充操作可以分为无限制和有限制两种情况，前者就是当前无任何选区或路径的情况下执行的填充操作，此时将对整体图像进行填充；而后者则是通过设置适当的选区或路径来限制填充的范围。

　　在 Photoshop CC 中，运用"填充"命令不但可以填充颜色，还可以填充相应的图案，除了运用软件自带的图案外，用户还可以用选区定义一个图像，并设置"填充"对话框中各选项，进行图案的填充。单击"编辑"|"填充"命令，弹出"填充"对话框，在"使用"列表框中选择"图案"选项，激活"自定图案"选项，单击其右侧的下拉按钮，展开"图案"拾色器，选择图案选项，单击"确定"按钮，即可填充图案。

步骤　13　选取工具箱中的椭圆选框工具，绘制椭圆选区，如图 11-44 所示。

步骤　14　按【 Alt + Delete 】组合键，为"图层 5"图层填充前景色，并取消选区，如图 11-45 所示。

创建

图 11-44　创建椭圆选区

填充

图 11-45　填充前景色

步骤　15　双击"图层 5"图层，在弹出的"图层样式"对话框中，选中"描边"复选框，在其中设置"大小"为 3 像素、"颜色"为淡黄色（RGB 参数值为 247、239、200），如图 11-46 所示。

步骤　16　选中"渐变叠加"复选框，在其中设置"渐变"为淡黄色（RGB 参数值为 247、226、136）到橘黄色（RGB 参数值为 235、188、0）、"样式"为"线性"、"角度"为 90 度，如图 11-47 所示。

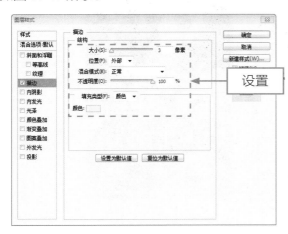

图 11-46　设置"描边"参数

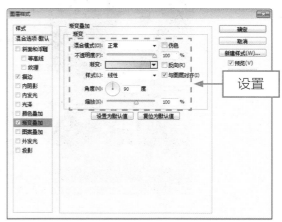

图 11-47　设置"渐变叠加"参数

步骤　17　选中"外发光"复选框，在其中设置"混合模式"为"滤色"、"扩展"为 10%、"大小"为 15 像素，如图 11-48 所示。

步骤 18 单击"确定"按钮，即可设置图层样式，效果如图 11-49 所示。

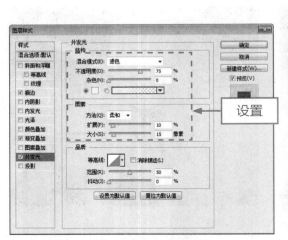

图 11-48 设置"外发光"参数

图 11-49 应用图层样式效果

步骤 19 打开"音乐播放器按钮 .psd"素材图像，将其拖曳至"音乐 APP 播放界面"图像编辑窗口中，调整至合适位置，效果如图 11-50 所示。

步骤 20 打开"音符 .psd"素材图像，将其拖曳至"音乐 APP 播放界面"图像编辑窗口中，调整至合适位置，效果如图 11-51 所示。

图 11-50 拖入按钮素材

图 11-51 拖入音符素材

步骤 21 打开"音乐文字 .psd"素材图像，将其拖曳至"音乐 APP 播放界面"图像编辑窗口中，调整至合适位置，效果如图 11-52 所示。

用户可以根据需要，设计出其他背景的音乐 APP 界面，效果如图 11-53 所示。

图 11-52 最终效果　　　　　　　　　图 11-53 扩展效果

11.2 设计视频 APP 播放界面

随着智能手机、平板电脑的出现，视频软件更是得到迅猛发展，大量免费的视频软件为更多用户提供了便利的视频浏览和播放功能。视频软件的播放功能是一般软件使用者最主要的功能之一。本节主要向读者介绍视频 APP 播放界面的设计方法。

本实例最终效果如图 11-54 所示。

图 11-54 实例效果

	素材文件	光盘 \ 素材 \ 第 11 章 \ 视频 APP 播放界面 .jpg、视频按钮 .psd、视频 APP 状态栏 .psd
	效果文件	光盘 \ 效果 \ 第 11 章 \ 视频 APP 播放界面 .psd、视频 APP 播放界面 .jpg
	视频文件	光盘 \ 视频 \ 第 11 章 \11.2.1　设计 APP 界面背景效果 .mp4、11.2.2　设计 APP 界面整体效果 .mp4

11.2.1 设计 APP 界面背景效果

在制作照片 APP 背景效果时，主要运用到了矩形选框工具、渐变工具、变换控制框等内容。下面主要向读者介绍视频 APP 背景效果的制作方法。

步骤 01 单击"文件"|"打开"命令，打开一幅素材图像，如图 11-55 所示。

步骤 02 在"图层"面板中，新建"图层 1"图层，如图 11-56 所示。

图 11-55 打开素材图像 　　　　图 11-56 新建"图层 1"图层

步骤 03 选取工具箱中的矩形选框工具，绘制一个矩形选区，如图 11-57 所示。

步骤 04 选取工具箱中的渐变工具，为选区从上至下填充白色到黑色的线性渐变，如图 11-58 所示。

图 11-57 绘制矩形选区 　　　　图 11-58 填充线性渐变

步骤 05 按【Ctrl + D】组合键，取消选区，如图 11-59 所示。

步骤 06 展开"图层"面板，选择"图层 1"图层，设置"不透明度"为 30%，如图 11-60 所示。

图 11-59 取消选区

图 11-60 设置不透明度

步骤 07 执行操作后，即可改变图像效果，如图 11-61 所示。

步骤 08 复制"图层 1"图层，得到"图层 1 拷贝"图层，如图 11-62 所示。

图 11-61 图像效果

图 11-62 复制图层

专家指点

在 Photoshop CC 中，提供了 4 个选框工具用于创建形状规则的选区，其中包括矩形选框工具、椭圆选框工具、单行选框工具和单列选框工具，分别用于建立矩形、椭圆、单行和单列选区。

步骤 09 按【Ctrl + T】组合键，调出变换控制框，如图 11-63 所示。

步骤 10 适当调整图像的大小和位置，按【Enter】键确认变换操作，效果如图 11-64 所示。

图 11-63 调出变换控制框　　　　　　　　图 11-64 调整图像的大小和位置

11.2.2 设计 APP 界面整体效果

在制作照片 APP 整体效果时，主要运用到了圆角矩形工具、矩形工具、椭圆工具、横排文字工具以及设置图层样式等内容。

步骤 01 打开"视频按钮 .psd"素材，将其拖曳至"视频 APP 播放界面"图像编辑窗口中的合适位置处，如图 11-65 所示。

步骤 02 在"图层"面板中，新建"图层 2"图层，如图 11-66 所示。

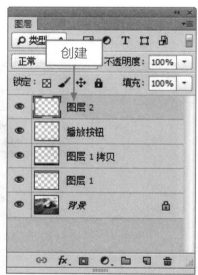

图 11-65 拖入素材图像　　　　　　　　　图 11-66 新建"图层 2"图层

 专家指点

在 Photoshop CC 中，选取工具箱中的单行选框工具，可以在图像编辑窗口中创建 1 个像素宽的横线选区，单行选区工具可以将创建的选区定义为 1 个像素宽的行，从而得到单行 1 个像素的选区。

步骤 03 设置前景色为灰色（RGB 参数值均为 206），如图 11-67 所示。

步骤 04 选取工具箱中的圆角矩形工具，在工具属性栏上设置"选择工具模式"为"像素"、"半径"为 10 像素，绘制一个圆角矩形，如图 11-68 所示。

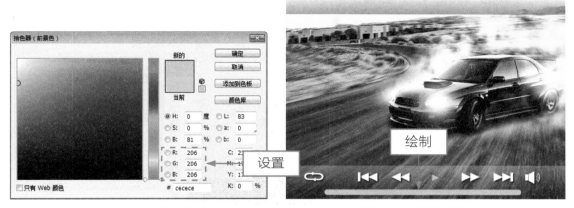

图 11-67 设置前景色　　　　　　　　　　图 11-68 绘制圆角矩形

专家指点

　　选择圆角矩形工具以后，在图像编辑窗口中单击鼠标左键时，会弹出"创建圆角矩形"对话框。在"创建圆角矩形"对话框中设置好"宽度"、"半径"等选项后，单击"确定"按钮，即可创建一个固定大小的圆角矩形或者圆角正方形。

　　在圆角矩形工具的工具属性栏中，如果将"选择工具模式"设置为"像素"选项，那么在"图层"面板的"混合模式"列表框中，则可以使用"背后"模式和"清除"模式。不过，"背后"模式和"清除"模式只能用在未锁定透明区域的图层中。

步骤 05 双击"图层 2"图层，在弹出的"图层样式"对话框中，选中"斜面和浮雕"复选框，如图 11-69 所示。

步骤 06 单击"确定"按钮，添加"斜面和浮雕"图层样式，效果如图 11-70 所示。

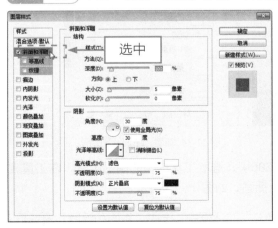

图 11-69 选中"斜面和浮雕"复选框　　　　图 11-70 添加"斜面和浮雕"图层样式效果

步骤 07 在"图层"面板中，新建"图层 3"图层，如图 11-71 所示。

步骤 08 设置前景色为浅蓝色（RGB 参数值为 153、232、247），如图 11-72 所示。

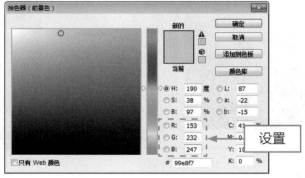

图 11-71　新建"图层 3"图层　　　　　　　图 11-72　设置前景色

步骤 09 选取工具箱中的矩形工具，在工具属性栏上设置"选择工具模式"为"像素"，绘制一个矩形，如图 11-73 所示。

步骤 10 在"图层"面板中，新建"图层 4"图层，如图 11-74 所示。

图 11-73　绘制矩形　　　　　　　　图 11-74　新建"图层 4"图层

步骤 11 设置前景色为灰色（RGB 参数值均为 206），选取工具箱中的椭圆工具，在工具属性栏上设置"选择工具模式"为"像素"，绘制一个椭圆，如图 11-75 所示。

步骤 12 双击"图层 4"图层，在弹出的"图层样式"对话框中，选中"斜面和浮雕"复选框，设置"大小"为 10 像素，如图 11-76 所示。

图 11-75 绘制椭圆

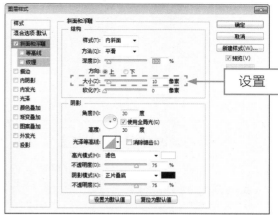

图 11-76 设置"斜面和浮雕"参数

步骤 13 选中"渐变叠加"复选框，单击"点按可编辑渐变"按钮，如图 11-77 所示。

步骤 14 弹出"渐变编辑器"对话框，在"预设"列表框中选择"透明彩虹渐变"选项，如图 11-78 所示。

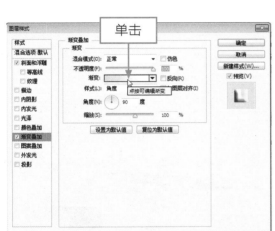

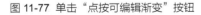

图 11-77 单击"点按可编辑渐变"按钮

图 11-78 "渐变编辑器"对话框

专家指点

在一些手机 APP 或微信界面上，经常会看到一些五颜六色的导航条或者宣传标签，这些效果是怎么制作的呢？其实很简单，用 Photoshop 中的渐变工具即可快速实现。

渐变即指图像颜色的渐渐变化。在 Photoshop CC 中，利用渐变工具可以创建多种颜色之间的逐渐混合。创建渐变颜色，可以使移动 UI 界面图像更加丰富多彩，增强移动 UI 界面的视觉效果。

在渐变工具属性栏中，提供了 5 种渐变填充的方式："线性渐变"按钮、"径向渐变"按钮、"角度渐变"按钮、"对称渐变"按钮和"菱形渐变"按钮。

另外，渐变工具属性栏还有以下 3 个复选框。

* 反向：选择此项时，用户将得到和设置的渐变颜色方向相反的效果，这是就使得渐变的颜色变化方向发生了变化。

* 仿色：使渐变效果更加平顺。

* 透明区域：选中此项可以打开透明蒙版。

步骤 15 单击"确定"按钮，设置"样式"为"角度"，如图 11-79 所示。

步骤 16 选中"投影"复选框，保持默认设置即可，如图 11-80 所示。

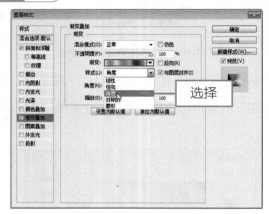
图 11-79 设置选项

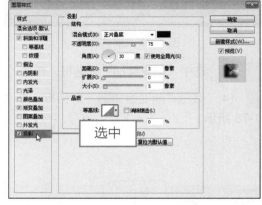
图 11-80 选中"投影"复选框

步骤 17 单击"确定"按钮，应用图层样式，效果如图 11-81 所示。

步骤 18 打开"视频 APP 状态栏 .psd"素材图像，将其拖曳至"视频 APP 播放界面"图像编辑窗口中的合适位置，如图 11-82 所示。

图 11-81 应用图层样式效果

图 11-82 拖入状态栏素材

步骤 19 选取工具箱中的横排文字工具，在图像上单击鼠标左键，确认插入点，如图 11-83 所示。

步骤 20 单击"窗口"｜"字符"命令，展开"字符"面板，设置"字体系列"为"黑体"、"字体大小"为 30 点、"颜色"为白色，激活"仿粗体"图标，如图 11-84 所示。

步骤 21 在图像上输入相应文字，并移至合适位置，如图 11-85 所示。

图 11-83 确认插入点

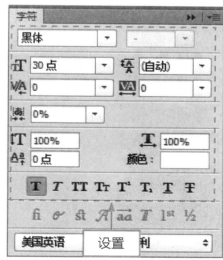

图 11-84 设置字符属性

步骤 22 双击该文字图层，在弹出的"图层样式"对话框中，选中"外发光"复选框，设置"颜色"为白色，如图 11-86 所示。

图 11-85 输入文字

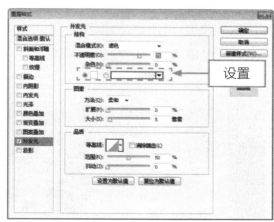

图 11-86 设置选项

专家指点

对于一些特殊的移动 UI 图形，设计者总是希望给它制作一些特别的效果，让它看起来更加漂亮美观，比如发光的效果。在 Photoshop CC 中，使用"外发光"和"内发光"样式，可以为移动 UI 图像添加发光效果。"外发光"是为图像边缘的外部添加发光效果，而"内发光"是为图像边缘的内部添加发光效果。

步骤 23 单击"确定"按钮，添加"外发光"图层样式，效果如图 11-87 所示。

步骤 24 选取工具箱中的横排文字工具，在图像上单击鼠标左键，确认插入点，设置"字体系列"为"黑体"、"字体大小"为 22 点、"颜色"为白色，输入 02:10，并移至合适位置，如图 11-88 所示。

图 11-87 添加"外发光"图层样式效果　　　　　图 11-88 输入相应文字

步骤 25 选取工具箱中的横排文字工具，在图像上单击鼠标左键，确认插入点，如图 11-89 所示。

步骤 26 在"字符"面板中，设置"字体系列"为"微软雅黑"、"字体大小"为 36 点、"颜色"为白色，如图 11-90 所示。

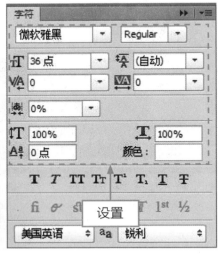

图 11-89 确认插入点　　　　　图 11-90 设置字符属性

步骤 27 在图像上输入影片标题并移至合适位置，效果如图 11-91 所示。

步骤 28 双击该文字图层，在弹出的"图层样式"对话框中，选中"投影"复选框，设置"距离"为 3 像素、"大小"为 2 像素，如图 11-92 所示。

图 11-91 输入影片标题

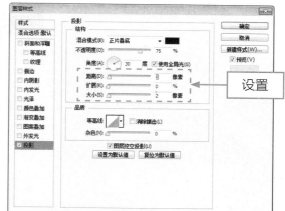

图 11-92 设置选项

步骤 29 选中"外发光"复选框,设置"大小"为 3 像素,如图 11-93 所示。

步骤 30 单击"确定"按钮,添加"投影"图层样式,效果如图 11-94 所示。

图 11-93 设置选项

图 11-94 最终效果

用户可以根据需要,设计出其他背景的视频 APP 播放界面效果,如图 11-95 所示。

图 11-95 扩展效果

游戏应用 UI 界面设计

学习提示

　　游戏 UI 设计早已经红透半边天，更多用户关心的主要问题是能否比较容易和舒适地玩游戏。人们的着眼点在于游戏的趣味性和美观性，而趣味性与美观性主要取决于游戏 UI 的优劣。本章主要介绍"魔法小精灵"和"欢乐桌球"游戏 APP 的 UI 界面设计方法。

本章案例导航

- 设计魔法小精灵游戏 UI 界面
- 设计欢乐桌球游戏 UI 界面

12.1 设计魔法小精灵游戏 UI 界面

手机 APP 游戏界面和游戏本身的风格应该统一，从色彩到质感，都要和游戏世界保持一致协调。本节主要向读者介绍"魔法小精灵"手机游戏 APP 界面设计的操作方法。

本实例最终效果如图 12-1 所示。

图 12-1 实例效果

	素材文件	光盘 \ 素材 \ 第 12 章 \ 状态栏 .psd、游戏原画 .jpg
	效果文件	光盘 \ 效果 \ 第 12 章 \ 魔法小精灵游戏 UI 界面 .psd、魔法小精灵游戏 UI 界面 .jpg
	视频文件	光盘 \ 视频 \ 第 12 章 \12.1.1 设计游戏 APP 界面主体效果 .mp4、12.1.2 设计游戏 APP 界面按钮效果 .mp4、12.1.3 设计游戏 APP 界面文字效果 .mp4

12.1.1 设计游戏 APP 界面主体效果

游戏 APP 界面的背景填充浅黄色到深黄色的线性渐变，以确定游戏的基本色调。在制作主体效果时，主要运用到了打开并拖曳素材、魔棒工具、绘制矩形选区、填充线性渐变、设置图层样式等工具或选项。下面详细介绍"魔法小精灵"手机游戏 APP 界面主体效果的制作方法。

步骤 01 单击"文件"|"新建"命令，弹出"新建"对话框，设置"名称"为"魔法小精灵游戏 UI 界面"、"宽度"为 1181 像素、"高度"为 1890 像素、"分辨率"为 72 像素 / 英寸、"颜色模式"为"RGB 颜色"、"背景内容"为"白色"，如图 12-2 所示，单击"确定"按钮，新建一个空白图像。

步骤 02 展开"图层"面板，新建"图层 1"图层，如图 12-3 所示。

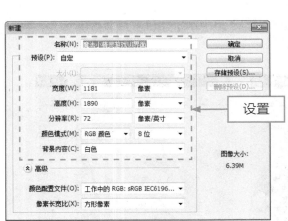

图 12-2 "新建"对话框　　　　　　　　　图 12-3 新建"图层 1"图层

步骤 03 选取工具箱中的渐变工具，设置渐变色为淡黄色（RGB 参数值为 251、220、135）到浅黄色（RGB 参数值为 243、175、28）再到深黄色（RGB 参数值为 223、131、0）的线性渐变，如图 12-4 所示。

步骤 04 运用渐变工具为"图层 1"图层填充渐变色，效果如图 12-5 所示。

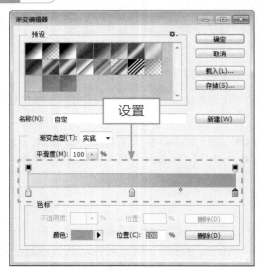

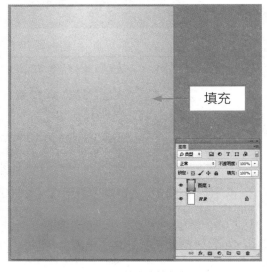

图 12-4 设置渐变色　　　　　　　　　图 12-5 填充线性渐变

步骤 05 打开"状态栏.psd"素材，将其拖曳至"魔法小精灵游戏 UI 界面"图像编辑窗口中的合适位置处，如图 12-6 所示。

步骤 06 展开"图层"面板，新建"图层 2"图层，如图 12-7 所示。

步骤 07 选取工具箱中的矩形选框工具，绘制一个矩形选区，如图 12-8 所示。

图 12-6 拖入状态栏素材

图 12-7 新建"图层 2"图层

步骤 08 选取工具箱中的渐变工具，设置渐变色为淡灰色（RGB 参数值均为 180）到灰色（RGB 参数值均为 146）的线性渐变，如图 12-9 所示。

图 12-8 绘制矩形选区

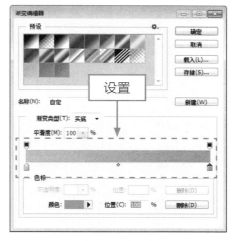

图 12-9 设置渐变色

 专家指点

在"渐变编辑器"对话框中可以看到 4 个色标。

＊ 左上角和右上角的色标是用来调整渐变不透明度的，用鼠标单击这两个色标就可以在下方调整渐变的不透明度。

＊ 左下角和右下角的色标是用来调整渐变颜色的，用鼠标单击这两个色标就可以在下方调整渐变的颜色。

此外，将鼠标移动到渐变条附近时，会出现一个手字形状🖑，此时单击鼠标左键，就会新建一个色标。

步骤 09 运用渐变工具为"图层 2"图层填充渐变色，效果如图 12-10 所示。

步骤 10 按【Ctrl + D】组合键，取消选区，效果如图 12-11 所示。

图 12-10 填充线性渐变　　　　　　　图 12-11 取消选区

步骤 11 双击"图层 2"图层，弹出"图层样式"对话框，选中"描边"复选框，在其中设置"大小"为 1 像素、"位置"为"外部"、"颜色"为灰色（RGB 参数值均为 172），如图 12-12 所示。

步骤 12 选中"投影"复选框，在其中设置"角度"为 120 度、"距离"为 8 像素、"扩展"为 8%、"大小"为 20 像素，如图 12-13 所示。

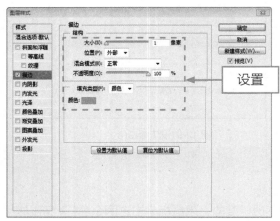
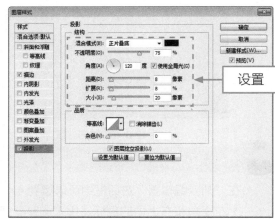

图 12-12 设置"描边"参数　　　　　　图 12-13 设置"投影"参数

步骤 13 单击"确定"按钮，即可设置图层样式，效果如图 12-14 所示。

步骤 14 单击"文件"|"打开"命令，打开"游戏原画 .jpg"素材图像，如图 12-15 所示。

步骤 15 运用魔棒工具在背景区域多次单击鼠标左键，创建选区，如图 12-16 所示。

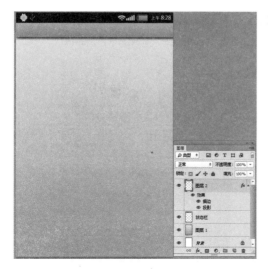

图 12-14 应用图层样式效果

图 12-15 打开素材图像

步骤 16 单击"选择"|"反向"命令，反选选区，如图 12-17 所示。

创建　反选

图 12-16 创建选区　　　图 12-17 反选选区

 专家指点

　　在图像编辑的过程中，一些图案经常会被使用到，用户可以通过定义图案的方式将图案保存，定义图案时，需要创建选区将图案区域的范围选定。在定义图案区域时，所创建的选区必需是矩形选区，才能定义图案。若在没有创建选区的情况下，运用"定义图案"命令，则系统会以整幅图像为图案区域进行定义。

步骤 17 运用移动工具，将选区内的图像拖曳至"魔法小精灵游戏 UI 界面"图像编辑窗口中，如图 12-18 所示。

步骤 18 按【Ctrl + T】组合键，调出变换控制框，适当调整图像的大小，如图 12-19 所示。

图 12-18 拖入选区内图像　　　　　图 12-19 调整图像大小

步骤 19 按【Enter】键确认变换操作，效果如图 12-20 所示。

步骤 20 双击"图层 3"图层，弹出"图层样式"对话框，选中"内发光"复选框，在其中设置"阻塞"为 2%、"大小"为 2 像素，如图 12-21 所示。

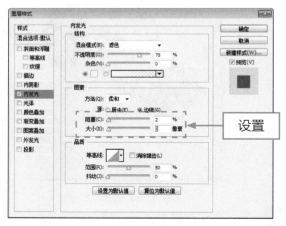

图 12-20 确认变换操作　　　　　　图 12-21 设置"内发光"参数

 专家指点

　　使用"内发光"图层样式，可以添加沿着图片的边缘向内发光的效果，与外发光正好相反，用户还可以更改"内发光"样式的颜色。

步骤 21 选中"投影"复选框，在其中设置"距离"为 5 像素、"扩展"为 10%、"大小"为 15 像素，如图 12-22 所示。

步骤 22 单击"确定"按钮，即可设置图层样式，效果如图 12-23 所示。

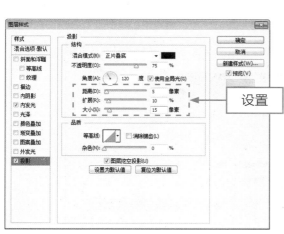

图 12-22 设置"投影"参数

图 12-23 应用图层样式效果

12.1.2 设计游戏 APP 界面按钮效果

在游戏 APP 界面中，按钮是经常用到的交互元素。下面主要运用圆角矩形工具、渐变工具、设置图层样式等，制作"魔法小精灵"手机游戏 APP 界面的按钮效果。

步骤 01 展开"图层"面板，新建"图层 4"图层，如图 12-24 所示。

步骤 02 选取工具箱中的圆角矩形工具，在工具属性栏中设置"选择工具模式"为"路径"、"半径"为 20 像素，绘制一个圆角矩形路径，如图 12-25 所示。

图 12-24 新建"图层 4"图层

图 12-25 绘制圆角矩形路径

步骤 03 按【Ctrl + Enter】组合键，将路径转换为选区，如图 12-26 所示。

步骤 **04** 选取工具箱中的渐变工具,设置渐变色为淡绿色(RGB 参数值为 213、249、149)到浅绿色(RGB 参数值为 133、230、28)再到绿色(RGB 参数值为 80、201、14)的线性渐变,如图 12-27 所示。

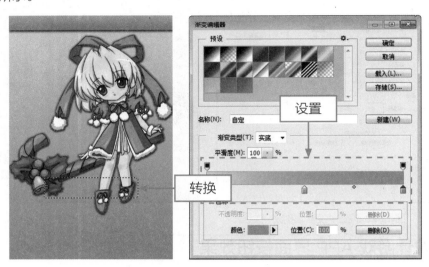

图 12-26 将路径转换为选区　　　　　图 12-27 设置渐变色

步骤 **05** 运用渐变工具为选区填充渐变色,效果如图 12-28 所示。

步骤 **06** 双击"图层 4"图层,在弹出的"图层样式"对话框中,选中"投影"复选框,在其中设置"距离"为 10 像素、"扩展"为 0%、"大小"为 15 像素,如图 12-29 所示。

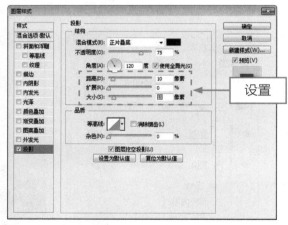

图 12-28 填充线性渐变色　　　　　图 12-29 设置"投影"参数

专家指点

使用"填充"命令,可以只在指定选区内填充相应的颜色。

步骤 **07** 单击"确定"按钮,应用"投影"图层样式,效果如图 12-30 所示。

步骤 **08** 单击"选择"|"变换选区"命令,调出变换控制框,如图 12-31 所示。

图 12-30 应用"投影"图层样式效果 　　　　　图 12-31 调出变换控制框

步骤 09 适当缩放选区，并按【Enter】键确认变换操作，如图 12-32 所示。

步骤 10 在"图层"面板中，新建"图层 5"图层，如图 12-33 所示。

图 12-32 缩放选区 　　　　　　　　图 12-33 新建"图层 5"图层

专家指点

在 Photoshop CC 中，使用"外部粘贴"命令，可以将剪贴板中的图像粘贴到同一图像或不同图像选区外的相应位置，并生成一个蒙版图层。

步骤 11 选取工具箱中的渐变工具，为选区填充淡绿色（RGB 参数值为 200、243、118）到绿色（RGB 参数值为 116、216、9）再到绿色（RGB 参数值为 116、216、9）的线性渐变，如图 12-34 所示。

步骤 12 双击"图层 5"图层，在弹出的"图层样式"对话框中，选中"内阴影"复选框，在其中设置"距离"为 0 像素、"阻塞"为 10%、"大小"为 6 像素，如图 12-35 所示。

图 12-34 填充线性渐变

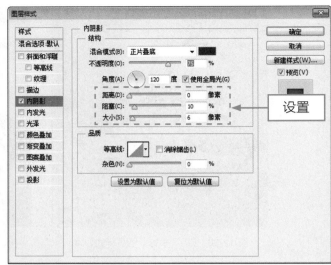

图 12-35 设置"内阴影"参数

步骤 13 选中"外发光"复选框，在其中设置"扩展"为 0%、"大小"为 5 像素，如图 12-36 所示。

步骤 14 单击"确定"按钮，即可设置图层样式，效果如图 12-37 所示。

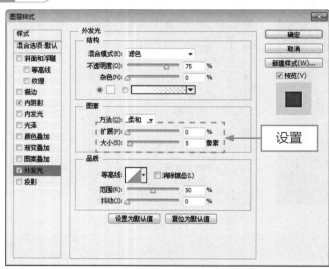

图 12-36 设置"外发光"参数

图 12-37 应用图层样式效果

专家指点

在 Photoshop CC 中的"图层样式"对话框中，单击底部的"设置为默认值"按钮，即可将选中的相应图层样式选项设置为默认值。

步骤 15 复制"图层 4"图层和"图层 5"图层，得到"图层 4 拷贝"图层和"图层 5 拷贝"图层，如图 12-38 所示。

步骤 16 应用移动工具将对应的图像移至相应位置，效果如图 12-39 所示。

图 12-38 复制图层　　　　　　图 12-39 调整图像位置

步骤 17 为"图层 5 拷贝"图层的图像填充淡蓝色（RGB 参数值为 149、210、246）到蓝色（RGB 参数值为 11、165、229）再到蓝色（RGB 参数值为 11、165、229）的线性渐变，如图 12-40 所示。

步骤 18 按【Ctrl + D】组合键，取消选区，如图 12-41 所示。

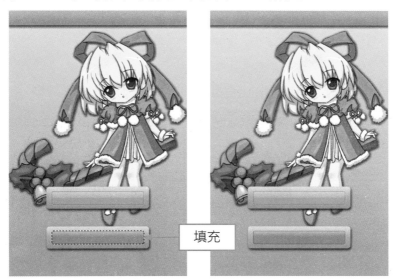

图 12-40 填充线性渐变　　　　　图 12-41 取消选区

步骤 19 按住【Ctrl】键的同时，单击"图层 4 拷贝"图层，建立选区，如图 12-42 所示。

步骤 20 为选区填充淡蓝色（RGB 参数值为 149、210、246）到蓝色（RGB 参数值为 11、165、229）再到深蓝色（RGB 参数值为 3、82、203）的线性渐变，并取消选区，效果如图 12-43 所示。

图 12-42 建立选区　　　　　　　　　图 12-43 填充线性渐变

12.1.3 设计游戏 APP 界面文字效果

在本实例中，首先为 APP 程序添加相应的文字说明，并为添加的文字设置文字形状，制作出 APP 程序的整体效果。下面详细介绍"魔法小精灵"手机游戏 APP 界面文字效果的制作方法。

步骤 01 选取工具箱中的横排文字工具，单击"窗口"|"字符"命令，在弹出的"字符"面板中，设置"字体系列"为"迷你简黄草"、"字体大小"为 200 点、"颜色"为白色（RGB 参数值均为 255 ），如图 12-44 所示。

步骤 02 输入相应文本，并调整至合适位置，如图 12-45 所示。

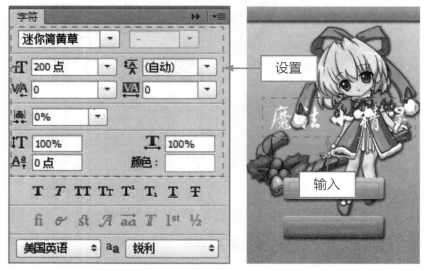

图 12-44 设置字符参数　　　　　　　图 12-45 输入相应文本

步骤 03 在"图层"面板中，选中文本图层，如图 12-46 所示。

步骤 04 在工具属性栏中，单击"创建文字变形"按钮，如图 12-47 所示。

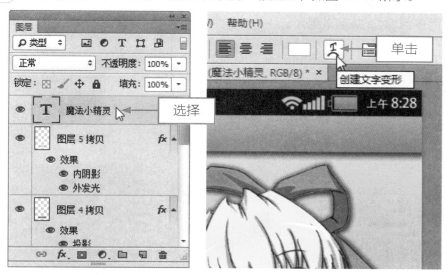

图 12-46 选中文本图层　　　　图 12-47 单击"创建文字变形"按钮

步骤 05 弹出"变形文字"对话框，单击"样式"右侧的下拉按钮，在弹出的列表框中，选择"扇形"选项，设置"弯曲"为 20%，如图 12-48 所示。

步骤 06 单击"确定"按钮，设置文本变形样式，效果如图 12-49 所示。

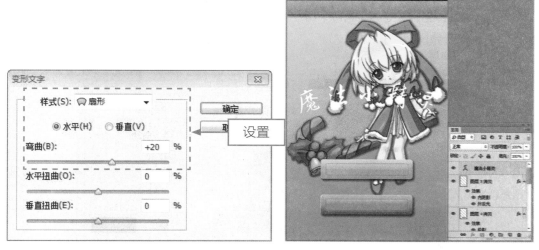

图 12-48 "变形文字"对话框　　　　图 12-49 设置文本样式效果

 **专家指点**

在 Photoshop CC 中，用户可以通过"变形文字"对话框制作文字变形效果，以得到更好的视觉效果。在"图层"面板的当前文字图层上单击鼠标右键，在弹出的快捷菜单中选择"文

字变形"选项，同样可以弹出"变形文字"对话框。另外，在 Photoshop CC 中文字可以被转换成路径、形状和图像这 3 种形态，在未对文字进行转换的情况下，只能够对文字及段落属性进行设置，而通过将文字转换为路径、形状或图像后，则可以对其进行更多更为丰富的编辑，从而得到艺术的文字效果。

步骤 07 双击相应文本图层，在弹出的"图层样式"对话框中选中"描边"复选框，在其中设置"大小"为 10 像素、"颜色"为橙色（RGB 参数值为 235、127、0），如图 12-50 所示。

步骤 08 选中"投影"复选框，在其中设置"距离"为 21 像素、"扩展"为 10%、"大小"为 25 像素，如图 12-51 所示。

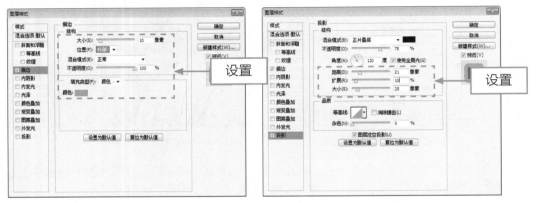

图 12-50 设置"描边"参数　　　　　图 12-51 设置"投影"参数

步骤 09 单击"确定"按钮，即可设置图层样式，效果如图 12-52 所示。

步骤 10 运用横排文字工具在图像上确认插入点，在"字符"面板中设置"字体系列"为"微软雅黑"、"字体大小"为 60 点、"字距调整"为 80、"颜色"为黑色（RGB 参数值均为 0），如图 12-53 所示。

图 12-52 应用图层样式效果

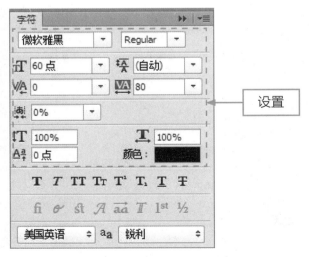

图 12-53 设置字符参数

步骤 11 运用横排文字工具在按钮上输入相应的文字，效果如图 12-54 所示。

步骤 12 运用横排文字工具在图像上确认插入点，在"字符"面板中设置"字体系列"为"微软雅黑"、"字体大小"为 58 点、"字距调整"为 80、"颜色"为白色（RGB 参数值均为255），如图 12-55 所示。

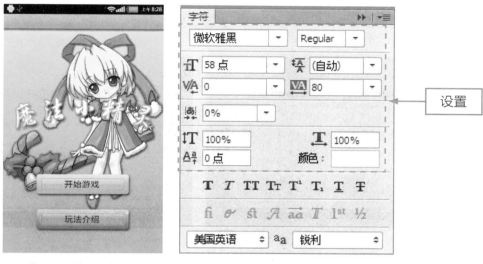

图 12-54 输入相应文字　　　　　图 12-55 设置字符参数

步骤 13 运用横排文字工具在图像上方输入相应的标题文字，并添加默认的"投影"图层样式，效果如图 12-56 所示。

用户可以根据需要，更换手机游戏 APP 界面的背景图案、主体图形和文字，设计出其他的界面效果，如图 12-57 所示。

图 12-56 最终效果　　　　　图 12-57 扩展效果

12.2 设计欢乐桌球游戏 UI 界面

"欢乐桌球"APP 是一款设置了多个难度关卡以及结合了挑战模式的手机游戏，桌球类手机游戏不仅要考验玩家的眼力及操作，还要考验玩家的策略。通过逼真的游戏画面效果、轻松可爱的背景音乐和游戏音效、流畅的操控、多种限时挑战模式，不但增加了游戏的趣味性，而且使该游戏更加容易上手、老少皆宜。

本实例最终效果如图 12-58 所示。

图 12-58 实例效果

	素材文件	光盘\素材\第 12 章\高光 .psd、球洞 .psd、8 号球 .psd、白球 .psd、球杆 .psd、分数显示区 .psd、对准器 .psd、功能按钮 .psd
	效果文件	光盘\效果\第 12 章\欢乐桌球游戏 UI 界面 .psd、欢乐桌球游戏 UI 界面 .jpg
	视频文件	光盘\视频\第 12 章\12.2.1 设计游戏 APP 界面背景效果 .mp4、12.2.2 设计游戏 APP 界面主体效果 .mp4、12.2.3 设计游戏 APP 界面文字效果 .mp4

12.2.1 设计游戏 APP 界面背景效果

下面主要运用渐变工具、圆角矩形工具、"收缩"命令、"描边"命令以及设置图层样式等，制作"欢乐桌球"APP 游戏界面的背景效果。

步骤 **01** 单击"文件"|"新建"命令，弹出"新建"对话框，设置"名称"为"欢乐桌球游戏 UI 界面"、"宽度"为 1050 像素、"高度"为 700 像素、"分辨率"为 72 像素 / 英寸、"颜色模式"为"RGB 颜色"、"背景内容"为"白色"，如图 12-59 所示，单击"确定"按钮，新建一个空白图像。

步骤 **02** 选取工具箱中的渐变工具，设置渐变色为蓝色（RGB 参数值为 0、88、158）到深蓝色（RGB 参数值为 0、11、29）的径向渐变，如图 12-60 所示。

步骤 **03** 在"图层"面板中，新建"图层 1"图层，如图 12-61 所示。

步骤 **04** 运用渐变工具为"图层 1"图层填充径向渐变，效果如图 12-62 所示。

步骤 **05** 在"图层"面板中，新建"图层 2"图层，如图 12-63 所示。

步骤 06 选取工具箱中的圆角矩形工具，在工具属性栏中设置"选择工具模式"为"路径"、"半径"为 5 像素，绘制一个圆角矩形路径，如图 12-64 所示。

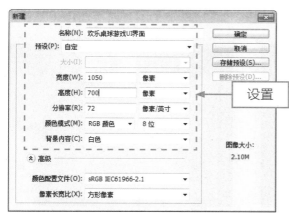

图 12-59 "新建"对话框

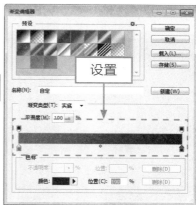

图 12-60 设置渐变色

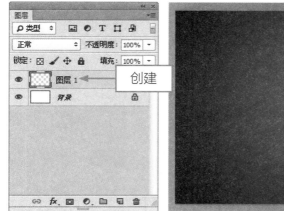

图 12-61 新建"图层 1"图层

图 12-62 填充径向渐变

图 12-63 新建"图层 2"图层

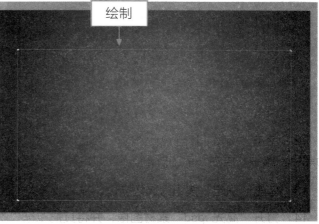

图 12-64 绘制圆角矩形路径

步骤 **07** 按【Ctrl + Enter】组合键，将路径变换为选区，如图 12-65 所示。

步骤 **08** 选取工具箱中的渐变工具，为选区填充蓝色（RGB 参数值为 101、178、222）到灰蓝色（RGB 参数值为 32、72、108）的径向渐变，如图 12-66 所示。

图 12-65 将路径变换为选区　　　　　　　　　　　图 12-66 填充径向渐变

步骤 **09** 单击"选择"|"修改"|"收缩"命令，如图 12-67 所示。

步骤 **10** 弹出"收缩选区"对话框，设置"收缩量"为 25 像素，如图 12-68 所示。

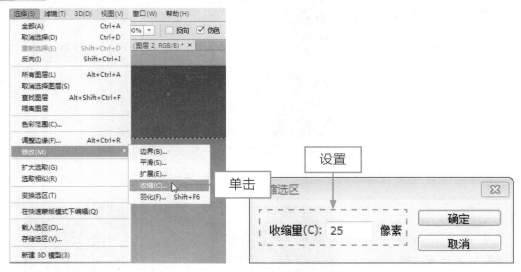

图 12-67 单击"收缩"命令　　　　　　　　　　图 12-68 "收缩选区"对话框

步骤 **11** 单击"确定"按钮，即可收缩选区，如图 12-69 所示。

步骤 **12** 单击"编辑"|"描边"命令，弹出"描边"对话框，设置"大小"为 50 像素、"颜色"为黑色，选中"居中"单选按钮，如图 12-70 所示。

步骤 **13** 单击"确定"按钮为选区描边，并取消选区，效果如图 12-71 所示。

步骤 **14** 打开"高光 .psd"素材图像，并将其拖曳至"欢乐桌球游戏 UI 界面"图像编辑窗口中的合适位置，如图 12-72 所示。

步骤 15 将"高光"图层复制5次，并将其移动至合适位置，并调整其方向，效果如图 12-73 所示。

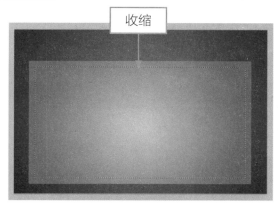

图 12-69 收缩选区

图 12-70 "描边"对话框

图 12-71 取消选区

图 12-72 拖入素材图像

步骤 16 在"图层"面板中，新建"图层3"图层，如图 12-74 所示。

图 12-73 移动并调整图像

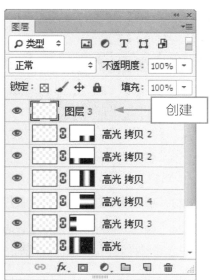

图 12-74 新建"图层3"图层

步骤 17 选取工具箱中的圆角矩形工具，在工具属性栏中设置"选择工具模式"为"路径"、"半径"为 5 像素，绘制一个圆角矩形路径，如图 12-75 所示。

步骤 18 按【Ctrl + Enter】组合键，将路径变换为选区，如图 12-76 所示。

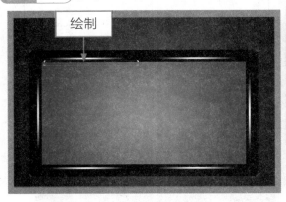

图 12-75 绘制圆角矩形路径

图 12-76 将路径变换为选区

步骤 19 选取工具箱中的渐变工具，为选区填充浅蓝色（RGB 参数值为 110、184、229）到蓝色（RGB 参数值为 40、106、138）的线性渐变，如图 12-77 所示。

步骤 20 按【Ctrl + D】组合键，取消选区，效果如图 12-78 所示。

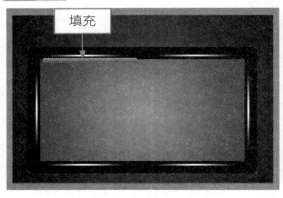

图 12-77 填充线性渐变

图 12-78 取消选区

步骤 21 将"图层 3"图层复制 5 次，并移动至合适位置，并调整其方向，效果如图 12-79 所示。

步骤 22 双击"图层 3"图层，在弹出的"图层样式"对话框中，选中"投影"复选框，如图 12-80 所示。

步骤 23 单击"确定"按钮，即可添加相应的图层样式，效果如图 12-81 所示。

步骤 24 拷贝"图层 3"图层的图层样式，同时选择其拷贝图层，单击鼠标右键，在弹出的快捷菜单中选择"粘贴图层样式"选项，如图 12-82 所示。

步骤 25 执行操作后，即可为拷贝的图层添加同样的图层样式，效果如图 12-83 所示。

步骤 26 打开"球洞 .psd"素材图像，并将其拖曳至"欢乐桌球游戏 UI 界面"图像编辑窗口中的合适位置，如图 12-84 所示。

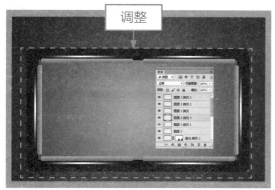

图 12-79 移动并调整图像

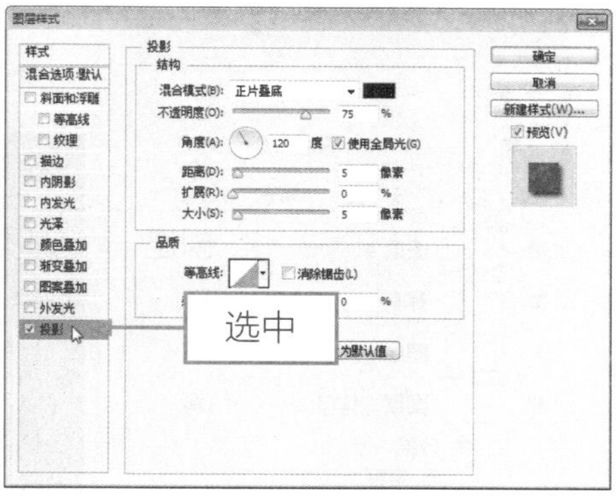

图 12-80 选中"投影"复选框

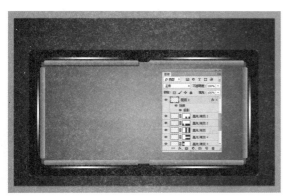

图 12-81 添加图层样式效果

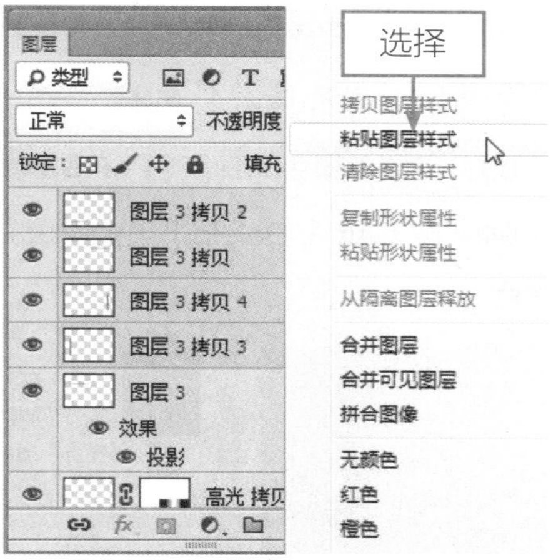

图 12-82 选择"粘贴图层样式"选项

图 12-83 复制并粘贴图层样式效果

图 12-84 添加素材图像

12.2.2 设计游戏 APP 界面主体效果

下面主要运用矩形选框工具、"透视"命令以及添加各种素材等，制作"欢乐桌球"APP 游戏界面的主体效果。

步骤 01 在"图层"面板中，新建"图层 4"图层，如图 12-85 所示。

步骤 02 选取工具箱中的矩形选框工具，创建一个矩形选区，如图 12-86 所示。

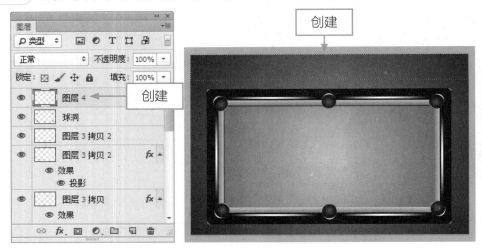

图 12-85 新建"图层 4"图层　　　图 12-86 创建矩形选区

步骤 03 设置前景色为深灰色（RGB 参数值均为 46），如图 12-87 所示。

步骤 04 按【Alt + Delete】组合键填充前景色，并取消选区，如图 12-88 所示。

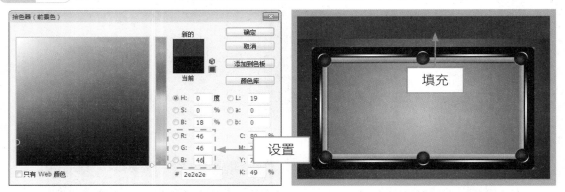

图 12-87 设置前景色　　　　　图 12-88 填充前景色

步骤 05 按【Ctrl + T】组合键，调出变换控制框，如图 12-89 所示。

步骤 06 在变换控制框中单击鼠标右键，在弹出的快捷菜单中选择"透视"选项，如图 12-90 所示。

步骤 07 对填充色块进行调整，按【Enter】键确认变换操作，效果如图 12-91 所示。

步骤 08 打开"8 号球 .psd"素材图像，并将其拖曳至"欢乐桌球游戏 UI 界面"图像编辑窗口中的合适位置，如图 12-92 所示。

步骤 09 打开"白球 .psd"素材图像，并将其拖曳至"欢乐桌球游戏 UI 界面"图像编辑窗口中的合适位置，如图 12-93 所示。

图 12-89 调出变换控制框

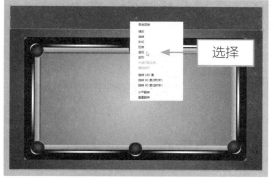

图 12-90 选择"透视"选项

图 12-91 变换图像

图 12-92 添加桌球素材

步骤 10 打开"球杆 .psd"素材图像，并将其拖曳至"欢乐桌球游戏 UI 界面"图像编辑窗口中的合适位置，效果如图 12-94 所示。

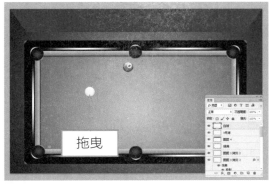

图 12-93 添加桌球素材

图 12-94 添加球杆素材

步骤 11 双击"球杆"图层，在弹出的"图层样式"对话框中，选中"投影"复选框，单击"确定"按钮，即可添加相应的图层样式，效果如图 12-95 所示。

步骤 12 打开"分数显示区 .psd"素材图像，将其拖曳至"欢乐 桌球游戏 UI 界面"图像编辑窗口中的合适位置，如图 12-96 所示。

步骤 13 打开"对准器 .psd"素材图像，将其拖曳至"欢乐桌球游戏 UI 界面"图像编辑窗口中的合适位置，如图 12-97 所示。

图 12-95 添加相应的图层样式效果

图 12-96 添加相应素材

步骤 14 打开"功能按钮 .psd"素材图像，将其拖曳至"欢乐桌球游戏 UI 界面"图像编辑窗口中的合适位置，如图 12-98 所示。

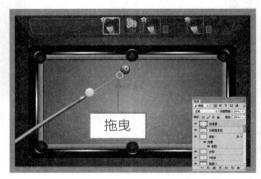

图 12-97 添加相应素材

图 12-98 添加相应素材

12.2.3 设计游戏 APP 界面文字效果

下面主要运用横排文字工具以及设置各种图层样式等，制作"欢乐桌球"APP 游戏界面的文字效果。

步骤 01 选取横排文字工具，在图像上单击鼠标左键，确认插入点，在"字符"面板中设置"字体系列"为"文鼎霹雳体"、"字体大小"为 150 点、"颜色"为白色，如图 12-99 所示。

步骤 02 在图像窗口中输入相应文字，如图 12-100 所示。

步骤 03 双击文本图层，在弹出的"图层样式"对话框中选中"斜面和浮雕"复选框，保持默认设置即可，如图 12-101 所示。

步骤 04 在"图层样式"对话框中选中"描边"复选框，设置"大小"为 2 像素、"颜色"为洋红（RGB 参数值分别为 255、0、250），如图 12-102 所示。

步骤 05 在"图层样式"对话框中选中"渐变叠加"复选框，单击"点按可编辑渐变"按钮，如图 12-103 所示。

步骤 06 弹出"渐变编辑器"对话框，在"预设"列表框中选择"橙、黄、橙"渐变色，如图 12-104 所示。

图 12-99 设置字符参数

图 12-100 输入相应文字

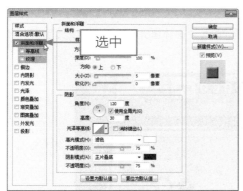

图 12-101 选中"斜面和浮雕"复选框

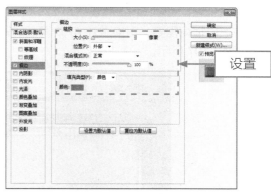

图 12-102 设置"描边"选项

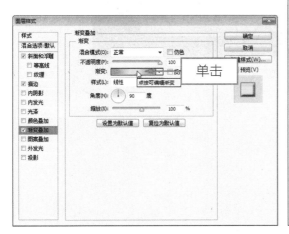

图 12-103 单击"点按可编辑渐变"按钮

图 12-104 选择"橙、黄、橙"渐变色

步骤 07 单击"确定"按钮应用渐变色，在"图层样式"对话框中选中"投影"复选框，如图 12-105 所示。

步骤 08 单击"确定"按钮，应用图层样式效果，完成"欢乐桌球"游戏 UI 界面的设计，最终效果如图 12-106 所示。

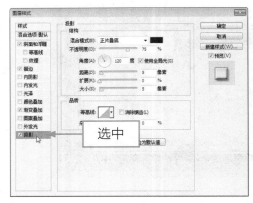

图 12-105 选中"投影"复选框

图 12-106 最终效果

用户可以根据需要，更换游戏 APP 界面的背景颜色、主体图形等元素，设计出其他的界面效果，如图 12-107 所示。

图 12-107 扩展效果

13 安卓系统 UI 界面设计

学习提示

安卓一词的本义指"机器人"，同时也是一个基于 Linux 平台的开源手机操作系统的名称，该平台由操作系统、中间件、用户界面和应用软件组成，是首个为移动终端打造的真正开放和完整的移动软件。本章主要介绍安卓系统 UI 界面的设计方法。

本章案例导航

● 设计安卓系统个性锁屏界面

● 设计安卓系统应用程序界面

13.1 设计安卓系统个性锁屏界面

安卓系统用户可以设置不同的个性化的锁屏界面。锁屏不仅可以避免一些不必要的误操作，还能方便用户的桌面操作，美化桌面环境，不同的锁屏画面给用户带来不一样的心情。本实例最终效果如图 13-1 所示。

图 13-1 实例效果

	素材文件	光盘 \ 素材 \ 第 13 章 \ 锁屏背景 .jpg、锁图标 .psd、锁屏界面状态栏 .psd、时间 .psd
	效果文件	光盘 \ 效果 \ 第 13 章 \ 安卓系统个性锁屏界面 .psd、安卓系统个性锁屏界面 .jpg
	视频文件	光盘 \ 视频 \ 第 13 章 \13.1.1 设计个性锁屏界面背景效果 .mp4、13.1.2 设计个性锁屏界面主体效果 .mp4

13.1.1 设计个性锁屏界面背景效果

下面主要运用裁剪工具、"亮度 / 对比度"调整图层、"自然饱和度"调整图层以及设置图层混合模式等，设计安卓系统个性锁屏界面的背景效果。

步骤 01 单击"文件"|"打开"命令，打开一幅素材图像，如图 13-2 所示。

步骤 02 选取工具箱中的裁剪工具，如图 13-3 所示。

图 13-2 打开素材图像

图 13-3 选取裁剪工具

步骤 03 执行上述操作后，即可调出裁剪控制框，如图 13-4 所示。

步骤 04 在工具属性栏中设置裁剪控制框的长宽比为 1000 : 750，如图 13-5 所示。

图 13-4 调出裁剪控制框

图 13-5 设置裁剪控制框的长宽比

步骤 05 执行操作后，即可调整裁剪控制框的长宽比，将鼠标指针移至裁剪控制框内，单击鼠标左键的同时并拖曳图像至合适位置，如图 13-6 所示。

步骤 06 执行上述操作后，按【Enter】键确认裁剪操作，即可按固定的长宽比来裁剪图像，效果如图 13-7 所示。

步骤 07 单击"图层"|"新建调整图层"|"亮度 / 对比度"命令，如图 13-8 所示。

图 13-6 调整裁剪位置

图 13-7 裁剪图像

步骤 08 弹出"新建图层"对话框，保持默认设置，如图 13-9 所示。

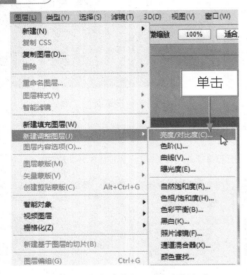

图 13-8 单击"亮度 / 对比度"命令

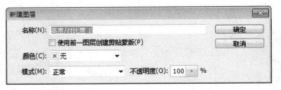

图 13-9 "新建图层"对话框

 专家指点

在优势方面，Android 平台首先就是其开放性，开放的平台允许任何移动终端厂商加入到 Android 联盟中来。显著的开放性可以使其拥有更多的开发者，随着用户和应用的日益丰富，Android 平台也将很快走向成熟。

谷歌的安卓（Android）操作系统可以同时支持智能手机、平板电脑、智能电视等设备。平板电脑也叫平板计算机，是一种小型、方便携带的个人电脑，以触摸屏作为基本的输入设备。平板电脑拥有的触摸屏（也称为数位板技术）允许用户通过触控笔或数字笔来进行作业而不是传统的键盘或鼠标。用户可以通过内建的手写识别、屏幕上的软键盘、语音识别或者一个真正的键盘进行操作。

步骤 09 单击"确定"按钮，即可新建"亮度 / 对比度 1"调整图层，如图 13-10 所示。

步骤 10 展开"属性"面板，设置"亮度"为 18、"对比度"为 30，如图 13-11 所示。

图 13-10 新建"亮度 / 对比度 1"调整图层

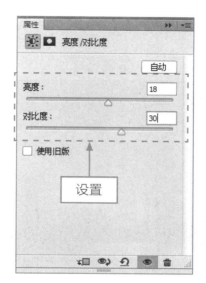

图 13-11 设置"亮度 / 对比度"参数

步骤 11 执行操作后，即可调整图像的亮度和对比度，效果如图 13-12 所示。

步骤 12 新建"自然饱和度 1"调整图层，展开"属性"面板，设置"自然饱和度"为 50、"饱和度"为 28，如图 13-13 所示。

图 13-12 调整图像的亮度和对比度

图 13-13 设置相应参数

步骤 13 执行操作后，即可调整图像的色彩饱和度，效果如图 13-14 所示。

步骤 14 展开"图层"面板，新建"图层 1"图层，如图 13-15 所示。

步骤 15 设置前景色为深蓝色（RGB 参数值分别为 1、23、51），如图 13-16 所示。

步骤 16 按【Alt + Delete】组合键，填充前景色，如图 13-17 所示。

步骤 17 设置"图层 1"图层的"混合模式"为"减去"、"不透明度"为 60%，如图 13-18 所示。

步骤 18 执行操作后，即可改变图像效果，如图 13-19 所示。

图 13-14 调整图像的色调

图 13-15 新建"图层 1"图层

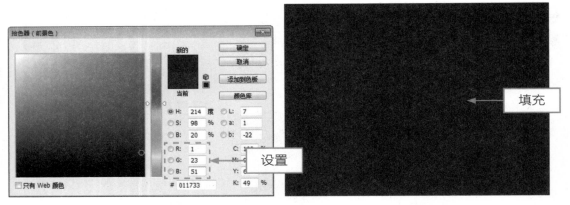

图 13-16 设置前景色

图 13-17 填充前景色

图 13-18 设置图层属性

图 13-19 图像效果

13.1.2 设计个性锁屏界面主体效果

下面主要运用椭圆选框工具、"描边"命令、"外发光"图层样式等，设计安卓系统个性锁屏界面的主体效果。

步骤 01 在"图层"面板中，新建"图层 2"图层，如图 13-20 所示。

步骤 02 选取工具箱中的椭圆选框工具，创建一个椭圆选区，如图 13-21 所示。

图 13-20 新建"图层 2"图层　　　　图 13-21 创建椭圆选区

步骤 03 单击"编辑"|"描边"命令，弹出"描边"对话框，设置"宽度"为 2 像素、"颜色"为白色，如图 13-22 所示。

步骤 04 单击"确定"按钮，即可描边选区，如图 13-23 所示。

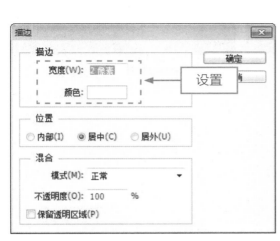

图 13-22 "描边"对话框　　　　图 13-23 描边选区

411

步骤 05 按【Ctrl + D】组合键，取消选区，效果如图 13-24 所示。

步骤 06 双击"图层 2"图层，弹出"图层样式"对话框，选中"外发光"复选框，在其中设置"发光颜色"为白色、"大小"为 10 像素，如图 13-25 所示。

图 13-24 取消选区

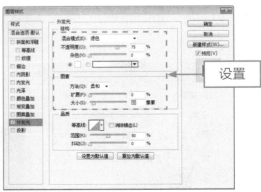

图 13-25 设置"外发光"参数

步骤 07 单击"确定"按钮，应用"外发光"图层样式，效果如图 13-26 所示。

步骤 08 打开"锁图标 .psd"素材，将其拖曳至"锁屏背景"图像编辑窗口中的合适位置处，如图 13-27 所示。

图 13-26 应用"外发光"图层样式效果

图 13-27 拖入锁图标素材

步骤 09 双击"锁图标"图层，弹出"图层样式"对话框，选中"外发光"复选框，在其中设置"大小"为 10 像素，如图 13-28 所示。

步骤 10 单击"确定"按钮，应用"外发光"图层样式，效果如图 13-29 所示。

步骤 11 打开"锁屏界面状态栏 .psd"素材，将其拖曳至"锁屏背景"图像编辑窗口中的合适位置处，如图 13-30 所示。

步骤 12 打开"时间 .psd"素材，将其拖曳至"锁屏背景"图像编辑窗口中的合适位置处，效果如图 13-31 所示。

图 13-28 设置"外发光"参数

图 13-29 应用"外发光"图层样式效果

图 13-30 拖入状态栏素材

图 13-31 最终效果

用户可以根据需要，设计出其他颜色的效果，如图 13-32 所示。

图 13-32 扩展效果

13.2　设计安卓系统应用程序界面

在手机主页中点击"应用程序"按钮，用户即可进入应用程序界面，这里显示了手机所安装的全部程序和软件，方便用户查找，用户可以在这个界面选择需要的程序直接运行。本节主要向读者介绍设计安卓应用程序界面的操作方法。

本实例最终效果如图 13-33 所示。

图 13-33　实例效果

	素材文件	光盘 \ 素材 \ 第 13 章 \ 应用程序界面状态栏 .psd、应用程序图标 .psd、系统图标 .psd、应用商店图标 .psd
	效果文件	光盘 \ 效果 \ 第 13 章 \ 安卓系统应用程序界面 .psd、安卓系统应用程序界面 .jpg
	视频文件	光盘 \ 视频 \ 第 13 章 \13.2.1　设计安卓应用程序主体效果 .mp4、13.2.2　设计安卓应用程序整体效果 .mp4

13.2.1　设计安卓应用程序主体效果

本例的主体背景主要以灰色到深灰色的渐变显示。下面主要向读者介绍安卓系统应用程序界面主体效果设计的制作方法。

步骤　01　单击"文件"|"新建"命令，弹出"新建"对话框，设置"名称"为"安卓系统应用程序界面"、"宽度"为 1181 像素、"高度"为 1890 像素、"分辨率"为 72 像素 / 英寸、"颜色模式"为"RGB 颜色"、"背景内容"为"白色"，如图 13-34 所示。

步骤　02　单击"确定"按钮，新建一个空白图像，展开"图层"面板，新建"图层 1"图层，如图 13-35 所示。

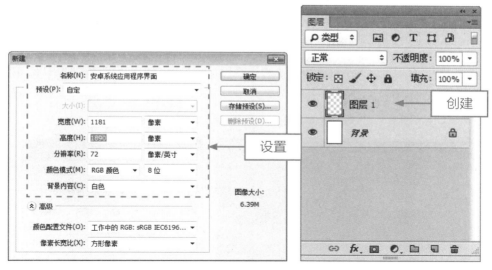

图 13-34 "新建"对话框 　　　　　　　图 13-35 新建"图层 1"图层

步骤 03 选取工具箱中的渐变工具,设置渐变色为灰色(RGB 参数值均为 106)到深灰色(RGB 参数值均为 37)的线性渐变,如图 13-36 所示。

步骤 04 运用渐变工具从上到下为图像填充渐变色,效果如图 13-37 所示。

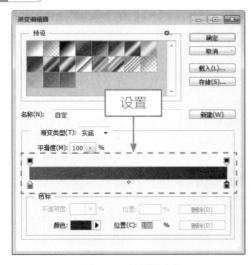

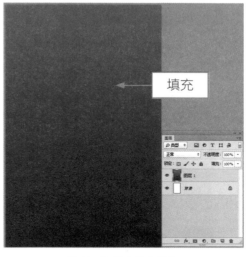

图 13-36 设置渐变色 　　　　　　　图 13-37 填充线性渐变

 专家指点

　　Adobe 提供了描述 Photoshop 软件功能的帮助文件,单击"帮助"|"Photoshop 联机帮助"命令或者单击"帮助"|"Photoshop 支持中心"命令,就可链接到 Adobe 网站的版主社区查看帮助文件。

　　Photoshop 帮助文件中还提供了大量的视频教程的链接地址,单击相应链接地址,就可以在线观看由 Adobe 专家录制的各种详细的 Photoshop CC 功能演示视频,以便用户可以自行学习。在 Photoshop CC 的帮助资源中还具体介绍了 Photoshop 常见的问题与解决方法，用户可以根据不同的情况来进行查看。

步骤 05 打开"应用程序界面状态栏 .psd"素材，将其拖曳至"安卓系统应用程序界面"图像编辑窗口中的合适位置处，如图 13-38 所示。

步骤 06 展开"图层"面板，新建"图层 2"图层，如图 13-39 所示。

图 13-38 拖入状态栏素材　　　　　　　　　　图 13-39 新建"图层 2"图层

步骤 07 选取工具箱中的矩形选框工具，创建一个矩形选区，如图 13-40 所示。

步骤 08 选取工具箱中的渐变工具，设置渐变色为灰色（RGB 参数值为 84、82、82）到黑色（RGB 参数值均为 0）再到黑色（RGB 参数值均为 0）的线性渐变，如图 13-41 所示。

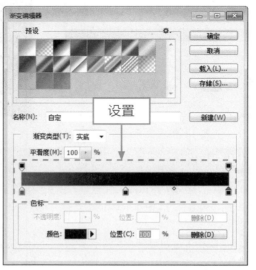

图 13-40 创建矩形选区　　　　　　　　　　图 13-41 设置渐变色

专家指点

　　对图像进行处理时，经常需要对所创建的选区进行移动操作，从而使图像更加符合设计的需求。创建选区后再移动选区时，若按【Shift + 方向键】，则可以移动 10 像素的距离；若按【Ctrl】键移动选区，则可以移动选区内的图像；使用移动工具移动选区，也可以移动选区内的图像。

步骤 09 运用渐变工具为选区填充线性渐变，效果如图 13-42 所示。

步骤 10 按【Ctrl + D】组合键，取消选区，效果如图 13-43 所示。

图 13-42 填充线性渐变

图 13-43 取消选区

步骤 11 双击"图层 2"图层，在弹出的"图层样式"对话框中，选中"描边"复选框，设置"大小"为 3 像素、"颜色"为灰色（RGB 参数值为 130、126、126），如图 13-44 所示。

步骤 12 选中"投影"复选框，设置"距离"为 5 像素、"扩展"为 0%、"大小"为 8 像素，如图 13-45 所示。

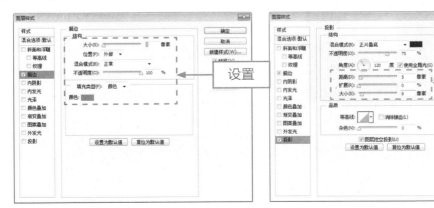

图 13-44 设置"描边"参数　　　　　　　图 13-45 设置"投影"参数

步骤 13 单击"确定"按钮，即可设置图层样式，效果如图 13-46 所示。

步骤 14 展开"图层"面板，新建"图层 3"图层，如图 13-47 所示。

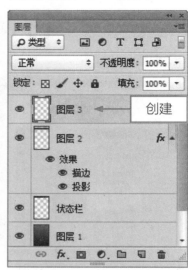

图 13-46 应用图层样式效果   图 13-47 新建"图层 3"图层

步骤 15 选取工具箱中的矩形选框工具，创建一个矩形选区，如图 13-48 所示。

步骤 16 选取工具箱中的渐变工具，设置渐变色为灰色（RGB 参数值均为 130）到深灰色（RGB 参数值为 89、87、87）再到灰色（RGB 参数值均为 124）的线性渐变色，如图 13-49 所示。

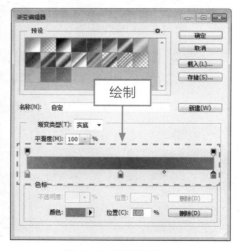

图 13-48 创建矩形选区   图 13-49 设置渐变色

 专家指点

　　创建选区后，可以根据选区的外形进行描边，使用"描边"命令可以为图像添加不同颜色和宽度的描边，以增加图像的视觉效果。在选区中单击鼠标右键，在弹出的快捷菜单中，选择"描边"选项，也可以弹出"描边"对话框。

步骤 17 运用渐变工具为选区填充线性渐变，效果如图 13-50 所示。

步骤 18 按【Ctrl + D】组合键，取消选区，效果如图 13-51 所示。

图 13-50 填充线性渐变　　　　　　图 13-51 取消选区

步骤 19 双击"图层 3"图层，在弹出的"图层样式"对话框中，选中"描边"复选框，在其中设置"大小"为 3 像素、"颜色"为白色，如图 13-52 所示。

步骤 20 在"图层样式"对话框中选中"内发光"复选框，设置"阻塞"为 0%、"大小"为 1 像素，如图 13-53 所示。

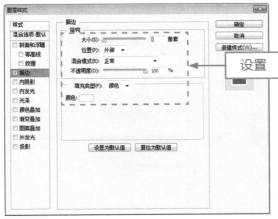
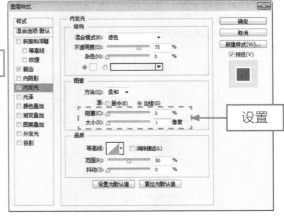

图 13-52 设置"描边"参数　　　　　　图 13-53 设置"内发光"参数

步骤 21 单击"确定"按钮，应用图层样式，效果如图 13-54 所示。

步骤 22 打开"应用程序图标 .psd"素材图像，将其拖曳至"安卓系统应用程序界面"图像编辑窗口中，调整至合适位置，如图 13-55 所示。

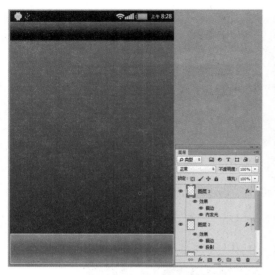

图 13-54 应用图层样式效果

图 13-55 拖入图标素材

13.2.2 设计安卓应用程序整体效果

本实例首先加入图标素材，然后制作应用程序的页面标记符号，最后输入相应的文字，完成安卓应用程序界面设计的整体效果。下面主要向读者介绍安卓系统应用程序界面整体效果设计的制作方法。

步骤 01 打开"系统图标 .psd"素材图像，将其拖曳至"安卓系统应用程序界面"图像编辑窗口中，调整至合适位置，如图 13-56 所示。

步骤 02 展开"图层"面板，新建"图层 4"图层，如图 13-57 所示。

图 13-56 拖入图标素材

图 13-57 新建"图层 4"图层

步骤 03 选取工具箱中的椭圆工具，如图 13-58 所示。

步骤 **04** 设置前景色为深蓝色（RGB 参数值为 20、143、193），如图 13-59 所示。

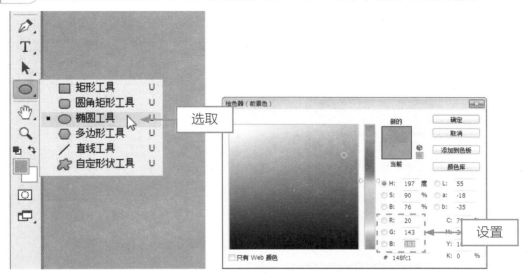

图 13-58 选取椭圆工具　　　　　　　　　图 13-59 设置前景色

步骤 **05** 在图像中绘制一个椭圆图形，如图 13-60 所示。

步骤 **06** 双击"图层 4"图层，在弹出的"图层样式"对话框中，选中"内阴影"复选框，在其中设置"距离"为 0 像素、"阻塞"为 18%、"大小"为 9 像素，如图 13-61 所示。

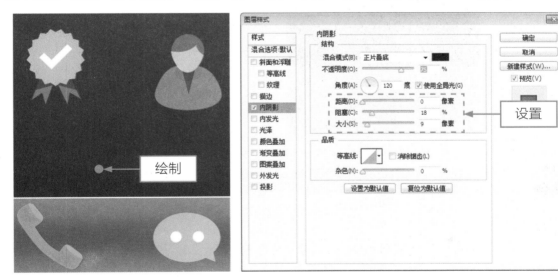

图 13-60 绘制一个椭圆图形　　　　　　图 13-61 设置"内阴影"参数

步骤 **07** 选中"外发光"复选框，在其中设置"发光颜色"为深蓝色（RGB 参数值为 0、92、177）、"扩展"为 0%、"大小"为 9 像素，如图 13-62 所示。

步骤 **08** 选中"投影"复选框，设置"距离"为 0 像素、"扩展"为 0%、"大小"为 6 像素，如图 13-63 所示。

步骤 09 单击"确定"按钮，设置图层样式，效果如图 13-64 所示。

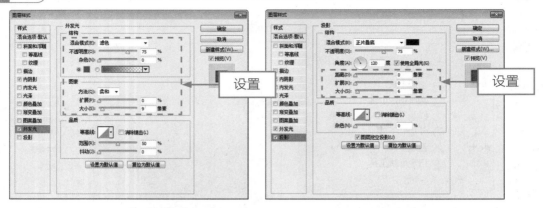

图 13-62 设置"外发光"参数　　　　图 13-63 设置"投影"参数

步骤 10 展开"图层"面板，新建"图层 5"图层，如图 13-65 所示。

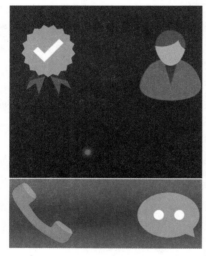 

图 13-64 应用图层样式效果　　　　图 13-65 新建"图层 5"图层

 专家指点

在 Photoshop "帮助"菜单中介绍了关于 Photoshop 的有关信息、法律申明和系统信息，具体内容如下。

＊ 关于 Photoshop：在 Photoshop 菜单栏中单击"帮助"|"关于 Photoshop"命令，会弹出 Photoshop 启动时的画面。画面中显示了 Photoshop 研发小组的人员名单和其他 Photoshop 的有关信息。

＊ 法律声明：在 Photoshop 菜单栏中单击"帮助"|"法律声明"命令，可以在打开的"法律声明"对话框中查看 Photoshop 的专利和法律声明。

＊ 系统信息：在 Photoshop 菜单栏中单击"帮助"|"系统信息"命令，可以在打开的"系统信息"对话框中查看当前操作系统的各种信息，如显卡、系统内存、Photoshop 占用的内存、安装序列号以及安装的增效工具等内容。

步骤 **11** 选取工具箱中的椭圆工具，设置前景色为黄色（RGB 参数值为 184、146、14），如图 13-66 所示。

步骤 **12** 在图像上绘制一个椭圆图形，如图 13-67 所示。

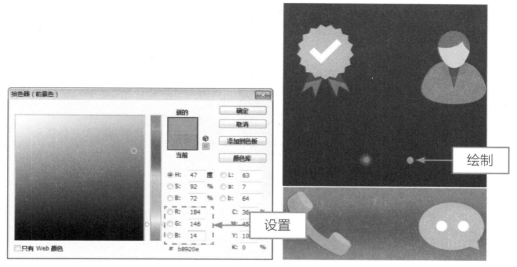

图 13-66 设置前景色   图 13-67 绘制黄色椭圆图形

步骤 **13** 复制 3 个黄色椭圆图像，并调整至合适位置处，如图 13-68 所示。

步骤 **14** 展开"图层"面板，按住【Ctrl】键的同时依次单击"图层 4"图层～"图层 5 拷贝 3"图层，选中这 5 个图层，如图 13-69 所示。

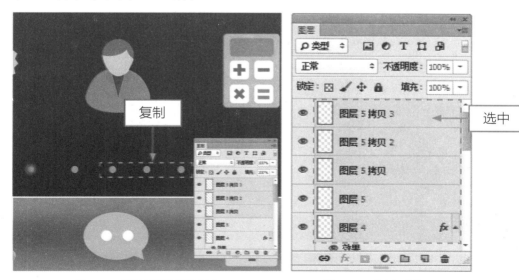

图 13-68 复制并调整图像位置   图 13-69 选中相应图层

步骤 **15** 选取移动工具，在工具属性栏中依次单击"顶对齐"和"垂直居中分布"按钮，如图 13-70 所示。

步骤 16 展开"图层"面板，新建"圆点"图层组，如图 13-71 所示。

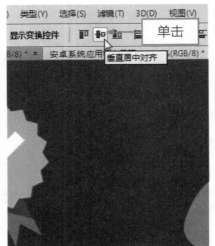

图 13-70 单击相应按钮　　　　　图 13-71 新建"圆点"图层组

步骤 17 将"图层 4"图层～"图层 5 拷贝 3"图层拖曳至"圆点"图层组中，如图 13-72 所示。

步骤 18 在图像窗口中，适当调整"圆点"图层组图像的位置，如图 13-73 所示。

图 13-72 管理图层组　　　　　图 13-73 调整图像位置

专家指点

Photoshop CC 提供改进的 3D 面板，可让用户更轻松地处理 3D 对象。重新设计的 3D 面板效仿"图层"面板，被构建为具有根对象和子对象的场景图 / 树。

步骤 19 选取横排文字工具，在图像上单击鼠标左键，确认插入点，在"字符"面板中设置"字体系列"为"微软雅黑"、"字体大小"为 72 点、"颜色"为白色，如图 13-74 所示。

步骤 20 在图像窗口中输入相应文字，如图 13-75 所示。

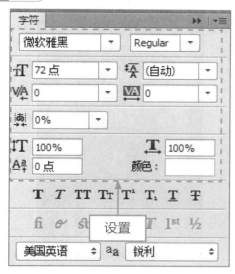

图 13-74 设置字符参数

图 13-75 输入相应文字

步骤 21 打开"应用商店图标 .psd"素材图像，将其拖曳至"安卓系统应用程序界面"图像编辑窗口中，调整至合适位置，如图 13-76 所示。

步骤 22 选取横排文字工具，在图像上单击鼠标左键，确认插入点，在"字符"面板中设置"字体系列"为"微软雅黑"、"字体大小"为 50 点、"颜色"为白色，如图 13-77 所示。

图 13-76 添加图标素材

图 13-77 设置字符参数

步骤 23 在图像窗口中输入相应文字，如图 13-78 所示。

步骤 24 用与上同样的方法，输入其他的文字，完成安卓系统应用程序界面的设计，最终效果如图 13-79 所示。

图 13-78 输入相应文字 　　　　　　　　　　　图 13-79 最终效果

　　用户可以根据需要，更换安卓应用程序界面的背景图像，设计出其他的界面效果，如图 13-80 所示。

图 13-80 扩展效果

14 苹果系统 UI 界面设计

学习提示

　　苹果公司的移动产品（如 **iPhone** 系列手机、**iPad** 平板电脑、**iPod** 音乐播放器等）如今已风靡全球，其 **iOS** 操作系统对硬件性能要求不高，操作非常流畅，应用程序丰富，以其独特的魅力吸引越来越多的用户。本章主要介绍苹果系统 UI 界面的设计方法。

本章案例导航

- 设计苹果系统天气控件界面
- 设计苹果系统日历 APP 界面

14.1 设计苹果系统天气控件界面

在苹果智能移动设备上，经常可以看到各式各样的天气软件，这些天气软件的功能都很全面，除了可以随时随地查看本地甚至其他地方连续几天的天气和温度，还有其他资讯小服务，是移动用户居家旅行的必需工具。

本实例最终效果如图 14-1 所示。

图 14-1 实例效果

	素材文件	光盘 \ 素材 \ 第 14 章 \ 苹果系统天气控件背景 .jpg、天气控件界面状态栏 .psd、天气图标 1.psd、天气图标 2.psd
	效果文件	光盘 \ 效果 \ 第 14 章 \ 苹果系统天气控件界面 .psd、苹果系统天气控件界面 .jpg
	视频文件	光盘 \ 视频 \ 第 14 章 \14.1.1 设计天气控件背景效果 .mp4、14.1.2 设计天气控件主体效果 .mp4

14.1.1 设计天气控件背景效果

下面主要运用"亮度 / 对比度"命令、"曲线"命令、"USM 锐化"命令以及设置图层混合模式等，设计苹果系统天气控件界面的背景效果。

步骤 01 单击"文件"|"打开"命令，打开一幅素材图像，如图 14-2 所示。

步骤 02 单击"图像"|"调整"|"亮度 / 对比度"命令，如图 14-3 所示。

步骤 03 弹出"亮度 / 对比度"对话框，设置"亮度"为 18、"对比度"为 31，如图 14-4 所示。

步骤 04 单击"确定"按钮，即可调整背景图像的亮度与对比度，效果如图 14-5 所示。

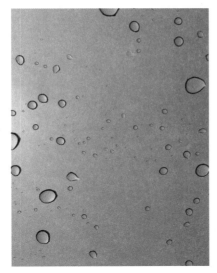

图 14-2 打开素材图像

图 14-3 单击"亮度 / 对比度"命令

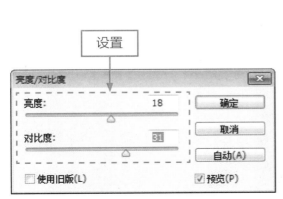

图 14-4 "亮度 / 对比度"对话框

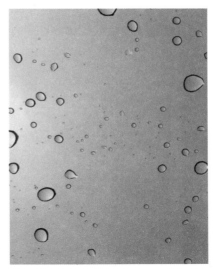

图 14-5 调整背景图像的亮度与对比度

步骤 05 单击"图像"|"调整"|"曲线"命令,弹出"曲线"对话框,在调节线上添加一个节点,设置"输出"和"输入"的参数值分别为 187、175,如图 14-6 所示。

步骤 06 在调节线上添加第 2 个节点,设置"输出"和"输入"的参数值分别为 70、77,如图 14-7 所示。

专家指点

曲线的概念很多人都听过,尤其在刚接触 UI 图像设计的人群中,曲线更是一个相当振奋人心的词语,因为曲线似乎能解决很多问题,蕴含着无穷无尽的魔力。其实,曲线只是一个工具,一个用于控制不同影调区域对比度的工具。

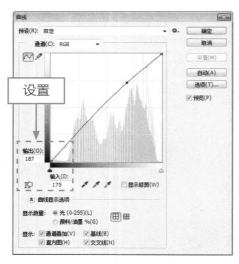

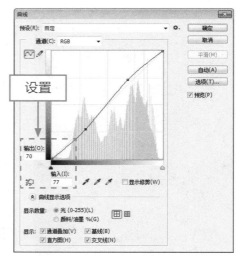

图 14-6 设置"曲线"参数值　　　　　　图 14-7 设置"曲线"参数值

步骤 07 单击"确定"按钮，即可调整背景图像的色调，如图 14-8 所示。

步骤 08 单击"滤镜"|"锐化"|"USM 锐化"命令，如图 14-9 所示。

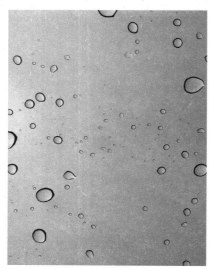

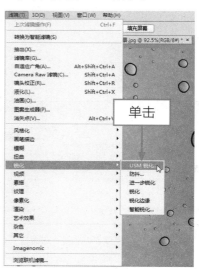

图 14-8 调整背景图像的色调　　　　　图 14-9 单击"USM 锐化"命令

专家指点

在移动 UI 界面的照片素材处理过程中，锐化是照片素材后期处理的一个必需步骤。锐化无疑是为了获得更为锐利的照片素材。如果更具体一些，锐化的作用可以总结为两个方面：一是为了补偿照片记录和输出过程中的锐度损失；二是为了获得锐利的效果，让照片看起来更漂亮。

步骤 09 弹出"USM 锐化"对话框，设置"数量"为 30%、"半径"为 3.6 像素、"阈值"为 19 色阶，如图 14-10 所示。

步骤 **10** 单击"确定"按钮，即可锐化背景图像，效果如图 14-11 所示。

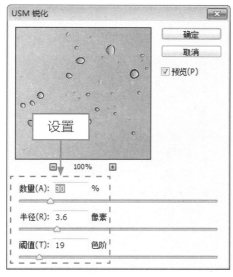
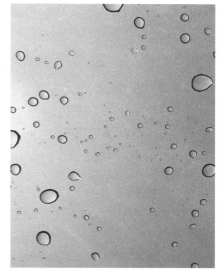

图 14-10 "USM 锐化"对话框　　　　图 14-11 锐化背景图像效果

 专家指点

　　Photoshop CC 的锐化滤镜有 USM 锐化、防抖、进一步锐化、锐化、边缘锐化及智能锐化 6 种。

　　"USM 锐化"滤镜是通过增强图像边缘的对比度来锐化图像，锐化值越大越容易产生黑边和白边；而"进一步锐化"、"锐化"和"边缘锐化"滤镜是软件自行设置默认值来锐化图像的，结果无法控制，越锐化产生的颗粒就越明显。

　　"智能锐化"滤镜具有"USM 锐化"滤镜所没有的锐化控制功能，可以设置锐化算法，或控制在阴影和高光区域中的锐化量，而且能避免色晕等问题，起到使图像细节清晰起来的作用。

　　对于大场景的照片，或是有虚焦的照片，还有因轻微晃动造成拍虚的照片，使用"智能锐化"滤镜都可相对提高清晰度，找回图像细节，效果如图 14-12 所示。

图 14-12 "智能锐化"滤镜效果

步骤 11 展开"图层"面板，按【Ctrl + J】组合键，复制"背景"图层，得到"图层 1"图层，如图 14-13 所示。

步骤 12 设置"图层 1"图层的"混合模式"为"叠加"、"不透明度"为 60%，如图 14-14 所示。

图 14-13 复制图层

图 14-14 设置图层属性

步骤 13 执行操作后，即可改变图像效果，如图 14-15 所示。

步骤 14 打开"天气控件界面状态栏 .psd"素材，将其拖曳至"苹果系统天气控件背景"图像编辑窗口中的合适位置处，效果如图 14-16 所示。

图 14-15 图像效果

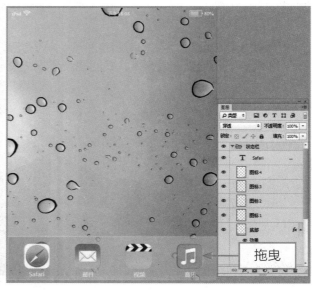

图 14-16 添加状态栏素材

14.1.2 设计天气控件主体效果

下面主要运用矩形工具、"投影"图层样式、渐变工具、魔棒工具、横排文字工具等，设计苹果系统天气控件界面的主体效果。

步骤 01 在"图层"面板中，新建"图层 2"图层，如图 14-17 所示。

步骤 02 设置前景色为浅蓝色（RGB 参数值为 121、140、239），如图 14-18 所示。

图 14-17 新建"图层 2"图层

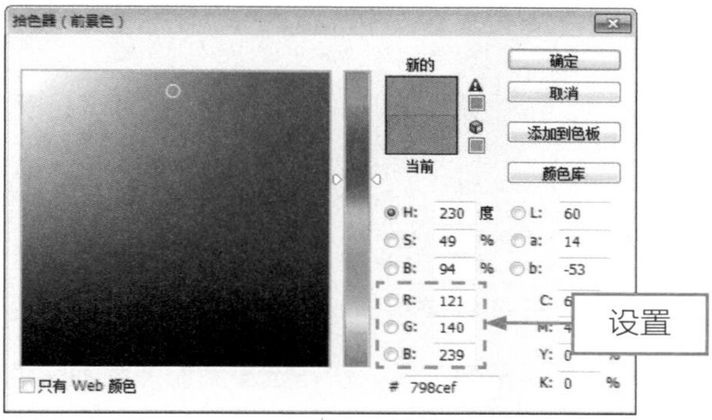

图 14-18 设置前景色

步骤 03 选取工具箱中的矩形工具，在工具属性栏上设置"选择工具模式"为"像素"，绘制一个矩形图像，如图 14-19 所示。

步骤 04 双击"图层 2"图层，弹出"图层样式"对话框，选中"投影"复选框，保持默认设置即可，如图 14-20 所示。

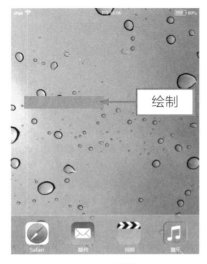

图 14-19 绘制矩形

图 14-20 选中"投影"复选框

步骤 05 单击"确定"按钮，应用"投影"图层样式，效果如图 14-21 所示。

步骤 06 在"图层"面板中，为"图层 2"图层添加图层蒙版，如图 14-22 所示。

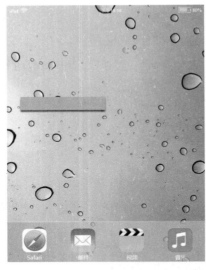

图 14-21 应用"投影"图层样式效果

图 14-22 添加图层蒙版

步骤 07 运用渐变工具，从右至左添加黑色到白色的线性渐变，效果如图 14-23 所示。

步骤 08 在"图层"面板中设置"图层 2"图层的"不透明度"为 60%，如图 14-24 所示。

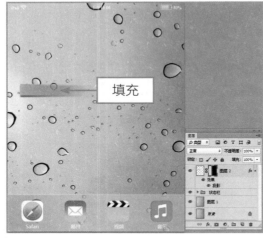

图 14-23 图像效果

图 14-24 设置图层不透明度

专家指点

在 Photoshop 中有图层不透明度和填充不透明度之分：

* 图层不透明度：图层所有内容和效果的不透明度，即整个图层的不透明程度。

* 填充不透明度：填充不透明度是相对于描边来说的，在 Photoshop 中具有描边的对象有图层样式描边和形状图层描边，而填充不透明度是描边范围内的填充的不透明度。

步骤 09 复制"图层 2"图层，得到"图层 2 拷贝"图层，如图 14-25 所示。

步骤 10 将"图层 2 拷贝"图层对应的图像拖曳至相应位置处，效果如图 14-26 所示。

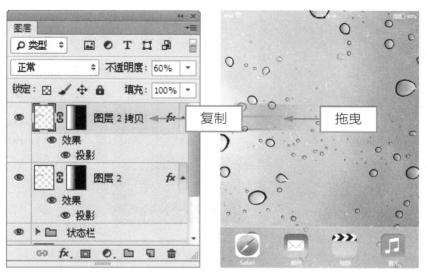

图 14-25 复制图层　　　　　　　　　　图 14-26 复制并移动图像

专家指点

当打开一幅素材图像时，在"图层"面板中会出现一个默认的"背景"图层，且呈不可编辑状态。而普通图层是最基本的图层，新建、粘贴、置入、文字或形状图层都属于普通图层，在普通图层上可以设置图层混合模式和不透明度。

步骤 11 按【Ctrl + T】组合键，调出变换控制框，如图 14-27 所示。

步骤 12 适当调整图像的大小和位置，按【Enter】键确认，如图 14-28 所示。

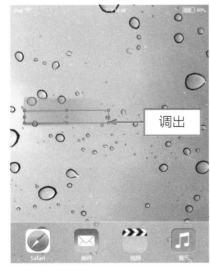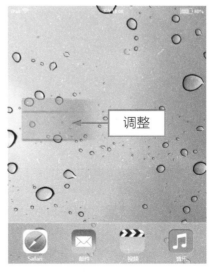

图 14-27 调出变换控制框　　　　　　　图 14-28 调整图像的大小和位置

步骤 13 选取工具箱中的魔棒工具，单击拷贝的图像，创建选区，如图 14-29 所示。

步骤 14 设置前景色为蓝色（RGB 参数值为 78、111、231），如图 14-30 所示。

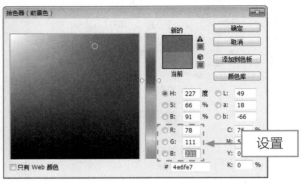

图 14-29 创建选区   图 14-30 设置前景色

步骤 15 按【Alt + Delete】组合键，为选区填充前景色，如图 14-31 所示。

步骤 16 按【Ctrl + D】组合键，取消选区，效果如图 14-32 所示。

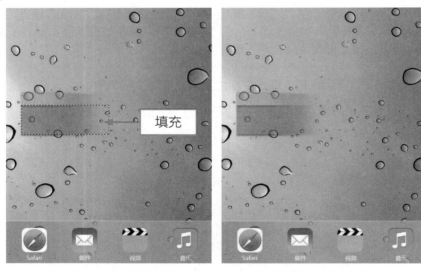

图 14-31 填充颜色   图 14-32 取消选区

 专家指点

    移动选区可以使用工具箱中的任何一种选框工具，是图像处理中最常用的操作方法。适当地对选区的位置进行调整，可以使图像更符合设计的需求。用户在编辑图像时，可以取消不需要的选区。

步骤 17 在"图层"面板中，复制"图层 2"图层，得到"图层 2 拷贝 2"图层，如图 14-33 所示。

步骤 18 适当调整"图层 2 拷贝 2"图层中图像的大小和位置，效果如图 14-34 所示。

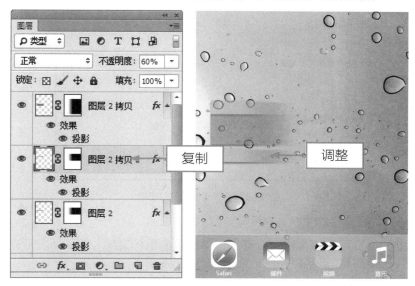

图 14-33 复制图层　　　　　　　　图 14-34 调整图像位置

步骤 19 选取工具箱中的魔棒工具，单击拷贝的图像，创建选区，如图 14-35 所示。

步骤 20 设置前景色为白色，按【Alt + Delete】组合键，为选区填充前景色，如图 14-36 所示。

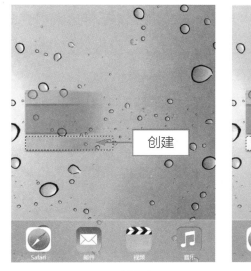
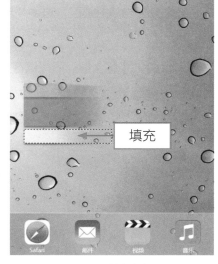

图 14-35 创建选区　　　　　　　　图 14-36 填充颜色

专家指点

在创建选区后，为了防止错误操作而造成选区丢失，或者后面制作其他效果时还需要更改选区，用户可以先将该选区保存。单击菜单栏中的"选择"|"存储选区"命令，弹出"存储选区"对话框，如图 14-37 所示。在弹出的对话框中设置存储选区的各选项，单击"确定"按钮后即可存储选区。

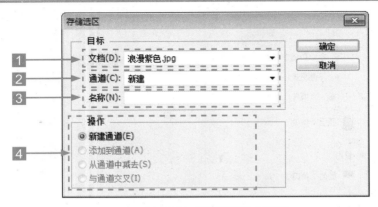

图 14-37 "存储选区"对话框

"存储选区"对话框各选项的主要含义如下:

1 "文档": 在该列表框中可以选择保存选区的目标文件,默认情况下选区保存在当前文档中,也可以选择将选区保存在一个新建的文档中。

2 "通道": 可以选择将选区保存到一个新建的通道,或保存到其他 Alpha 通道中。

3 "名称": 用来设置存储的选择区域在通道中的名称。

4 "操作": 如果保存选区的目标文件包含选区,则可以选择如何在通道中合并选区。选中"新建通道"单选按钮,可以将当前选区存储在新通道中;选中"添加到通道"单选按钮,可以将选区添加到目标通道的现有选区中;选中"从通道中减去"单选按钮,可以从目标通道内的现有选区中减去当前的选区;选中"与通道交叉"单选按钮,可以将当前选区和目标通道中的现有选区交叉的区域存储为一个选区。

步骤 21 按【Ctrl + D】组合键,取消选区,效果如图 14-38 所示。

步骤 22 设置"图层 2 拷贝 2"图层的"不透明度"为 80%,如图 14-39 所示。

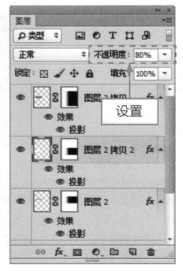

图 14-38 取消选区　　　　　图 14-39 设置图层不透明度

步骤 23 执行操作后，即可改变图像效果，如图 14-40 所示。

步骤 24 选择"图层 2 拷贝 2"图层，按住【Ctrl】键和【Alt】键的同时向下拖曳，复制两个图层，如图 14-41 所示。

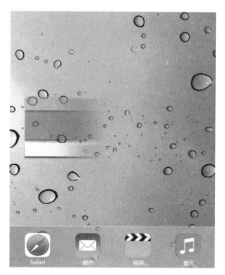

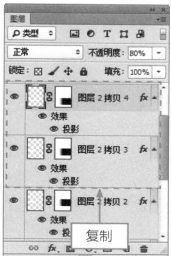

图 14-40 图像效果　　　　　　　　　　　图 14-41 复制图层

步骤 25 适当调整各图像的位置，效果如图 14-42 所示。

步骤 26 打开"天气图标 1.psd"素材，将其拖曳至"苹果系统天气控件背景"图像编辑窗口中的合适位置处，效果如图 14-43 所示。

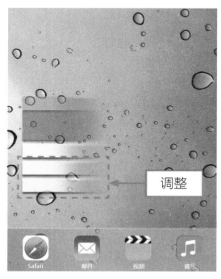

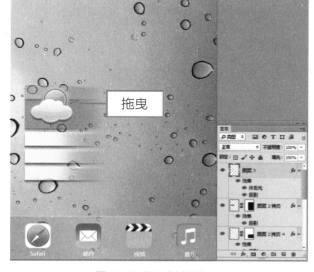

图 14-42 调整图像位置　　　　　　　　　图 14-43 拖入素材图像

步骤 27 打开"天气图标 2.psd"素材，将其拖曳至"苹果系统天气控件背景"图像编辑窗口中，并适当调整各图像的位置，效果如图 14-44 所示。

步骤 28 选取工具箱中的横排文字工具，确认插入点，在"字符"面板中设置"字体系列"为"微软雅黑"、"字体大小"为 60 点、"颜色"为白色（RGB 参数值均为 255），如图 14-45 所示。

图 14-44 添加素材图形

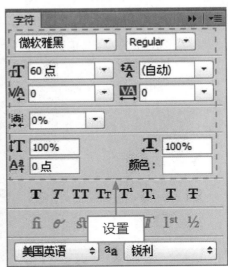

图 14-45 设置字符属性

步骤 29 运用横排文字工具在图像中输入相应文本，如图 14-46 所示。

步骤 30 运用横排文字工具确认插入点，在"字符"面板中设置"字体系列"为"微软雅黑"、"字体大小"为 12 点、"颜色"为白色（RGB 参数值均为 255），如图 14-47 所示。

图 14-46 输入相应文本

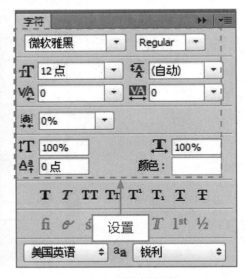

图 14-47 设置字符属性

步骤 31 在图像中输入相应文本，完成苹果系统天气控件界面的设计，最终效果如图 14-48 所示。

用户可以根据需要，设计出其他效果的天气控件界面，如图 14-49 所示。

图 14-48 最终效果　　　　　　　　　图 14-49 扩展效果

14.2 设计苹果系统日历 APP 界面

日历是智能手机必装的生活类 APP，是用户生活的好帮手，用来记录生活，设置提醒，来帮助自己打理生活的方方面面。本实例最终效果如图 14-50 所示。

图 14-50 实例效果

	素材文件	光盘 \ 素材 \ 第 14 章 \ 日历 APP 状态栏 .psd、按钮组 .psd、日历表 .psd、日历 APP 文字 .psd
	效果文件	光盘 \ 效果 \ 第 14 章 \ 苹果系统日历 APP 界面 .psd、苹果系统日历 APP 界面 .jpg
	视频文件	光盘 \ 视频 \ 第 14 章 \14.2.1　设计日历 APP 背景效果 .mp4、14.2.2　设计日历 APP 主体效果 .mp4

14.2.1 设计日历 APP 背景效果

在图像的顶部和底部分别绘制矩形，并确定界面基准颜色为蓝色、深蓝色。下面向读者介绍苹果手机日历 APP 界面背景效果的制作方法。

步骤 01 单击"文件"|"新建"命令，弹出"新建"对话框，设置"名称"为"苹果系统日历 APP 界面"、"宽度"为 720 像素、"高度"为 1280 像素、"分辨率"为 72 像素 / 英寸，如图 14-51 所示，单击"确定"按钮，新建一幅空白图像。

步骤 02 展开"图层"面板，新建"图层 1"图层，如图 14-52 所示。

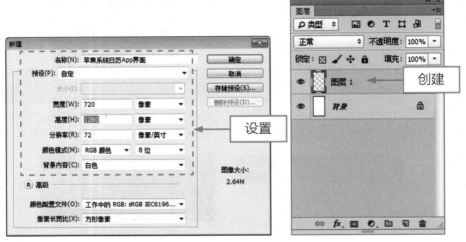

图 14-51 "新建"对话框　　　　图 14-52 新建"图层 1"图层

步骤 03 设置前景色为深红色（RGB 参数值为 195、46、41），如图 14-53 所示。

步骤 04 选取工具箱中的矩形工具，设置"选择工具模式"为"像素"，在图像上方绘制一个矩形，如图 14-54 所示。

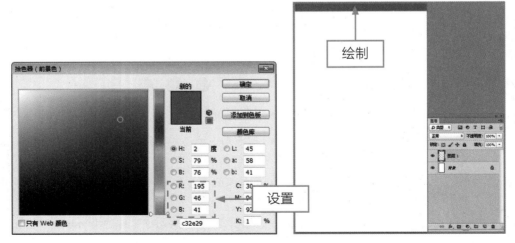

图 14-53 设置前景色　　　　图 14-54 绘制矩形

步骤 05 在"图层"面板中，新建"图层 2"图层，如图 14-55 所示。

步骤 06 选取工具箱中的矩形选框工具，创建一个矩形选区，如图 14-56 所示。

图 14-55 新建"图层 2"图层　　　　　图 14-56 创建矩形选区

步骤 07 选取工具箱中的渐变工具，设置渐变色为浅灰色（RGB 参数值均为 247）到灰色（RGB 参数值均为 218）的线性渐变，如图 14-57 所示。

步骤 08 运用渐变工具从上至下为选区填充渐变色，如图 14-58 所示。

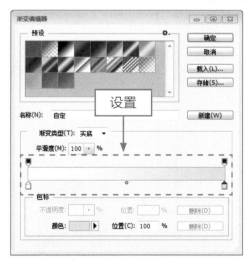

图 14-57 设置渐变色　　　　　图 14-58 为选区填充渐变色

步骤 09 按【Ctrl + D】组合键，取消选区，效果如图 14-59 所示。

步骤 10 在"图层"面板中，双击"图层 2"图层，在弹出的"图层样式"对话框中，选中"描边"复选框，在其中设置"大小"为 1 像素、"颜色"为灰色（RGB 参数值均为 203），如图 14-60 所示。

图 14-59 取消选区

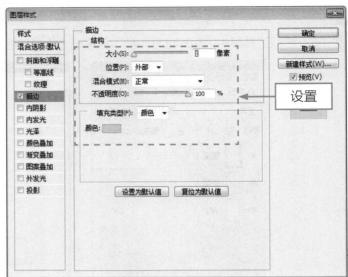

图 14-60 设置"描边"参数

步骤 **11** 选中"投影"复选框,设置"距离"为 1 像素、"扩展"为 20%、"大小"为 10 像素,如图 14-61 所示。

步骤 **12** 单击"确定"按钮,即可设置图层样式,效果如图 14-62 所示。

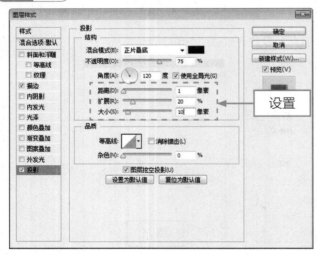

图 14-61 设置"投影"参数

图 14-62 应用图层样式效果

 专家指点

在设计移动 UI 界面中的元素时,为了增加图像的真实感,可以为图像中的对象添加"投影"图层样式效果。

步骤 **13** 单击"文件"|"打开"命令,打开"日历 APP 状态栏 .psd"素材图像,如图 14-63 所示。

步骤 14 运用移动工具将其拖曳至"苹果系统日历 APP 界面"图像编辑窗口中的合适位置处，如图 14-64 所示。

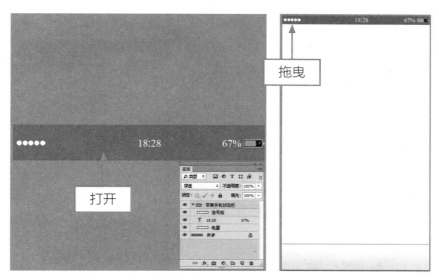

图 14-63 打开状态栏素材   图 14-64 拖入状态栏素材

14.2.2 设计日历 APP 主体效果

在制作界面的主体效果时，主要运用了矩形选区、渐变填充、图层样式等工具或选项，其中为图像添加图层样式，可以使界面中的元素呈现立体感。下面主要向读者介绍苹果系统日历 APP 界面整体效果的制作方法。

步骤 01 在"图层"面板中，新建"图层 3"图层，如图 14-65 所示。

步骤 02 选取工具箱中的矩形选框工具，绘制一个矩形选区，如图 14-66 所示。

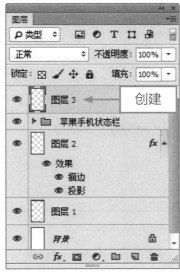

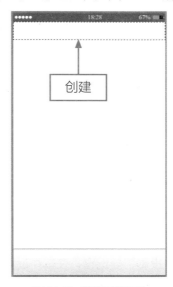

图 14-65 新建"图层 3"图层   图 14-66 创建矩形选区

步骤 03 选取工具箱中的渐变工具，设置渐变色为红色（RGB 参数值为 229、95、86）到深红色（RGB 参数值为 186、70、55）的线性渐变，如图 14-67 所示。

步骤 04 运用渐变工具为选区从上至下填充渐变色，如图 14-68 所示。

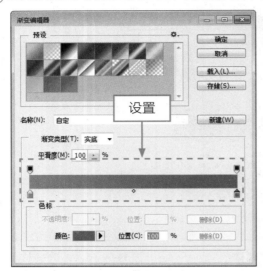

图 14-67 设置渐变色　　　　　　　　　图 14-68 填充渐变色

步骤 05 按【Ctrl + D】组合键，取消选区，效果如图 14-69 所示。

步骤 06 双击"图层 3"图层，弹出"图层样式"对话框，选中"描边"复选框，在其中设置"大小"为 1 像素、"颜色"为白色，如图 14-70 所示。

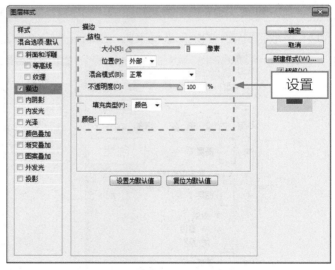

图 14-69 取消选区　　　　　　　　　图 14-70 设置"描边"参数

步骤 07 选中"投影"复选框，在其中设置"距离"为 1 像素、"扩展"为 0%、"大小"为 10 像素，如图 14-71 所示。

步骤 08 单击"确定"按钮，即可设置图层样式，效果如图 14-72 所示。

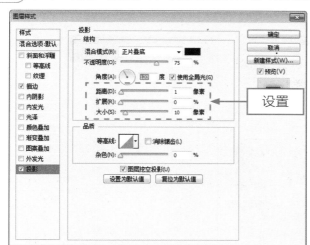

图 14-71 设置"投影"参数　　　　　　图 14-72 应用图层样式效果

步骤 09 选取工具箱中的圆角矩形工具，设置"选择工具模式"为"路径"、"半径"为 8 像素，绘制一个圆角矩形路径，如图 14-73 所示。

步骤 10 按【Ctrl + Enter】组合键，将路径转换为选区，如图 14-74 所示。

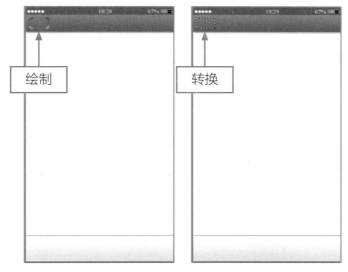

图 14-73 绘制圆角矩形路径　　　　图 14-74 将路径转换为选区

专家指点

在 Photoshop CC 中，运用"变换选区"命令可以直接改变选区的形状，而不会改变选区内的内容。当执行"变换选区"命令变换选区时，对于选区内的图像没有任何影响；当执行"变换"命令时，则会将选区内的图像一起变换。

步骤 11 在"图层"面板中，新建"图层 4"图层，如图 14-75 所示。

步骤 12 选取工具箱中的渐变工具，为选区填充红色（RGB 参数值为 229、95、86）到深红色（RGB 参数值为 186、70、55）的线性渐变，如图 14-76 所示。

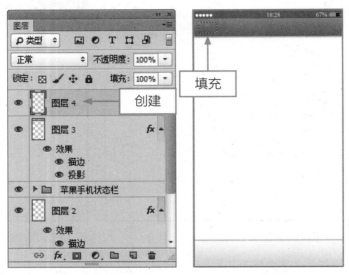

图 14-75 新建"图层 4"图层　　　　　图 14-76 填充线性渐变

步骤 13 按【Ctrl + D】组合键，取消选区，效果如图 14-77 所示。

步骤 14 双击"图层 4"图层，在弹出的"图层样式"对话框中，选中"描边"复选框，在其中设置"大小"为 1 像素、"颜色"为深红色（RGB 参数值为 168、30、32），如图 14-78 所示。

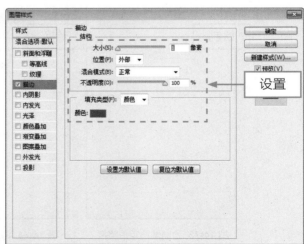

图 14-77 取消选区　　　　　图 14-78 设置"描边"参数

步骤 15 选中"内阴影"复选框，在其中设置"混合模式"为"正常"、"阴影颜色"为浅红色（RGB 参数值分别为 223、178、178）、"距离"为 1 像素、"阻塞"为 5%、"大小"为 18 像素，如图 14-79 所示。

步骤 16 单击"确定"按钮，即可设置图层样式，效果如图 14-80 所示。

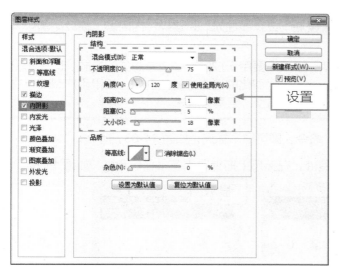

图 14-79 设置"内阴影"参数　　　　　　　　　图 14-80 应用图层样式效果

步骤 17 打开"按钮组 .psd"素材图像，将其拖曳至"苹果系统日历 APP 界面"图像编辑窗口中，调整至合适位置，如图 14-81 所示。

步骤 18 打开"日历表 .psd"素材图像，将其拖曳至"苹果系统日历 APP 界面"图像编辑窗口中，调整至合适位置，效果如图 14-82 所示。

图 14-81 拖入按钮素材　　　　　　　　　　图 14-82 拖入日历表素材

专家指点

　　一般情况下，"内阴影"效果是在 2D 图像上模拟 3D 效果的时候使用，通过制造一个有位移的阴影，来让移动 UI 界面中的图形对象看起来有一定的深度。

　　"图层样式"对话框的"内阴影"选项区几乎和"投影"选项区一模一样，唯一的区别便是阴影出现的方式不是在图形后面，而是在图形里面。用户可以为"内阴影"设置不同的混合模式，通常情况下都是"正片叠底"或"线性光"，这样"内阴影"便会比图像颜色更深一些。

"内阴影"选项区中的"阻塞"选项主要用于控制影子边缘消失的方式，即控制影子消失的边界是采用清晰的消失方式，还是采用羽化的消失方式。例如，如果用户想要建立一个看起来比较清晰的阴影，可以适当地向右调整"阻塞"滑块。

步骤 **19** 单击"视图"|"标尺"命令，即可显示标尺，如图 14-83 所示。

步骤 **20** 在水平线的 36 厘米位置处，在标尺上拖曳出 1 条水平参考线，如图 14-84 所示。

图 14-83 显示标尺　　　　　　　图 14-84 创建参考线

步骤 **21** 在"图层"面板中，新建"图层 5"图层，如图 14-85 所示。

步骤 **22** 设置前景色为灰色（RGB 参数值均为 141），如图 14-86 所示。

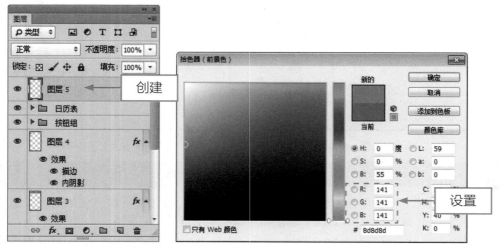

图 14-85 新建"图层 5"图层　　　　　　　图 14-86 设置前景色

步骤 23 选取工具箱中的单行选框工具，在参考线位置上创建单行选区，如图 14-87 所示。

步骤 24 按【Alt + Delete】组合键，为选区填充前景色，如图 14-88 所示。

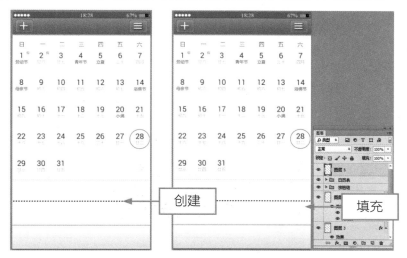

图 14-87 创建单行选区   图 14-88 填充前景色

步骤 25 按【Ctrl + D】组合键，取消选区，如图 14-89 所示。

步骤 26 单击"视图"|"清除参考线"命令，清除参考线，如图 14-90 所示。

图 14-89 取消选区   图 14-90 清除参考线

专家指点

不管在 Photoshop 中使用何种工具，都可以设置参考线，而且是无所限制的。另外，用户还可以使用移动工具进一步拖曳参考线，对位置进行重新设置。

步骤 27 在"图层"面板中，新建"图层 6"图层，如图 14-91 所示。

步骤 28 设置前景色为红色（RGB 参数值为 195、46、41），如图 14-92 所示。

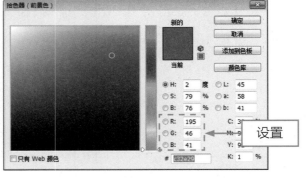

图 14-91 新建"图层 6"图层　　　　　　图 14-92 设置前景色

步骤 29 选取工具箱中的椭圆工具，在工具属性栏中设置"选择工具模式"为"像素"，在图像下方绘制一个正圆形图形，效果如图 14-93 所示。

步骤 30 双击"图层 6"图层，在弹出的"图层样式"对话框中选中"外发光"复选框，设置"扩展"为 10%、"大小"为 50 像素，如图 14-94 所示。

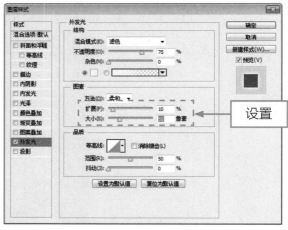

图 14-93 绘制正圆形图形　　　　　　图 14-94 设置"外发光"参数

 专家指点

在设计移动 UI 界面时，为相应对象添加"外发光"图层样式后，其图层下面好像多出了一个层，这个假想层的填充范围比上面的略大。

由于"外发光"图层样式的默认"混合模式"是"滤色"，任何颜色与白色复合产生白色，任何颜色与黑色复合保持不变。因此，如果"外发光"图层的下层是白色的，那么不论如何调整"外发光"的参数，其效果都无法显示出来。要想在白色背景层上应用"外发光"图层样式效果，则必须将"混合模式"设置为"滤色"以外的其他选项。

步骤 31 单击"确定"按钮，应用"外发光"图层样式，效果如图 14-95 所示。

步骤 32 复制"图层 6"图层，得到"图层 6 拷贝"图层，如图 14-96 所示。

图 14-95 应用"外发光"图层样式效果

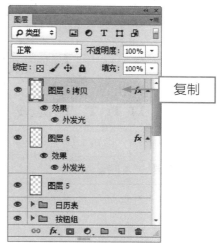

图 14-96 复制图层

步骤 33 运用移动工具适当调整"图层 6 拷贝"图层中的图像位置，效果如图 14-97 所示。

步骤 34 用以上同样的方法，再复制两个正圆图形，并适当调整其位置，效果如图 14-98 所示。

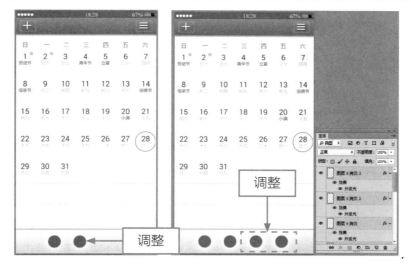

图 14-97 调整图像位置

图 14-98 复制并调整图像位置

步骤 35 选取工具箱中的横排文字工具，确认插入点，在"字符"面板中设置"字体系列"为"微软雅黑"、"字体大小"为 45 点、"字距调整"为 100、"颜色"为白色（RGB 参数值均为 255），如图 14-99 所示。

步骤 36 在图像标题栏中输入相应文本，如图 14-100 所示。

图 14-99 设置字符属性 　　　　　　　　图 14-100 输入相应文本

步骤 37 双击文本图层，在弹出的"图层样式"对话框中选中"投影"复选框，在其中设置"距离"为 1 像素、"扩展"为 0%、"大小"为 1 像素，如图 14-101 所示。

步骤 38 单击"确定"按钮，为文本添加投影样式，效果如图 14-102 所示。

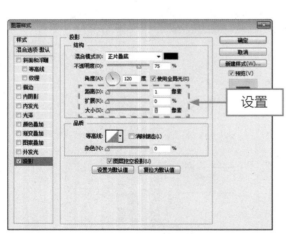

图 14-101 设置"投影"参数 　　　　　　图 14-102 应用图层样式效果

 专家指点

　　在"图层样式"对话框的"投影"选项区中，"距离"选项用于设置阴影和层的内容之间的偏移量，这个值设置的越大，会让人感觉光源的角度越低，反之越高，其对比效果如图 14-103 所示。

投影"距离"为 10 像素　　　　　　　投影"距离"为 100 像素

图 14-103 不同"距离"值的效果对比

步骤 39 打开"日历 APP 文字 .psd"素材图像，将其拖曳至"苹果系统日历 APP 界面"的图像编辑窗口中，调整至合适位置，效果如图 14-104 所示。

用户可以根据需要，设计出其他颜色的日历 APP 效果，如图 14-105 所示。

图 14-104 最终效果　　　　　　　图 14-105 扩展效果

微软系统 UI 界面设计 15

学习提示

　　Windows Phone 是微软发布的一款手机操作系统，其最新版本为 Windows 10 Mobile，它将微软旗下的 Xbox Live 游戏、Xbox Music 音乐与独特的视频体验整合至手机中。本章主要介绍微软移动系统的 UI 界面设计方法。

本章案例导航

- 设计微软手机拨号键盘
- 设计微软手机用户界面

15.1 设计微软手机拨号键盘

打电话、发短信等是用户们对手机的最基本需求，因此手机中的拨号键盘成为了用户每天都要面对的界面。好的拨号键盘 UI 界面可以带给用户更加方便、快捷的使用体验，增加用户对手机的喜爱。

本实例最终效果如图 15-1 所示。

图 15-1 实例效果

素材文件	光盘 \ 素材 \ 第 15 章 \ 电话图标 .psd、分割线 .psd、拨号键盘状态栏 .psd、拨号键盘文字 .psd	
效果文件	光盘 \ 效果 \ 第 15 章 \ 微软手机拨号键盘 .psd、微软手机拨号键盘 .jpg	
视频文件	光盘 \ 视频 \ 第 15 章 \15.1.1 设计拨号键盘背景效果 .mp4、15.1.2 设计拨号键盘主体效果 .mp4	

15.1.1 设计拨号键盘背景效果

下面主要运用矩形选框工具、"内发光"图层样式、变换控制框、"边界"命令等，设计微软手机拨号键盘的背景效果。

步骤 01 单击"文件"|"新建"命令，弹出"新建"对话框，设置"名称"为"微软手机拨号键盘"、"宽度"为 1080 像素、"高度"为 1920 像素、"分辨率"为 72 像素 / 英寸、"颜色模式"为"RGB 颜色"、"背景内容"为"白色"，如图 15-2 所示。

步骤 02 单击"确定"按钮，新建一个空白图像，设置前景色为黑色，按【Alt + Delete】组合键，为"背景"图层填充前景色，如图 15-3 所示。

步骤 03 展开"图层"面板，新建"图层 1"图层，如图 15-4 所示。

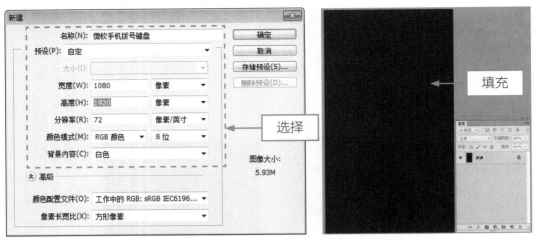

图 15-2　"新建"对话框

图 15-3　填充前景色

 **04** 选取工具箱中的矩形选框工具,在图像编辑窗口中创建一个矩形选区,如图 15-5 所示。

图 15-4　新建"图层 1"图层

图 15-5　创建矩形选区

专家指点

选择图像编辑窗口中需要的区域后,用户可将选区内的图像复制到剪贴板中进行粘贴,以拷贝选区内的图像。

在图像处理过程中,用户可以运用以下快捷键进行快速粘贴操作:

* 快捷键 1:按【Ctrl + C】组合键,拷贝图像。

* 快捷键 2:按【Ctrl + V】组合键,粘贴图像。

* 快捷键 3:按【Ctrl + X】组合键,剪切图像。

* 快捷键 4:按【Ctrl + Shift + V】组合键,原位粘贴图像。

* 快捷键 5:按【Ctrl + Shift + Alt + V】组合键,贴入图像。

步骤 05 设置前景色为深灰色（RGB 参数值均为 51），如图 15-6 所示。

步骤 06 按【Alt + Delete】组合键，为选区填充前景色，如图 15-7 所示。

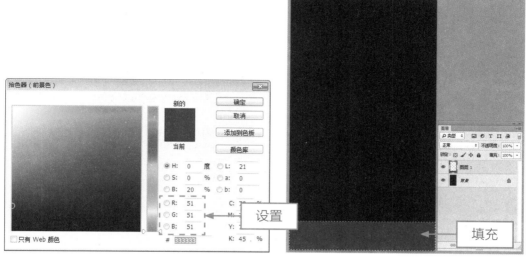

图 15-6 设置前景色

图 15-7 填充前景色

步骤 07 按【Ctrl + D】组合键，取消选区，如图 15-8 所示。

步骤 08 双击"图层 1"图层，在弹出的"图层样式"对话框中选中"内发光"复选框，设置"发光颜色"为白色、"大小"为 2 像素，如图 15-9 所示。

图 15-8 取消选区

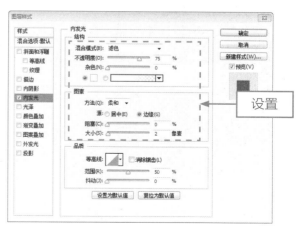

图 15-9 设置"内发光"参数

步骤 09 单击"确定"按钮，即可应用"内发光"图层样式，效果如图 15-10 所示。

步骤 10 打开"电话图标 .psd"素材，将其拖曳至"微软手机拨号键盘"图像编辑窗口中的合适位置处，如图 15-11 所示。

图 15-10 应用"内发光"图层样式效果

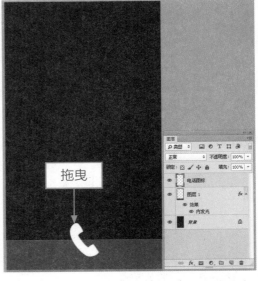

图 15-11 添加电话图标素材

步骤 11 按【Ctrl + T】组合键，调出变换控制框，如图 15-12 所示。

步骤 12 适当调整电话图标的大小和位置，并按【Enter】键确认变换操作，效果如图15-13所示。

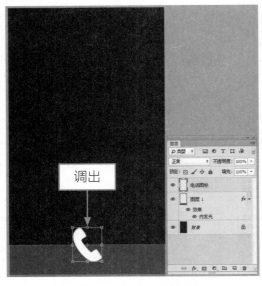

图 15-12 调出变换控制框

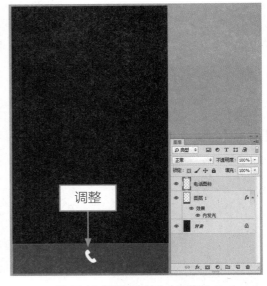

图 15-13 调整图像的大小和位置

 专家指点

变换选区的相关快捷键如下。

  * 在移动 UI 界面图像中创建选区后，按【Alt + S + T】组合键，可以快速调出变换控制框。

  * 在运用选区设计移动 UI 界面图像时，按住【Shift】键的同时变换选区，选区将以所选控制点的对角点为原点进行变换。

> * 按住【Alt】键的同时变换移动 UI 界面图像中的选区，此时选区将以选区中心点为原点进行变换。
>
> * 按住【Alt + Shit】组合键的同时变换移动 UI 界面图像中的选区，此时将以选区中心点为原点进行等比例变换。

步骤 13 按住【Ctrl】键的同时单击"电话图标"图层的缩览图，将其载入选区，如图 15-14 所示。

步骤 14 单击"选择"|"修改"|"边界"命令，如图 15-15 所示。

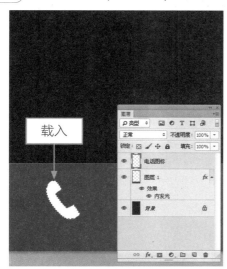

图 15-14 载入选区

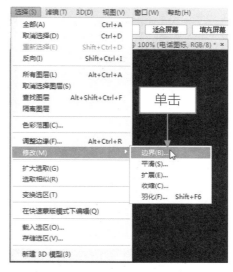

图 15-15 单击"边界"命令

步骤 15 执行上述操作后，弹出"边界选区"对话框，设置"宽度"为 5 像素，如图 15-16 所示。

步骤 16 单击"确定"按钮，即可边界选区，如图 15-17 所示。

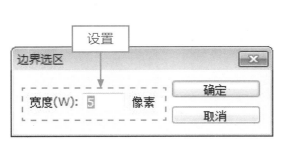

图 15-16 "边界选区"对话框

图 15-17 边界选区

步骤 17 在"图层"面板中，新建"图层 2"图层，如图 15-18 所示。

步骤 18 设置前景色为白色，按【Alt + Delete】组合键，为选区填充前景色，如图 15-19 所示。

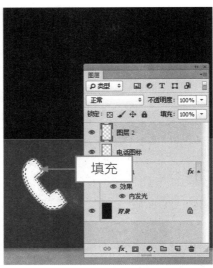

图 15-18 新建"图层 2"图层   图 15-19 填充颜色

步骤 19 在"图层"面板中，隐藏"电话图标"图层，效果如图 15-20 所示。

步骤 20 按【Ctrl + D】组合键，取消选区，如图 15-21 所示。

图 15-20 隐藏"电话图标"图层   图 15-21 取消选区

 专家指点

    在 Photoshop CC 中，使用"拷贝"命令可以将选区内的图像复制到剪贴板中；单击"编辑"|"选择性粘贴"|"贴入"命令，可以将剪贴板中的图像粘贴到同一图像或不同图像选区内的相应位置，并生成一个蒙版图层。

步骤 21 在"图层"面板中设置"图层 2"图层的"不透明度"为 30%，如图 15-22 所示。

步骤 22 执行操作后，即可改变图像效果，如图 15-23 所示。

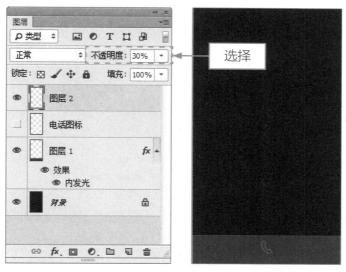

图 15-22 设置图层不透明度　　　　　图 15-23 图像效果

15.1.2 设计拨号键盘主体效果

下面主要运用矩形选框工具、渐变工具、"描边"命令以及添加素材等操作，设计微软手机拨号键盘的主体效果。

步骤 01 在"图层"面板中，新建"图层 3"图层，如图 15-24 所示。

步骤 02 选取工具箱中的矩形选框工具，在图像编辑窗口中创建一个矩形选区，如图 15-25 所示。

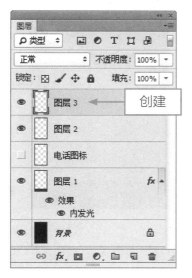 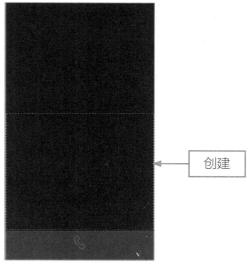

图 15-24 新建"图层 3"图层　　　　　图 15-25 创建矩形选区

步骤 03 选取工具箱中的渐变工具，在工具属性栏中单击"点按可编辑渐变"按钮，如图 15-26 所示。

步骤 04 弹出"渐变编辑器"对话框，设置渐变色为浅蓝色（RGB 参数值为 100、138、167）到深蓝色（RGB 参数值为 37、64、85）的径向渐变，如图 15-27 所示。

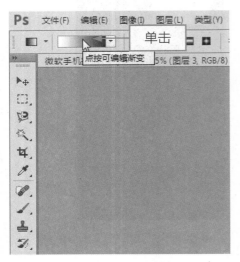

图 15-26 单击"点按可编辑渐变"按钮

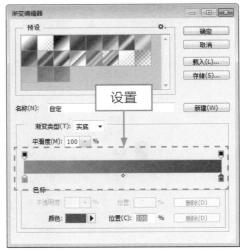

图 15-27 设置渐变色

步骤 05 单击"确定"按钮，在工具属性栏中单击"径向渐变"按钮 ▣，从上到下为矩形选区填充径向渐变，如图 15-28 所示。

步骤 06 按【Ctrl + D】组合键，取消选区，如图 15-29 所示。

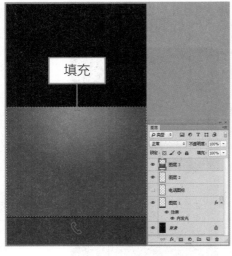

图 15-28 填充径向渐变

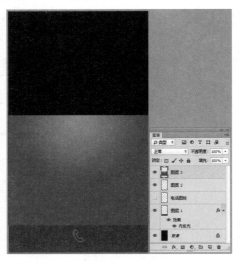

图 15-29 取消选区

步骤 07 打开"分割线 .psd"素材，将其拖曳至"微软手机拨号键盘"图像编辑窗口中的合适位置处，如图 15-30 所示。

步骤 08 单击"编辑"|"描边"命令，弹出"描边"对话框，设置"宽度"为 15 像素、"颜色"为黑色，如图 15-31 所示。

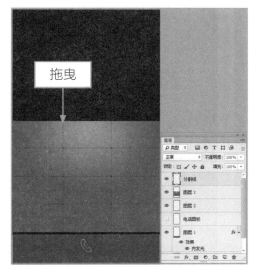

图 15-30 拖入分割线素材

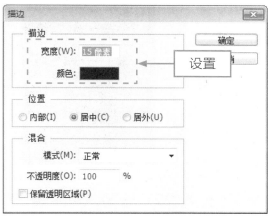

图 15-31 "描边"对话框

步骤 09 单击"确定"按钮，应用"描边"效果，如图 15-32 所示。

步骤 10 打开"拨号键盘状态栏.psd"素材，将其拖曳至"微软手机拨号键盘"图像编辑窗口中的合适位置处，如图 15-33 所示。

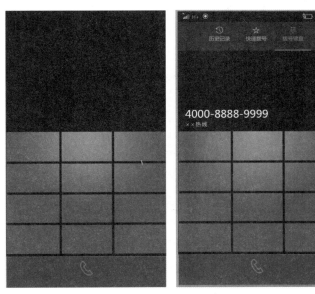

图 15-32 应用"描边"样式效果

图 15-33 拖入状态栏素材

步骤 11 打开"拨号键盘文字.psd"素材，将其拖曳至"微软手机拨号键盘"图像编辑窗口中的合适位置处，完成拨号键盘的设计，最终效果如图 15-34 所示。

用户可以根据需要，设计出其他颜色的效果，如图 15-35 所示。

图 15-34 最终效果　　　　　　　　图 15-35 扩展效果

15.2　设计微软手机用户界面

微软手机系统的用户界面被称为 Metro，它通过简单直接的方式向用户呈现信息，使用户体验到流畅、快速的操作体验。

本实例的最终效果如图 15-36 所示。

图 15-36 实例效果

素材文件	光盘 \ 素材 \ 第 15 章 \ 用户界面背景 .psd、背景 .jpg、用户界面状态栏 .psd、游戏 .jpg、照片（1）.jpg、照片（2）.jpg、图标与文字 .psd	
效果文件	光盘 \ 效果 \ 第 15 章 \ 微软手机用户界面 .psd、微软手机用户界面 .jpg	
视频文件	光盘 \ 视频 \ 第 15 章 \15.2.1　设计用户界面背景效果 .mp4、15.2.2　设计用户界面整体效果 .mp4	

15.2.1 设计用户界面背景效果

在制作微软手机用户界面的背景效果时，运用了辅助线、矩形工具、打开并拖曳素材图像、创建剪贴蒙版、调整图像色彩等操作。下面向读者介绍设计微软手机系统用户界面背景效果的操作方法。

步骤 01 单击"文件"|"打开"命令，打开一幅素材图像，如图 15-37 所示。

步骤 02 在"图层"面板中，新建"图层 1"图层，如图 15-38 所示。

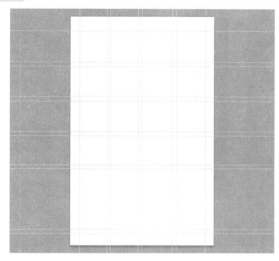

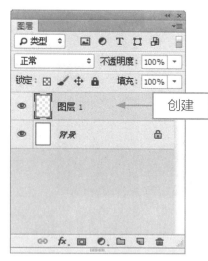

图 15-37 打开素材图像　　　　　　　　　图 15-38 新建"图层 1"图层

步骤 03 设置前景色为黑色，按【Alt + Delete】组合键，为"图层 1"图层填充前景色，如图 15-39 所示。

步骤 04 在"图层"面板中，新建"图层 2"图层，如图 15-40 所示。

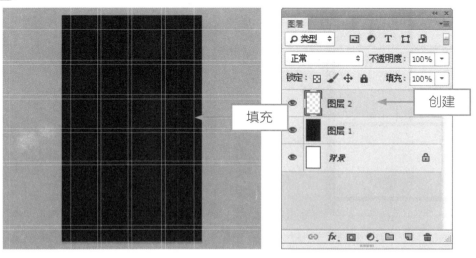

图 15-39 填充前景色　　　　　　　　　图 15-40 新建"图层 2"图层

步骤 05 设置前景色为白色，借助参考线，调整间距，选取工具箱中的矩形工具，在工具属性栏中设置"选择工具模式"为"像素"，绘制一个矩形，如图 15-41 所示。

步骤 06 运用矩形工具在右侧的参考线中绘制一个小矩形，如图 15-42 所示。

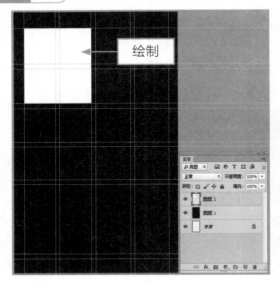

图 15-41 绘制矩形

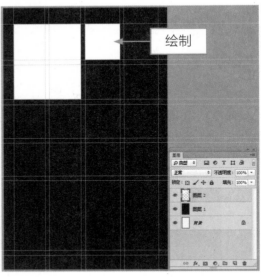

图 15-42 绘制矩形

步骤 07 用与上同样的方法，绘制其他的矩形图像，效果如图 15-43 所示。

步骤 08 打开一幅"背景 .jpg"素材图像，将其拖曳至"用户界面背景"图像编辑窗口中，如图 15-44 所示。

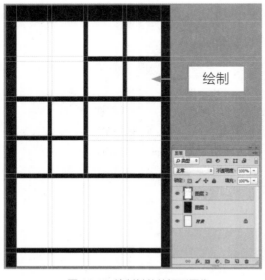

图 15-43 绘制其他的矩形图像

图 15-44 拖入素材图像

步骤 09 按【Ctrl + T】组合键，调出变换控制框，如图 15-45 所示。

步骤 10 通过调整控制框适当调整图像的大小和位置，并按【Enter】键确认变换操作，效果
如图 15-46 所示。

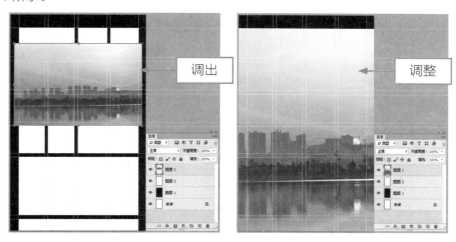

图 15-45 调出变换控制框　　　　　　　　图 15-46 变换图像

步骤 11 单击"图像"|"调整"|"亮度 / 对比度"命令，弹出"亮度 / 对比度"对话框，设置"亮
度"为 -2、"对比度"为 15，如图 15-47 所示。

步骤 12 单击"确定"按钮，即可调整图像的亮度和对比度，效果如图 15-48 所示。

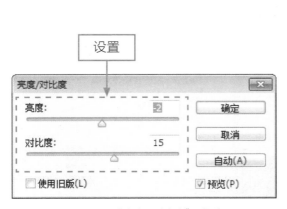

图 15-47　"亮度 / 对比度"对话框　　　　　图 15-48 调整图像的亮度和对比度

专家指点

　　对比度是指 UI 画面中黑与白的比值，也就是从黑到白的渐变层次。对比度的数值越大，
从黑到白的渐变层次就越多，色彩表现也就更加丰富。

　　在移动 UI 界面的色彩设计中，对比度是影响视觉效果的重要参数，高对比度可以加强
移动 UI 图像的清晰度、细节表现以及灰度层次表现等视觉效果。

　　* 对比度越大，图像越清晰醒目，色彩也越鲜明艳丽。

　　* 对比度越小，整个画面都会显得灰蒙蒙的一片。

步骤 13 单击"图像"|"调整"|"色相/饱和度"命令，弹出"色相/饱和度"对话框，设置"色相"为 6、"饱和度"为 32，如图 15-49 所示。

步骤 14 单击"确定"按钮，即可调整图像的色调，效果如图 15-50 所示。

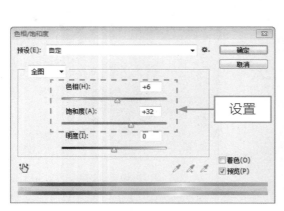

图 15-49 "色相/饱和度"对话框　　　　图 15-50 调整图像的色调

步骤 15 单击"视图"|"显示额外的内容"命令，即可隐藏参考线，效果如图 15-51 所示。

步骤 16 单击"滤镜"|"模糊"|"表面模糊"命令，如图 15-52 所示。

图 15-51 隐藏参考线　　　　图 15-52 单击"表面模糊"命令

步骤 17 执行操作后，弹出"表面模糊"对话框，设置"半径"为 5 像素、"阈值"为 15 色阶，如图 15-53 所示。

步骤 18 单击"确定"按钮，应用"表面模糊"滤镜，减少画面中的噪点，效果如图 15-54 所示。

图 15-53 "表面模糊"对话框

图 15-54 应用"表面模糊"滤镜效果

步骤 19 在"图层"面板中，选择"图层 3"图层，如图 **15-55** 所示。

步骤 20 单击"图层"|"创建剪贴蒙版"命令，如图 **15-56** 所示。

图 15-55 选择"图层 3"图层

图 15-56 单击"创建剪贴蒙版"命令

专家指点

　　蒙版其突出的作用就是屏蔽，无论是什么样的蒙版，都会对图像的某些区域起到屏蔽作用，这是蒙版存在的终极意义。

　　* 剪贴蒙版：对于剪贴蒙版而言，基层图层中的像素分布将影响剪贴蒙版的整体效果，基层中的像素不透明度越高、分布范围越大，则整个剪贴蒙版产生的效果也越不明显，反之则越明显。

* 快速蒙版：快速蒙版通过不同的颜色对图像产生屏蔽作用，效果非常明显。
* 图层蒙版：图层蒙版依靠蒙版中像素的亮度，使图层显示出被屏蔽的效果，亮度越高，图层蒙版的屏蔽作用越小，反之，图层蒙版中像素的亮度越低，则屏蔽效果越明显。
* 矢量蒙版：矢量蒙版依靠蒙版中的矢量路径的形状与位置，使图像产生被屏蔽的效果。

步骤 21 执行操作后，即可创建剪贴蒙版图层，效果如图 15-57 所示。

步骤 22 打开一幅"用户界面状态栏 .psd"的素材图像，将其拖曳至"用户界面背景"图像编辑窗口中，如图 15-58 所示。

图 15-57 创建剪贴蒙版图层效果   图 15-58 拖入状态栏素材

 专家指点

在图像编辑窗口中添加蒙版后，如果后面的操作不再需要蒙版，用户可以将蒙版关闭以节省系统资源的占用。在"图层"面板中，在图层的矢量蒙版缩览图上单击鼠标右键，在弹出的快捷菜单中，选择"停用矢量蒙版"选项，即可停用矢量蒙版，且矢量蒙版缩览图上会显示一个红色的叉形标记；在图层矢量蒙版的缩览图上单击鼠标右键，在弹出的快捷菜单中选择"启用矢量蒙版"选项，即可取消红色叉形标记，启用矢量蒙版。

除了运用上述方法停用 / 启用蒙版外，还有以下 3 种方法：

* 单击"图层"|"图层蒙版"|"停用"或"启用"命令。
* 按住【Shift】键的同时，在图层蒙版缩览图上单击鼠标左键，即可停用图层蒙版。
* 当停用图层蒙版后，直接在图层蒙版缩览图上单击鼠标左键，即可启用图层蒙版。

15.2.2 设计用户界面整体效果

将手机用户界面的图片、图标和文字说明等元素添加到界面中，即可完成微软手机系统用户界面整体效果的制作。下面向读者介绍设计微软手机系统用户界面整体效果的操作方法。

步骤 01 在"图层"面板中，新建"图层 4"图层，如图 15-59 所示。

步骤 02 选取工具箱中的矩形工具，在工具属性栏中设置"选择工具模式"为"像素"，绘制一个白色矩形，如图 15-60 所示。

图 15-59 新建"图层 4"图层　　　　图 15-60 绘制白色矩形

步骤 03 单击"文件"|"打开"命令，打开"游戏 .jpg"素材图像，如图 15-61 所示。

步骤 04 运用移动工具将其拖曳至"用户界面背景"图像编辑窗口中，如图 15-62 所示。

图 15-61 打开素材图像　　　　图 15-62 拖入素材图像

步骤 05 按【Ctrl ＋ T】组合键，调出变换控制框，如图 15-63 所示。

步骤 06 通过调整控制框适当调整图像的大小和位置，并按【Enter】键确认变换操作，效果如图 15-64 所示。

调出

调整

图 15-63 调出变换控制框   图 15-64 调整图像的大小和位置

步骤 07 在"图层"面板中选择"图层 5"图层,单击鼠标右键,在弹出的快捷菜单中选择"创建剪贴蒙版"选项,如图 15-65 所示。

步骤 08 执行操作后,即可创建剪贴蒙版,效果如图 15-66 所示。

选择

创建

图 15-65 选择"创建剪贴蒙版"选项   图 15-66 创建剪贴蒙版效果

 专家指点

为图像创建图层蒙版后,如果不再需要,用户可以将创建的蒙版删除,图像即可还原为设置蒙版之前的效果。在"图层"面板中相应图层的蒙版缩览图上,单击鼠标右键,在弹出的快捷菜单中选择"删除图层蒙版"选项,即可删除图层蒙版。

除了运用以上方法可以删除蒙版外,还有以下两种方法:

* 命令:单击"图层"|"图层蒙版"|"删除"命令。

* 按钮:选中要删除的蒙版,将其拖曳至"图层"面板底部的"删除图层"按钮上,在弹出的信息提示对话框中单击"删除"按钮。

步骤 09 在"图层"面板中，新建"图层 6"图层，如图 15-67 所示。

步骤 10 选取工具箱中的矩形工具，在工具属性栏中设置"选择工具模式"为"像素"，绘制一个白色矩形，如图 15-68 所示。

图 15-67 新建"图层 6"图层　　　　图 15-68 绘制白色矩形

步骤 11 在"图层"面板中，新建"图层 7"图层，如图 15-69 所示。

步骤 12 选取工具箱中的矩形工具，在工具属性栏中设置"选择工具模式"为"像素"，绘制一个白色矩形，如图 15-70 所示。

图 15-69 新建"图层 7"图层　　　　图 15-70 绘制白色矩形

步骤 13 复制"图层 7"图层，得到"图层 7 拷贝"图层，如图 15-71 所示。

步骤 14 运用移动工具适当调整 "图层 7 拷贝" 图层中的图像位置，如图 15-72 所示。

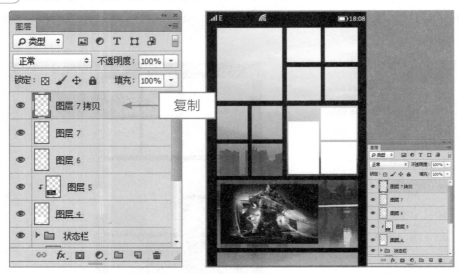

图 15-71 复制图层　　　　　　　　　图 15-72 调整图像位置

步骤 15 单击 "文件" | "打开" 命令，打开 "照片（1）.jpg" 素材图像，如图 15-73 所示。

步骤 16 运用移动工具将其拖曳至 "用户界面背景" 图像编辑窗口中，并适当调整大小和位置，如图 15-74 所示。

图 15-73 打开照片素材图像　　　　　　　图 15-74 拖入素材图像

 专家指点

　　图层蒙版仅是起到显示及隐藏图像的作用，并非真的删除了图像，因此，如果某些图层蒙版效果已无需再进行改动，可以应用图层蒙版并删除被隐藏的图像，从而减小图像文件大小。在图层的蒙版缩览图上，单击鼠标右键，在弹出的快捷菜单中选择 "应用图层蒙版" 选项，即可应用图层蒙版。

在 Photoshop CC 中应用图层蒙版效果后，图层蒙版中的白色区域对应的图层图像被保留，而蒙版中黑色区域对应的图层图像被隐藏，灰色过渡区域所对应的图层图像部分像素被删除。

步骤 17 在 "图层" 面板中，将 "图层 8" 图层调整至 "图层 6" 图层的上方，如图 15-75 所示。

步骤 18 按【Alt + Ctrl + G】组合键，创建剪贴蒙版，效果如图 15-76 所示。

图 15-75 调整图层顺序　　　　　图 15-76 创建剪贴蒙版效果

步骤 19 单击 "文件" | "打开" 命令，打开 "照片（2）.jpg" 素材图像，如图 15-77 所示。

步骤 20 运用移动工具将其拖曳至 "用户界面背景" 图像编辑窗口中，并适当调整大小和位置，如图 15-78 所示。

图 15-77 打开照片素材图像

图 15-78 拖入素材图像

步骤 21 在"图层"面板中，将"图层 9"图层调整至"图层 7"图层的上方，如图 15-79 所示。

步骤 22 按【Alt + Ctrl + G】组合键，创建剪贴蒙版，效果如图 15-80 所示。

图 15-79 调整图层顺序　　　　　　　　　图 15-80 创建剪贴蒙版效果

步骤 23 用与上同样的方法，拖曳其他照片素材至"用户界面背景"图像编辑窗口中，并创建剪贴蒙版，效果如图 15-81 所示。

步骤 24 在"图层"面板中创建一个新图层组，将其命名为"图片"，如图 15-82 所示。

图 15-81 添加其他图片效果　　　　　　　　图 15-82 创建新图层组

步骤 25 将"图层 6"图层至"图层 10"图层拖曳至"图片"图层组中，如图 15-83 所示。

步骤 26 打开一幅"图标与文字 .psd"的素材图像，将其拖曳至"用户界面背景"图像编辑窗口中，完成用户界面的设计，最终效果如图 15-84 所示。

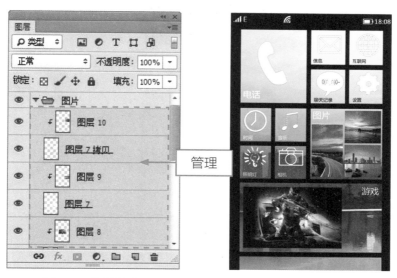

图 15-83 管理图层组　　　　　　　　　　图 15-84 最终效果

用户可以根据需要，设计出其他颜色的手机用户界面，效果如图 15-85 和图 15-86 所示。

图 15-85 扩展效果（1）　　　　　　　　　图 15-86 扩展效果（2）

平板电脑 UI 界面设计 (16)

学习提示

平板电脑是一种小型、方便携带的个人电脑，以触摸屏作为基本的输入设备，最常见的操作系统是 Android（安卓）操作系统、iOS（苹果）操作系统以及 Windows 操作系统等。本章主要介绍安卓平板电脑与苹果平板电脑的应用程序 UI 界面设计方法。

本章案例导航

- 设计安卓平板相机应用界面
- 设计苹果平板阅读应用界面

16.1 设计安卓平板相机应用界面

平板电脑不仅是现代人随身携带的通信工具，也是最便捷的拍摄工具。随着平板电脑的飞速发展，其摄影 / 摄像功能的成熟和价格的下降，平板电脑摄影越来越流行。

在生活中不难发现，身边越来越多的人拿起平板电脑来记录生活，风光、美食、萌宠、花草……不同的平板电脑摄影主题，却表达着同样的对美的感知和对生活的热爱！

便捷的手持操作、不胜枚举的创意 APP 应用程序、不亚于数码相机的摄像功能，平板电脑摄影改变了人们使用电脑的习惯的同时，也在改变人们记录周围生活影像的习惯。使用平板电脑摄影没有严格的摄影规则，也不需要专业的设备，只需要一部平板电脑和一颗能够发现美的心灵便已足够！

本节主要介绍设计安卓平板相机应用程序界面的具体操作方法，本实例最终效果如图 16-1 所示。

图 16-1 实例效果

	素材文件	光盘 \ 素材 \ 第 16 章 \ 相机应用背景 .jpg、定位图标 .jpg、虚拟按键 .psd、相机应用图标 .psd、照片 .jpg、相机应用文字 .psd
	效果文件	光盘 \ 效果 \ 第 16 章 \ 安卓平板相机应用界面 .psd、安卓平板相机应用界面 .jpg
	视频文件	光盘 \ 视频 \ 第 16 章 \16.1.1　设计相机应用界面背景效果 .mp4、16.1.2　设计相机应用界面整体效果 .mp4

16.1.1 设计相机应用界面背景效果

下面主要运用裁剪工具、"亮度 / 对比度"调整图层、"自然饱和度"调整图层、魔棒工具以及设置图层样式与混合模式等操作，设计安卓平板相机应用程序界面的背景效果。

步骤 01 单击"文件"|"打开"命令，打开一幅素材图像，如图 16-2 所示。

步骤 02 选取工具箱中的裁剪工具，如图 16-3 所示。

图 16-2 打开素材图像

图 16-3 选取裁剪工具

步骤 03 执行上述操作后，即可调出裁剪控制框，如图 16-4 所示。

步骤 04 在工具属性栏中设置裁剪控制框的长宽比为 800 : 1280，如图 16-5 所示。

图 16-4 调出裁剪控制框

图 16-5 设置裁剪控制框的长宽比

步骤 05 执行操作后，即可调整裁剪控制框的长宽比，将鼠标指针移至裁剪控制框内，单击鼠标左键的同时并拖曳图像至合适位置，如图 16-6 所示。

步骤 06 执行上述操作后，按【Enter】键确认裁剪操作，即可按固定的长宽比来裁剪图像，效果如图 16-7 所示。

调整

图 16-6 调整裁剪位置　　　　　　　　　　　　图 16-7 裁剪图像

专家指点

　　在设计移动 UI 界面时，如果用户觉得照片不符合心意，则可以利用 Photoshop 的裁剪工具对照片进行重新构图，令照片更顺眼之余，也可以让照片的重点更清晰。

　　因此，用户在拍摄移动 UI 界面的照片素材时，最好在主体图像的上下左右预留足够的空间，用作剪裁并重新构图，预留的空间愈多，剪裁时候的灵活性就愈高。

　　需要注意的是，剪裁照片素材是把不必要的东西去掉，当用户存档后再打开照片，可能被裁剪的部分就无法复原了。因此，建议用户在剪裁照片前先保存原始照片。

步骤 07　在"图层"面板底部，单击"创建新的填充或调整图层"按钮，如图 16-8 所示。

步骤 08　在弹出的列表框中选择"亮度 / 对比度"选项，如图 16-9 所示。

单击

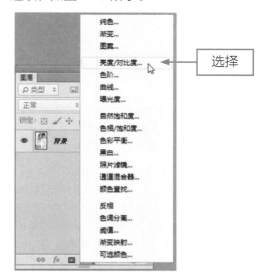

选择

图 16-8 单击"创建新的填充或调整图层"按钮　　图 16-9 选择"亮度 / 对比度"选项

步骤 09 执行操作后，即可新建"亮度 / 对比度 1"调整图层，如图 16-10 所示。

步骤 10 展开"属性"面板，设置"亮度"为 16、"对比度"为 12，如图 16-11 所示。

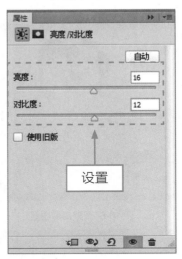

图 16-10 新建"亮度 / 对比度 1"调整图层　　图 16-11 设置"亮度 / 对比度"参数

步骤 11 执行操作后，即可调整图像的亮度和对比度，效果如图 16-12 所示。

步骤 12 新建"自然饱和度 1"调整图层，展开"属性"面板，设置"自然饱和度"为 29，如图 16-13 所示。

图 16-12 调整图像的亮度和对比度　　图 16-13 设置相应参数

 专家指点

　　Photoshop CC 的"自然饱和度"功能和"色相 / 饱和度"功能类似，可以使图片更加鲜艳或暗淡，不过使用"自然饱和度"调整的图像效果会更加细腻，"自然饱和度"会智能地处理图像中不够饱和的部分和忽略足够饱和的颜色。

在 Photoshop CC 中调整移动 UI 界面的色彩时，使用"自然饱和度"命令可以自动保护移动 UI 图像中已饱和的色彩部分，并只对其做小部分的调整，而着重调整不饱和的色彩部分，从而使移动 UI 图像整体色彩饱和度趋于正常。

步骤 **13** 执行操作后，即可调整图像的色彩饱和度，效果如图 16-14 所示。

步骤 **14** 展开"图层"面板，新建"图层 1"图层，如图 16-15 所示。

图 16-14 调整图像的色彩饱和度

图 16-15 新建"图层 1"图层

步骤 **15** 设置前景色为白色（RGB 参数值均为 255），如图 16-16 所示。

步骤 **16** 选取工具箱中的矩形选框工具，在图像中创建一个矩形选区，如图 16-17 所示。

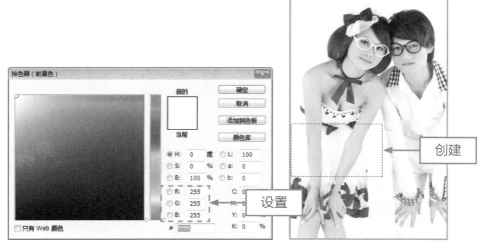

图 16-16 设置前景色

图 16-17 创建矩形选区

步骤 **17** 按【Alt + Delete】组合键，填充前景色，如图 16-18 所示。

步骤 18 设置"图层 1"图层的"不透明度"为 60%，如图 16-19 所示。

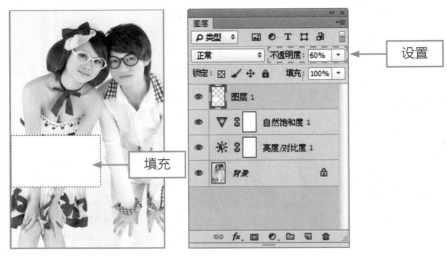

图 16-18 填充前景色　　　　　图 16-19 设置图层不透明度

步骤 19 执行操作后，即可改变图像效果，如图 16-20 所示。

步骤 20 按【Ctrl + D】组合键，取消选区，如图 16-21 所示。

图 16-20 图像效果　　　　　图 16-21 取消选区

专家指点

　　在 Photoshop CC 中设计移动 UI 界面图像的选区时，灵活运用"平滑选区"命令，能使选区的尖角变得平滑，并消除锯齿，从而使图像中选区边缘更加流畅。在移动 UI 界面中创建选区后，单击"选择"|"修改"|"平滑"命令，弹出"平滑选区"对话框，设置相应的"取样半径"参数值，单击"确定"按钮，即可平滑选区。

　　除了单击命令可以弹出"平滑选区"对话框之外，还可按【Alt + S + M + S】组合键，弹出"平滑选区"对话框。

步骤 21 双击"图层 1"图层，弹出"图层样式"对话框，选中"描边"复选框，设置"大小"为 2 像素、"颜色"为灰色（RGB 参数值均为 215），如图 16-22 所示。

步骤 22 单击"确定"按钮，应用"描边"图层样式，效果如图 16-23 所示。

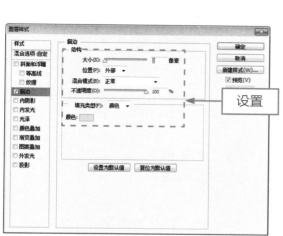

图 16-22 设置"描边"参数　　　　　　　　图 16-23 应用"描边"图层样式效果

步骤 23 打开"定位图标 .jpg"素材图像，将其拖曳至"相机应用背景"图像编辑窗口中，如图 16-24 所示。

步骤 24 选取工具箱中的魔棒工具，在白色背景上多次单击鼠标左键创建选区，如图 16-25 所示。

图 16-24 添加定位图标素材　　　　　　　　图 16-25 创建选区

步骤 25 按【Delete】键删除选区内的图像，并取消选区，如图 16-26 所示。

步骤 26 按【Ctrl + T】组合键，调出变换控制框，适当调整图像的大小和位置，并按【Enter】键确认，如图 16-27 所示。

图 16-26 删除选区内的图像　　　　　　　　图 16-27 调整图像的大小和位置

步骤 27 双击"图层 2"图层，在弹出的"图层样式"对话框选中"投影"复选框，取消选中"使用全局光"复选框，设置"角度"为 120 度、"距离"为 1 像素、"大小"为 5 像素，如图 16-28 所示。

步骤 28 单击"确定"按钮，应用"投影"图层样式，效果如图 16-29 所示。

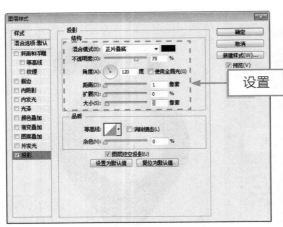

图 16-28 设置"投影"参数　　　　　　　　图 16-29 应用"投影"图层样式效果

16.1.2 设计相机应用界面整体效果

下面主要运用矩形工具、椭圆工具、椭圆选框工具、"描边"命令以及横排文字工具等操作，设计安卓平板相机应用程序界面的整体效果。

步骤 01 打开"虚拟按键.psd"素材，将其拖曳至"相机应用背景"图像编辑窗口中的合适位置处，如图 16-30 所示。

步骤 02 展开"图层"面板，新建"图层 3"图层，如图 16-31 所示。

图 16-30 添加虚拟按键素材

图 16-31 新建"图层 3"图层

步骤 03 设置前景色为黑色，选取工具箱中的矩形工具，在工具属性栏上设置"选择工具模式"为"像素"，在图像编辑窗口中绘制一个矩形，如图 16-32 所示。

步骤 04 复制"图层 3"图层，得到"图层 3 拷贝"图层，如图 16-33 所示。

图 16-32 绘制矩形

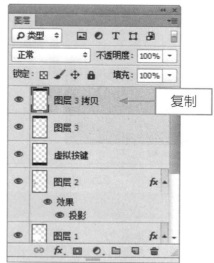

图 16-33 复制图层

步骤 05 按【Ctrl + T】组合键，调出变换控制框，适当调整图像的大小和位置，并按【Enter】键确认，效果如图 16-34 所示。

步骤 **06** 在"图层"面板中，新建"图层 4"图层，如图 16-35 所示。

图 16-34 调整图像的大小和位置

图 16-35 新建"图层 4"图层

步骤 **07** 设置前景色为绿色（RGB 参数值为 0、182、95），如图 16-36 所示。

步骤 **08** 选取工具箱中的椭圆工具，在工具属性栏上设置"选择工具模式"为"像素"，绘制一个正圆图形，效果如图 16-37 所示。

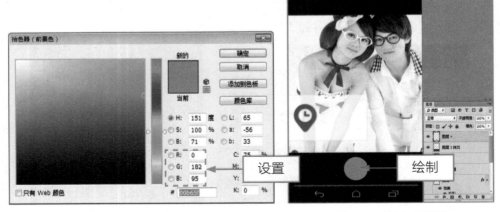

图 16-36 设置前景色

图 16-37 绘制正圆图形

 专家指点

前景色与背景色的区别如下。

* 前景色：用于绘制的图形图片的颜色，默认的是黑色。

* 背景色：是指所要处理的图片的底色，默认的是白色。

在 Photoshop CC 中可以互换前景色和背景色，快捷键是【X】键。另外，还可以利用快捷键【D】键来快速恢复默认的前景色和背景色。

步骤 09 在"图层"面板中，新建"图层 5"图层，如图 16-38 所示。

步骤 10 选取工具箱中的椭圆选框工具，在图像编辑窗口中创建一个正圆形选区，如图 16-39 所示。

图 16-38 新建"图层 5"图层　　　　图 16-39 创建正圆形选区

步骤 11 单击"编辑"|"描边"命令，弹出"描边"对话框，设置"宽度"为 2 像素、"颜色"为白色，如图 16-40 所示。

步骤 12 单击"确定"按钮描边选区，并取消选区，如图 16-41 所示。

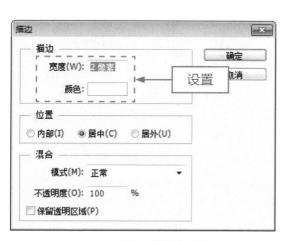

图 16-40 设置"描边"参数　　　　图 16-41 描边并取消选区

步骤 13 选取工具箱中的横排文字工具，在编辑区中单击鼠标左键，确认插入点，在"字符"面板中设置"字体系列"为"微软雅黑"、"字体大小"为 36 点、"颜色"为白色，如图 16-42 所示。

步骤 14 在图像编辑窗口中的相应位置处输入 3 个 "." （点符号），如图 16-43 所示。

图 16-42 设置字符属性

图 16-43 输入点符号

步骤 15 打开 "相机应用图标 .psd" 素材，将其拖曳至 "相机应用背景" 图像编辑窗口中的合适位置处，如图 16-44 所示。

步骤 16 打开 "照片 .jpg" 素材，将其拖曳至 "相机应用背景" 图像编辑窗口中的合适位置处，如图 16-45 所示。

图 16-44 添加应用图标素材

图 16-45 拖入照片素材

步骤 17 按【Ctrl + T】组合键，调出变换控制框，适当调整图像的大小和位置，并按【Enter】键确认，效果如图 16-46 所示。

步骤 18 打开 "相机应用文字 .psd" 素材，将其拖曳至 "相机应用背景" 图像编辑窗口中的合适位置处，并适当调整图像的大小和位置，完成安卓平板相机应用界面的设计，最终效果如图 16-47 所示。

图 16-46 调整图像的大小和位置　　　　　　　图 16-47 最终效果

　　用户可以根据需要，设计出其他背景的安卓平板相机应用界面效果，如图 16-48 与图 16-49 所示。

图 16-48 扩展效果（1）　　　　　　　图 16-49 扩展效果（2）

16.2 设计苹果平板阅读应用界面

　　移动互联网时代，手机、平板电脑等移动智能设备成为了很多传统行业的"终结者"，纸质媒体就是最早被渗透的行业。如今，人们更喜欢使用手机、平板电脑等随时随地地阅读互联网中的电子书，手机或平板俨然成了移动用户的"移动书房"。本节主要向读者介绍苹果平板书籍阅读类应用程序界面的设计方法。

本实例最终效果如图 16-50 所示。

图 16-50 苹果平板阅读 APP 界面

	素材文件	光盘\素材\第 16 章\阅读应用背景 .jpg、十字按钮 .psd、书籍与状态栏 .psd
	效果文件	光盘\效果\第 16 章\苹果平板阅读应用界面 .psd、苹果平板阅读应用界面 .jpg
	视频文件	光盘\视频\第 16 章\16.2.1 设计阅读应用界面背景效果、16.2.2 设计阅读应用界面整体效果 .mp4

16.2.1 设计阅读应用界面背景效果

下面主要运用矩形选框工具、圆角矩形工具以及设置图层样式等，设计苹果平板电脑阅读应用程序的背景效果。

步骤 01 单击"文件"|"打开"命令，打开一幅素材图像，如图 16-51 所示。

步骤 02 在"图层"面板中，新建"图层 1"图层，如图 16-52 所示。

图 16-51 打开素材图像　　　　图 16-52 新建"图层 1"图层

步骤 03 选取工具箱中的矩形选框工具，创建一个矩形选区，如图 16-53 所示。

步骤 04 为选区填充白色（RGB 参数值为 245、248、248）到浅灰色（RGB 参数值为 219、223、232）的线性渐变，并取消选区，如图 16-54 所示。

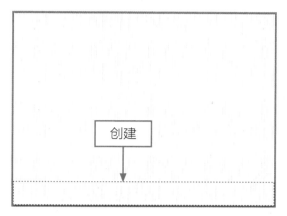

图 16-53 创建矩形选区　　　　　　　　　　图 16-54 填充线性渐变

步骤 05 双击"图层 1"图层，弹出"图层样式"对话框，选中"投影"复选框，在其中设置"角度"为 120 度、"距离"为 5 像素、"扩展"为 6%、"大小"为 90 像素，如图 16-55 所示。

步骤 06 单击"确定"按钮，设置投影样式，效果如图 16-56 所示。

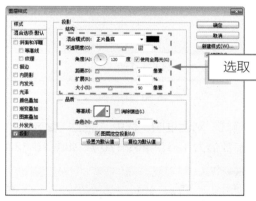 

图 16-55 设置"投影"参数　　　　　　　　图 16-56 添加相应的图层样式效果

步骤 07 在"图层"面板中，新建"图层 2"图层，如图 16-57 所示。

步骤 08 选取工具箱中的圆角矩形工具，在工具属性栏中设置"选择工具模式"为"路径"、"半径"为 5 像素，在图像中绘制一个圆角矩形路径，如图 16-58 所示。

步骤 09 按【Ctrl + Enter】组合键，将路径转换为选区，如图 16-59 所示。

步骤 10 为选区填充白色（RGB 参数值为 245、248、248）到浅灰色（RGB 参数值为 219、223、232）的线性渐变，如图 16-60 所示。

步骤 11 按【Ctrl + D】组合键，取消选区，如图 16-61 所示。

图 16-57 新建"图层 2"图层

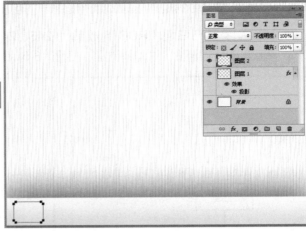

图 16-58 绘制圆角矩形路径

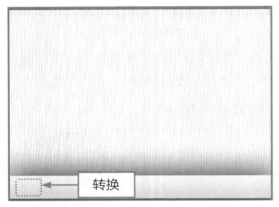

图 16-59 将路径转换为选区

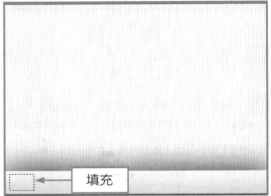

图 16-60 填充线性渐变

步骤 12 双击"图层 2"图层，在弹出的"图层样式"对话框中，选中"描边"复选框，在其中设置"大小"为 1 像素、"颜色"为浅蓝色（RGB 参数值为 126、146、170），如图 16-62 所示。

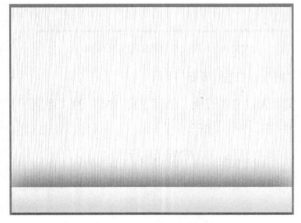

图 16-61 取消选区

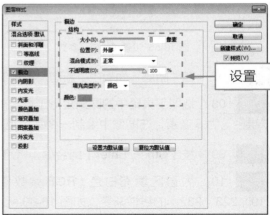

图 16-62 设置"描边"参数

步骤 13 选中"外发光"复选框，在其中设置"扩展"为 0%、"大小"为 10 像素，如图 16-63 所示。

步骤 14 单击"确定"按钮，应用图层样式，效果如图 16-64 所示。

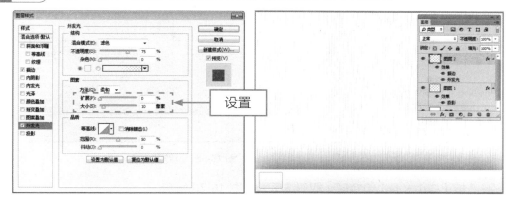

图 16-63 设置"外发光"参数　　　　　　　　图 16-64 应用图层样式效果

步骤 15 复制"图层 2"图层，得到"图层 2 拷贝"图层，将复制的图层中的图像移至合适位置，如图 16-65 所示。

步骤 16 打开"十字按钮 .psd"素材图像，并将其拖曳至"阅读应用背景"图像编辑窗口中的合适位置，如图 16-66 所示。

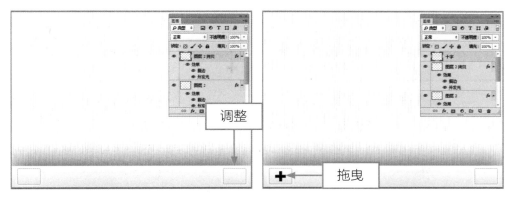

图 16-65 复制并移动图像　　　　　　　　　　图 16-66 拖入按钮素材

16.2.2 设计阅读应用界面整体效果

下面主要运用矩形选框工具、渐变工具、变换控制框、图层蒙版以及横排文字工具等，设计苹果平板电脑阅读应用程序的整体效果。

步骤 01 在"图层"面板中，新建"图层 3"图层，如图 16-67 所示。

步骤 02 选取工具箱中的矩形选框工具，在图像中创建一个矩形选区，如图 16-68 所示。

步骤 03 选取工具箱中的渐变工具，为选区填充灰色（RGB 参数值均为 216）到淡灰色（RGB 参数值均为 235）的线性渐变，如图 16-69 所示。

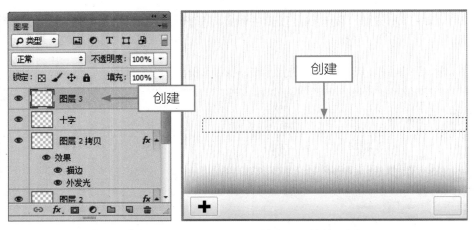

图 16-67 新建"图层 3"图层　　　　图 16-68 创建矩形选区

步骤 04 按【Ctrl + D】组合键，取消选区，如图 16-70 所示。

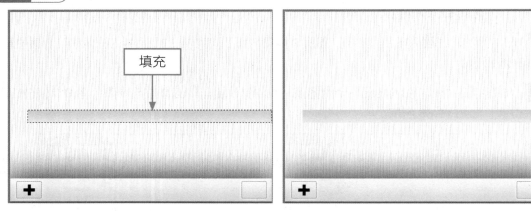

图 16-69 填充线性渐变　　　　图 16-70 取消选区

步骤 05 按【Ctrl + T】组合键，调出变换控制框，如图 16-71 所示。

步骤 06 在控制框中单击鼠标右键，在弹出的快捷菜单中选择"斜切"选项，如图 16-72 所示。

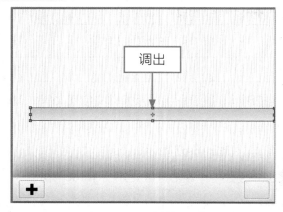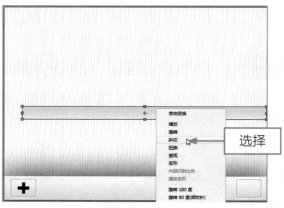

图 16-71 调出变换控制框　　　　图 16-72 选择"斜切"选项

步骤 07 调整变换控制框，适当调整图形形状，如图 16-73 所示。

步骤 08 按【 Enter 】键确认变换操作，效果如图 16-74 所示。

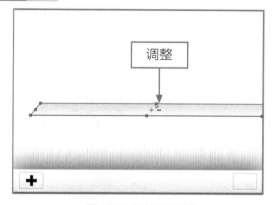

图 16-73 调整图形形状

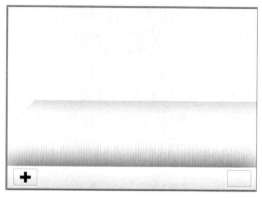

图 16-74 变换图像效果

步骤 09 新建"图层 4"图层，选取工具箱中的矩形选框工具，创建一个矩形选区，如图 16-75 所示。

步骤 10 选取渐变工具，为选区填充白色（ RGB 参数值均为 255 ）到灰色（ RGB 参数值均为 222 ）再到灰色（ RGB 参数值均为 222 ）的线性渐变，并取消选区，如图 16-76 所示。

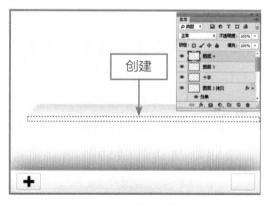

图 16-75 创建矩形选区

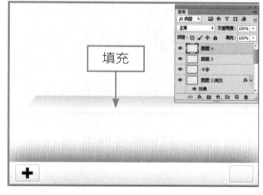

图 16-76 填充线性渐变

步骤 11 复制"图层 4"图层，得到"图层 4 拷贝"图层，如图 16-77 所示。

步骤 12 移动图形，按【 Ctrl + T 】组合键，调出变换控制框，在图形上单击鼠标右键，在弹出的快捷菜单中选择"垂直翻转"选项，翻转图形，如图 16-78 所示。

步骤 13 在图形上单击鼠标右键，在弹出的快捷菜单中选择"斜切"选项，调整图像形状和大小，并确认变换操作，效果如图 16-79 所示。

步骤 14 按住【 Ctrl 】键的同时，单击"图层 4 拷贝"图层，建立选区，如图 16-80 所示。

步骤 15 设置前景色为灰色（ RGB 参数值均为 118 ），填充选区，并取消选区，如图 16-81 所示。

步骤 16 在"图层"面板中,单击"添加图层蒙版"按钮,为"图层4拷贝"图层添加图层蒙版,如图 16-82 所示。

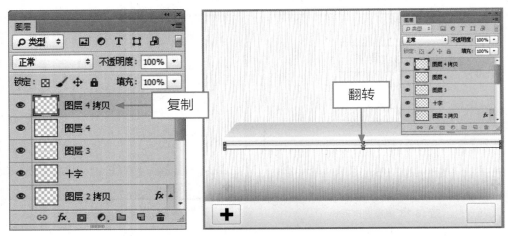

图 16-77 复制图层   图 16-78 翻转图形

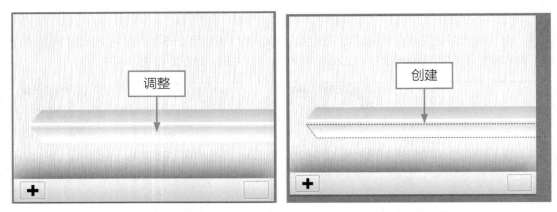

图 16-79 斜切图像   图 16-80 建立选区

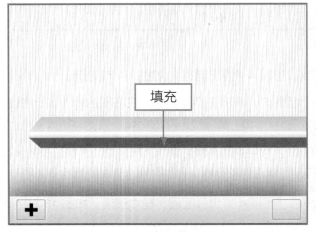

图 16-81 填充颜色   图 16-82 添加图层蒙版

步骤 17 选取工具箱中的渐变工具，从下至上为蒙版填充黑色到白色的线性渐变，隐藏部分图像，制作倒影效果，如图 16-83 所示。

步骤 18 取工具箱中的横排文字工具，在图像上单击鼠标左键，确认插入点，设置"字体系列"为"黑体"、"颜色"为深灰色（RGB 参数值为 46、59、71），输入不同大小的文字，并移至合适位置，效果如图 16-84 所示。

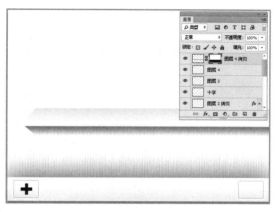

图 16-83 制作倒影效果　　　　　　　　　　图 16-84 输入文字

步骤 19 打开"书籍与状态栏 .psd"素材图像，将其拖曳至"阅读应用背景"图像编辑窗口中，并调整至合适位置，如图 16-85 所示。

用户可以根据需要，设计出其他背景和颜色的苹果平板电脑阅读应用程序界面效果，如图 16-86 所示。

图 16-85 最终效果　　　　　　　　　　图 16-86 扩展效果